国家自然科学基金旅游研究项目文库

国家公园游憩利用适宜性评价与管理研究

以钱江源国家公园试点区为例

肖练练 / 著

中国旅游出版社

项目策划：段向民
责任编辑：张芸艳
责任印制：钱　宬
封面设计：武爱听

图书在版编目（CIP）数据

国家公园游憩利用适宜性评价与管理研究 : 以钱江源国家公园试点区为例 / 肖练练著 . -- 北京 : 中国旅游出版社 , 2024. 8. -- (国家自然科学基金旅游研究项目文库). -- ISBN 978-7-5032-7382-7

Ⅰ. S759.992

中国国家版本馆 CIP 数据核字第 2024K9X843 号

书　　名：国家公园游憩利用适宜性评价与管理研究——以钱江源国家公园试点区为例

作　　者：肖练练
出版发行：中国旅游出版社
（北京静安东里 6 号　邮编：100028）
https：//www.cttp.net.cn　E-mail：cttp @ mct.gov.cn
营销中心电话：010-57377103，010-57377106
读者服务部电话：010-57377107
排　　版：小武工作室
经　　销：全国各地新华书店
印　　刷：北京盛华达印刷科技有限公司
版　　次：2024 年 8 月第 1 版　2024 年 8 月第 1 次印刷
开　　本：720 毫米 × 970 毫米　1/16
印　　张：14.5
字　　数：243 千
定　　价：69.80 元
ISBN　978-7-5032-7382-7

版权所有　翻印必究
如发现质量问题，请直接与营销中心联系调换

前 言

自 1872 年美国黄石国家公园建立以来，国家公园体系在全球范围不断发展和完善。我国是重要的自然保护地大国，从 1956 年广东省鼎湖山建立第一个国家级自然保护区至今，我国已建立数量众多、类型丰富、功能多样的各级各类自然保护地体系。2013 年 11 月，党的十八届三中全会通过《中共中央关于全面深化改革若干重大问题的决定》，首次提出要建立国家公园体制。2015 年，国家发展和改革委员会等 13 个部门联合印发了《建立国家公园体制试点方案》，遴选了 9 个省（市）开展国家公园体制试点工作，钱江源区域被列为国家公园体制试点区之一。

国家公园建设的目标是保持生态系统的完整性和原真性，同时为公众提供游憩、科研、教育等生态系统服务功能。游憩活动的开展给国家公园带来发展机遇的同时，也伴随着一系列问题和挑战。一方面，国家公园代表了最优秀的自然资源，为公众提供游憩服务，使他们获得身心放松、愉悦和自我恢复等是国家公园公共属性的要求，这要求管理者尽可能提供完善的游憩设施和高质量的游憩环境。另一方面，大量游客涌入以及游憩活动的开展不可避免地对国家公园生态环境带来不同程度的影响，并对当地社区的生产、文化带来冲击，从而激化人地矛盾。因此，如何在维持生态保护的同时，最大限度地保障公众的游憩福利是国家公园管理机构面临的挑战之一。作为首批国家公园体制试点区之一，钱江源国家公园体制试点区是浙江省母亲河钱塘江源头区域，是重要的水源涵养区，保存有大面积的、丰富独特的生态系统和生物多样性。因此，保护好钱江源区的生态系统、生物物种及其遗传多样性是钱江源国家公园建设的首要目标。另外，在经济快速发展的背景下，人们对绿色生态空间的向往与需求与日俱增，自然景观资源丰富的钱江源地区吸引了来自浙江及周边省份的游客，生态旅游逐渐成为当地社区收入的来源之一。可以预见，更多游客的涌入给当地社会经济发展带来新机遇的同时，也必然对生态脆弱区的生态系统造成威胁。实地调研发现，钱江源地区生态保护与游憩需求之间的矛盾日益突出，这也成为我国国家公园建设面临的共性问题。

本书的研究出发点是以福利地理学、生态系统服务、游憩生态学等理论为指导，在国家公园功能分区框架下，统筹考量国家公园游憩利用自然和社会环境因子，以及公众对国家公园生态系统社会价值的偏好与感知，以综合确定国家公园游憩利用的适宜区域层次，在此基础上，构建国家公园游憩管理系统与管理机制。理论上，基于国家公园游憩环境供给、公众对国家公园生态系统社会价值认知两个层面构建国家公园游憩利用适宜性综合评价体系和管理体系，可以丰富我国国家公园体制研究、游憩适应性管理的理论成果；实践上，对钱江源国家公园体制试点区游憩利用的深入研究，不仅可以为国家公园及其他类型保护地游憩管理提供科学依据，还对推动公众参与国家公园建设，实现国家公园建设公益性目标具有重要的指导意义。

在本书的撰写和研究过程中，承蒙导师钟林生研究员的悉心指导；在书稿的修改完善过程中，得到诸多业内专家和学者的点评指导。在此，谨向他们致以诚挚的谢意。特别感谢钱江源国家公园管理局相关工作人员在研究调研中给予的支持和帮助，感谢国家自然科学基金委员会、中华女子学院科研处对本书出版的资助，感谢中国旅游出版社段向民、张芸艳及其他老师在本书出版过程中的细致编辑和严格审校。受作者个人水平和各种条件所限，书中难免存在疏漏和不妥之处，恳请广大同人和读者不吝赐教。

肖练练

2024年7月

目　录

第一章　绪　论

第二章　相关概念及研究进展

第三章　国家公园游憩利用适宜性评价体系设计

第四章　钱江源国家公园游憩环境适宜性评价

第五章　钱江源国家公园游客对国家公园生态系统的社会价值评估及行为特征分析

第六章　基于环境—社会价值的钱江源国家公园游憩利用适宜性综合评价

第七章 基于环境—社会价值的钱江源国家公园游憩管理

第八章 结论与讨论

第一章 绪论

一、选题背景

（一）游憩的大众化改变了人类的生活方式

1965年，迈克尔·道尔在其具有划时代意义的著作《第四次浪潮——休闲的挑战》中明确指出：英国将迎来第四次浪潮——休闲时代的到来[①]。工业化浪潮及带来的城市化迅速扩张将人们从繁重的工作中解脱出来，拥有更多自由支配的时间，从而按照自己的意愿去选择性地从事一些休闲活动。一个多世纪以来，闲暇时间的不断增长成为社会发展中最具有标志性的内容。从工业革命初期，工人劳动时间每天达15~17小时，且没有假期（吴承照，1998），到如今每周工作时间少于40小时（见图1–1），人们拥有的闲暇时间逐渐增多，从而使看电影、看电视等活动成为20世纪伟大的休闲活动。

为了满足人们的休闲需求，公园、音乐厅、广场、艺术街区等休闲设施供给也呈爆炸性增长，人们的休闲模式也从传统的室内活动外延至室外。购物、展览、艺术、音乐等活动逐渐兴盛，游憩和旅游活动也快速发展。美国农业部于

① 迈克尔·道尔认为，自1800年以来，英国经历了三次大的浪潮：第一次浪潮是黑色工业城镇的激增，第二次浪潮是绵延的铁路线路的延伸，第三次浪潮是由汽车驱动的郊区的蔓延。第四次浪潮虽然是个不起眼的词，但它比前三次浪潮力量都要强大，这个不起眼的词是“休闲”。

2000 年进行的《国民游憩与环境调查》结果显示，97.5% 的 16 岁及以上公民参与了户外游憩活动（见表 1-1）。从世界范围内来看，人们回归自然、享受自然的愿望不断增强，陆地、水上、冰雪游憩活动得到快速发展，如骑行、登山、徒步、垂钓、冲浪、高山滑雪等。人们广泛参与各类游憩活动，意味着休闲游憩不再是少数人的专利，呈现出大众化趋势，逐渐在人们生活中起着重要作用。

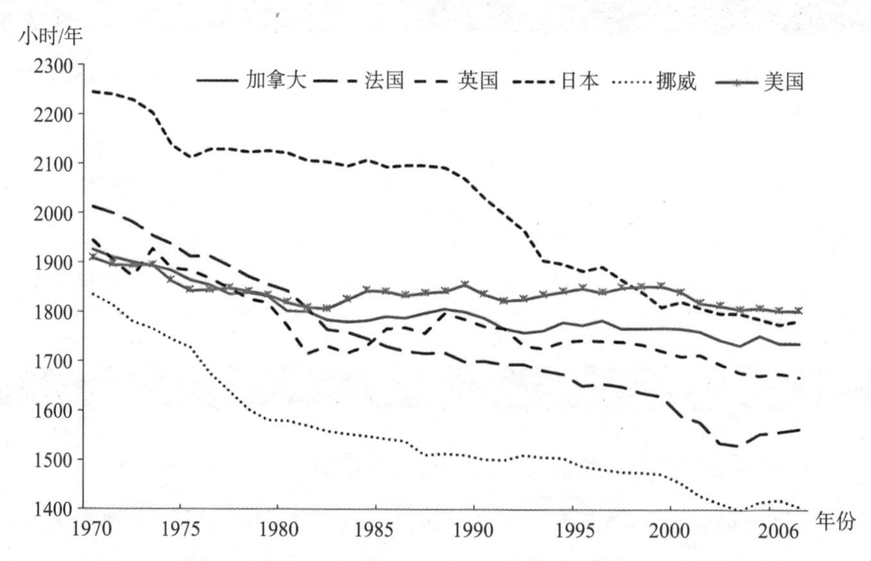

图 1-1　1970—2006 年经合组织（OECD）主要国家公民工作时长变化

资料来源：OECD，2009。

表 1-1　美国 16 岁及以上的公民参与户外游憩活动情况

户外游憩活动类型	16 岁及以上人口参与比例（%）
参与任何形式的活动	97.5
游径 / 街道 / 公路活动	90.6
传统社交活动	83.2
观光 / 摄影	76.8
观光 / 学习	74.1
驾驶	68.4
游泳	65.2

续表

户外游憩活动类型	16岁及以上人口参与比例（%）
户外探险	60.5
划船 / 漂流 / 航海	41.4
垂钓	36.5
冰雪活动	28.8
户外团队体育运动	21.0
狩猎	13.0

资料来源：USDA Forest Service & the University of Tennessee，2010。

（二）公民的游憩福利逐渐受到公共政策制定部门的关注

游憩是人们为了实现身心恢复、重新投入工作而进行的活动，是身心再生与社会效益的再构筑、再储蓄的过程。从本质上讲，游憩是满足人们的“非经济性”需求，是一种积极的社会福利。正如经济学家凯恩斯所言，从历史发展的长远角度看，经济问题并不是“人类的永久难题”。在人类社会发展的历史进程中，休闲与游憩并没有因个别时期的边缘化而淡出历史舞台，而是作为社会福利成为人们生活中重要的组成部分，并成为经济发展水平和文明程度的重要标志。

自工业革命后，西方休闲与游憩产业已有100多年的发展历史。追求闲暇与游憩成为普适性的社会目标，这一目标在西方公共政策制定理念和实践中得以体现。1948年联合国《世界人权宣言》、1966年联合国《经济、社会和文化权利国际公约》、1989年《联合国儿童权利公约》、1970年《休闲宪章》等国际性宣言或条款都提出休闲与游憩应作为公民的基本权利纳入政府公共服务职能中。正是出于对公民享有“休闲游憩权”的共识，西方国家政府意识到有责任为公民提供良好的休闲与游憩条件，诸多相关设施也被打上“公共产品”的烙印，并将改善环境、提升公民生活质量作为休闲与游憩发展的最终目标。以英国为例（见表1-2），“二战”后的30年，英国进入福利国家的成熟期，休闲和游憩被增加到社会福利体系中，设立了各类休闲和游憩管理机构，如1946年建立的艺术委员会；1949年出台《国家公园和乡村土地使用法案》，实现环境保护与休闲权利保障的双重目标。虽然20世纪70年代以后，巨大的财政压力使休闲与游憩供给逐渐走向市场化，但是政府保障公民的休闲与游憩福利这一观念深入人心，也仍将是公共政策制定的重要基石。

表 1-2　英国休闲与游憩公共政策的演变

时期	休闲与游憩政策	政府的角色
1780—1840 年 压制大众娱乐时期	《禁止血腥体育活动法案》	控制和压制“破坏性”的休闲活动
1841—1900 年 社会经济政策中自由主义逐渐消除	《博物馆法案》（1849）、《图书馆法案》（1850）、《游憩场地法案》（1852）等	国家支持、促进各种“提高型”休闲活动
1901—1939 年 社会改革奠定了福利国家的基础	《城镇规划法案》（1909）、赋予森林委员会以游憩管理职能（1919）、《运动游憩和培训法案》（1937）	认识到休闲是政府应该考虑的问题
1940—1979 年 福利国家的增长和成熟	建立更多休闲和游憩管理机构、《国家公园和进入乡村法案》（1949）、《体育和游憩白皮书》（1975）	休闲和游憩被看作福利服务的组成部分，是社会成员每日生活的必需之一
1980 年至今 国家灵活化投资并逐渐减少投资（后福特主义国家）	地方政府预算减少	服务供给的市场化，休闲和旅游是一种经济生产活动，休闲的居住地供给成为城市主要的社会政策

资料来源：宋瑞（2006）。

随着我国经济社会的发展，人们的消费形式逐渐多元，消费目的从满足生存性消费、享受性消费到发展性消费变化，休闲和游憩作为一种体验性消费，为人们在工作之余追寻自我价值提供了机会，是社会进步的重要体现。与此同时，我国的公共政策理念也逐渐发生转变，推动公共休闲、提升国民生活质量成为我国公共政策的重要目标。2013 年国务院办公厅发布《国民旅游休闲纲要（2013—2020 年）》，从完善劳动福利入手，提出保障国民旅游休闲时间、改善国民旅游休闲环境、推进国民旅游休闲基础设施建设、完善国民旅游休闲公共服务等，保障公民的休闲权利。2014 年，《国务院关于促进旅游业改革发展的若干意见》进一步细化落实职工带薪休假制度的措施，保障公民的休闲权利。可见，公民的休闲与游憩诉求逐渐受到政府部门的重视。如何完善我国休闲与游憩供给体系，提高休闲与游憩管理水平，保障公民休闲与游憩福利，是我国公共政策面临的一个新课题。

（三）全球国家公园面临着生态保护和提升公众游憩体验的挑战

都市紧张的生活节奏和环境意识的提升使人们在出行选择上日趋表现出对“自然”“休闲”的偏好，人们的活动范围不断扩大，游憩空间从城区拓展至郊区，那些远离喧嚣的，保留原始景观的乡村、森林等功能用地成为人们游憩新空间。交通工具的飞速发展则进一步将人们带到原本难以到达的“荒野”区域，从而使游憩空间涵盖了多种生态区域。其中，以国家公园为代表的保护地正成为人们与大自然亲近的重要场域。2014 年，在悉尼召开的世界自然保护联盟（以下简称 IUCN）第六次世界公园大会中明确提出，国家公园和保护地不仅对保护全球生物多样性具有重要意义，同时还为人们提供绿色空间、洁净空气、安全食品，从而促进人类健康和福利。近年来，全球保护地数量不断增长，从 1962 年的 9224 处增长至 2014 年的 209000 处（IUCN，2014），成为全球自然旅游和相关游憩活动开展的重要场所。Balmford 等（2015）首次评估了全球保护地游客访问情况，结果表明，全球保护地年均接待游客量为 80 亿人次，每年产生的旅游支出约为 6000 亿美元。由此可见，各类保护地作为人们享受自然的空间，将在游憩供给系统起着越来越重要的作用。

游憩空间的拓展给国家公园等保护地带来发展机会的同时，也伴随着一系列问题和挑战。正如 Eagles 等（2001）指出：国家公园和保护地内以自然环境、野生动物、文化和户外活动越来越受欢迎。随着游客人数的增加，户外活动的花样翻新，对发展旅游和游憩设施的需求有增无减，国家公园和当地社区渐有不堪重负之感。我们是不是太喜爱那些保护地以致要将其陷于灭顶之灾的危险呢？有人忧虑，那些景色秀丽的偏远地区如果变成时髦的度假胜地会不会使其陷入困境？

（四）建立科学的游憩管理体系建设是中国国家公园体制建设的重要命题

我国是重要的自然保护地大国，自 1956 年广东省鼎湖山建立第一个自然保护区至今，已建立起涵盖大部分生态系统、生物物种、自然和人文景观的保护地体系。截至 2014 年，中国现有的自然保护区、水利风景区、森林公园、湿地公园、地质公园、风景名胜区等各类保护地总面积达 170 万平方公里，约占国土总面积的 18%，其中，国家级自然保护区总面积约占国土面积的 9.7%，国家级风景名胜区约占国土面积的 1.5%（见图 1–2）。这些保护地不仅是我国重要的生态功能区，同时也是优秀的游憩和旅游资源的代表。诸多风景名胜区、地质公园同时也是世界自然 / 文化遗产，吸引众多游客前往。

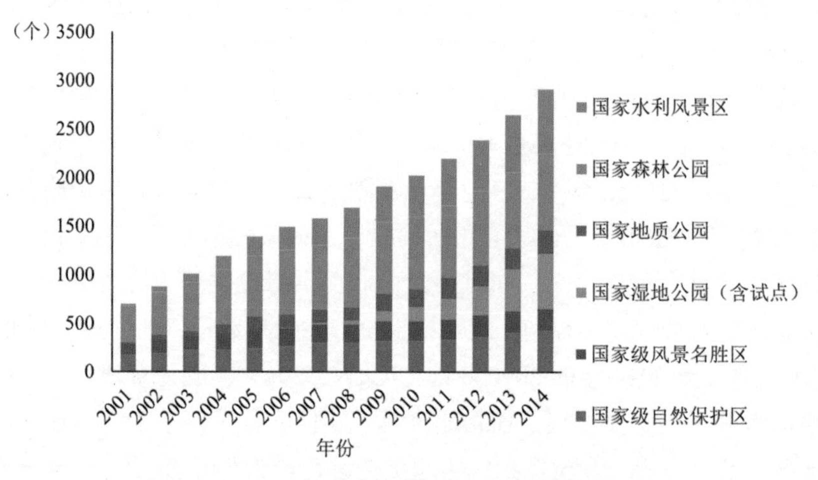

图 1–2　2001—2014 年中国各类国家级保护地发展情况

面积广阔、类型多样的保护地体系为开展各类游憩和旅游活动提供了广阔的空间，但也存在缺乏顶层设计、边界范围重叠、管理效率偏低、缺乏科学完整的技术管理体系等问题。2013 年，中共十八届三中全会提出严格按照主体功能区定位推动发展，提出建立国家公园体制。2015 年，国家发展和改革委员会等 13 个部门联合印发了《建立国家公园体制试点方案》（以下简称方案），确定在吉林、黑龙江等 9 省（市）开展国家公园体制试点工作。国家公园体制建设的目标在于理顺保护地管理体制，建立分类科学、保护有力的保护地管理体系，实现国家所有、全民共享、世代传承。

在保护地整合、国家公园体制建设的大背景下，游憩活动的合理开展是体现国家公园国家性和公益性本质、充分保障公民游憩权的必然要求。在公众游憩需求日益旺盛的现代化社会，如何提供更多契合公众身心发展需求的、具有科普和审美功能的游憩产品，是构成政府履行社会公共服务职能的重要组成部分。另外，游憩活动的开展必须在国家公园的管理框架内进行，维持生态系统的原真性

和完整性，遏制国家公园生态系统退化、保护不力的倾向（钟林生等，2017）。因此，在国家公园体制建设中，建立科学合理的游憩管理体系，实现公众游憩供给保障与生态保护的平衡是一个亟待关注的问题。

二、研究区的选取

钱江源国家公园体制试点区（以下简称钱江源国家公园）位于浙江省衢州市开化县境内，地处北纬 28°54′~29°30′，东经 118°01′~118°37′，总面积 252 平方公里（见图 1-3）。钱江源国家公园体位于浙、皖、赣三省交界处，西与江西婺源县森林鸟类自然保护区毗邻、北接安徽省休宁县岭南省级自然保护区，包含钱江源国家森林公园、古田山国家级自然保护区（下文有时简称古田山保护区）两处国家级保护地，距离衢州机场 70 公里、黄山机场 90 公里、义乌机场 200 公里、萧山国际机场 280 公里。选择钱江源国家公园作为研究案例区主要基于以下三点考虑。

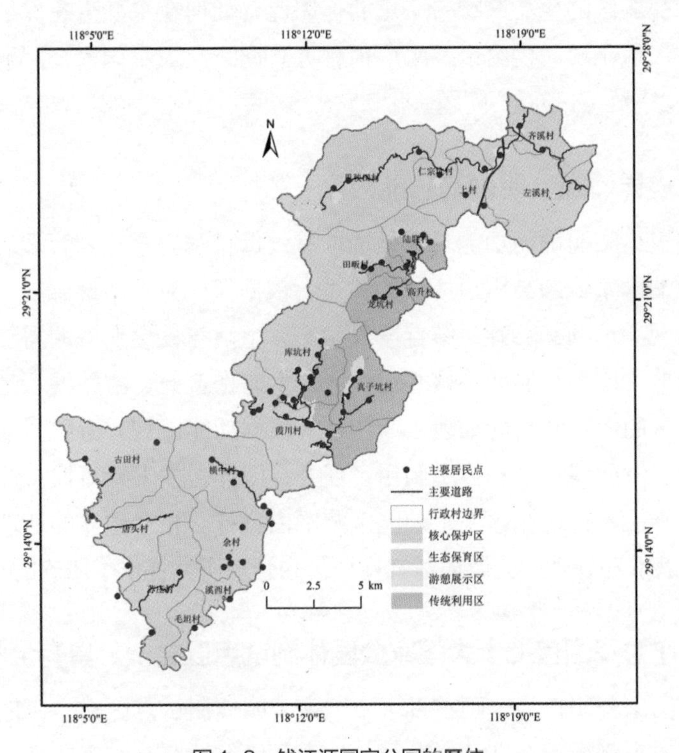

图 1-3 钱江源国家公园的区位

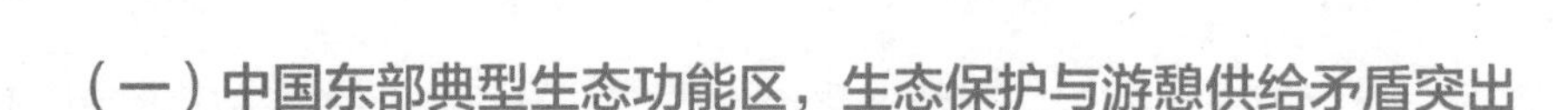

（一）中国东部典型生态功能区，生态保护与游憩供给矛盾突出

钱江源国家公园为浙江省母亲河钱塘江源头区域，是重要的水源涵养区。园区内分布着全球极少的发育和保存完好的呈原始状态的低海拔亚热带常绿阔叶林，具有全球保护价值和科学研究价值，在中国和世界生物多样性监测布局中具有独特的代表性。该区域承担着维系钱塘江全流域生态安全的战略任务，是浙江省重点生态功能区，具有生态脆弱的特点，因此，保护好钱江源区的生态系统、生物物种及其遗传多样性是钱江源国家公园的首要目标。另外，拥有良好生态环境的钱江源国家公园也是重要的生态功能服务区，在东部经济快速发展、城市游憩资源供给不足的背景下，人们对城郊及郊野绿色空间的需求不断升级。交通和技术的发展则推动这一需求转化为各类游憩活动，使这些区域成为新兴游憩供给区域。近年来，钱江源国家公园范围内钱江源森林公园、高田坑古村落、古田山保护区等逐渐吸引了来自浙江省及其周边省份的游客，生态旅游逐渐成为当地社区收入的重要来源。可以预见，游客的涌入给当地社会经济发展带来新转机的同时，也必然对生态脆弱区的生态系统带来威胁。因此，如何在平衡生态保护与不断升级的游憩需求、优化游憩供给以及采取何种方式向公众展示国家公园魅力成为钱江源国家公园发展面临的重要问题。

（二）边界清晰、明确的功能分区

清晰的边界和明确的功能分区是进行有效保护和游憩规划管理的基底，有助于较好地厘清国家公园与周边区域的关系。依据保护对象的敏感度、濒危度、分布特征和景观展示的必要性，结合居民生产、生活与社会发展的需要，钱江源国家公园被划分为四个功能区：核心保护区、生态保育区、游憩展示区和传统利用区，各功能区的面积和功能如表 1–3 所示。根据功能区划，游憩活动主要在部分生态保育区、游憩展示区和传统利用区展开，因此，本书针对钱江源国家公园的游憩利用适宜性评价也在这三个功能区范围内进行。相对独立的地理单元有利于研究数据的获取和处理，为游憩适宜性评价和管理研究提供了明确的空间方向。

（三）作为我国首批十大国家公园体制试点区之一，具有全国示范意义

钱江源国家公园作为全国首批十个国家公园体制试点区之一，地处浙江省母亲河钱塘江源头区域，经济社会发展与生态环境保护存在一定冲突。试点区集体

林地较大，这在我国南方具有普遍性，对其他以森林生态系统为主的国家公园类型具有借鉴意义。国家公园作为一张名片，大幅提升了钱江源地区的知名度和吸引力，前往该区域进行游憩活动的人数大幅度攀升。可以预见，随着我国国家公园体制的建设和完善，国家公园将成为公众重要的游憩活动场所。因此，以钱江源国家公园为研究对象，探索游憩适宜性评价，为其规划和管理提供依据，对未来全国国家公园的游憩管理具有重要的示范意义。

表 1-3 钱江源国家公园功能分区概况

功能区名称	规模		主要功能	保护利用要求
	面积（km^2）	占比（%）		
核心保护区	71.79	28.49	生态系统、生物栖息地保护	实行最严格的保护，保持生态系统的自然过程，禁止建设任何生产设施
生态保育区	123.08	48.84	生态系统恢复、科研	实行严格保护，促进自然生态系统的恢复与更新，低密度开展线性专业生态教育
游憩展示区	15.80	6.27	游憩利用、社区发展	在保护的前提下适度开展生态旅游、环境教育
传统利用区	41.33	16.40	传统农林经济发展	在保护前提下引导现有社区的传统产业实现可持续发展
合计	252	100	—	—

三、研究设计

（一）研究目标与内容

本书以国家公园游憩适宜性评价及管理作为研究议题，研究目标在于：通过典型国家公园案例研究，统筹考虑环境适宜性和游客人本需求，建立涵盖国家公园环境和生态系统社会价值感知的综合性游憩利用评价体系，使国家公园游憩利用不仅体现对生态环境的关注，同时从空间视角将游客的感知和需求落到国家公园空间范围，为游憩规划与管理提供参考。

1. 国家公园游憩理论体系构建

从国家公园的本质特征、功能定位出发，厘清国家公园作为游憩场所的意义和价值，对国家公园游憩利用的影响因素、活动分类进行系统的阐述，为国家公园游憩利用与管理提供理论基础。

2. 国家公园游憩利用环境适宜性评价

从国家公园游憩供给角度出发，采用德尔菲法和层次分析法对影响国家公园游憩利用的关键环境要素进行评价指标因子的提取，并通过判别矩阵量化各评价指标因子的权重值，构建国家公园游憩利用环境适宜性的评价指标体系，并通过 GIS 技术进行空间可视化。

3. 钱江源国家公园游客活动行为特征及社会价值感知评估研究

采用公众参与地理信息系统（PPGIS），深入分析游客前往钱江源国家公园的动机及其行为模式；根据钱江源国家公园生态系统的特征，对其社会价值进行调研，采用生态系统社会价值评估（SoIVES）模型，分析游客对钱江源国家公园生态系统的社会价值感知空间分布特点，并评估钱江源国家公园的游憩价值。

4. 基于环境—社会价值的钱江源国家公园游憩利用适宜性综合评价

基于上述环境适宜性和游客社会感知空间分析，采用分区模型（Zonation）建立适宜性情景模型；建立环境—社会价值矩阵，对适宜性情景中的环境适宜性和游客社会感知值进行对比，由此确定钱江源国家公园的游憩利用适宜性的优先等级。

5. 基于环境—社会价值的国家公园游憩管理框架研究

在前述国家公园游憩利用适宜性综合评价基础上，结合国家公园的空间环境，在提升国家公园游憩体验、保护生态环境等多目标前提下，提出基于环境—社会价值的国家公园游憩管理系统。

（二）研究意义

为公众提供游憩机会是国家公园的基本功能之一，也是国家公园的本质要求。在推动国家公园体制试点建设、推进自然资源科学保护和合理利用的背景下，本书研究的意义主要表现在以下三方面。

1. 为认识国家公园游憩利用提供新视角

我国游憩利用研究起源于 20 世纪 90 年代，多数研究集中于城市游憩、环城

游憩带供给，且多基于建筑学、风景园林学、生态学等学科视角，将游憩资源供给作为出发点，更多关注游憩空间和结构，导致相关研究缺乏人文关怀。国家公园作为一个集生态保护、科研、游憩等多种功能于一体的保护地空间，其空间分区、功能定位与其他保护地类型不同。因此，如何从国家公园游憩本质特征出发，可持续地进行游憩机会供给和管理成为国家公园重要的研究课题。本书从游憩供给和需求切入，建立国家公园游憩利用综合评价体系，为提高国家公园游憩利用的科学性提供参考。

2. 为其他保护地类型的规划和管理提供参考和依据

以风景名胜区、自然保护区、森林公园、湿地公园为代表的各类保护地成为我国重要的生态旅游目的地，市场规模不断扩大。钟林生等（2011）对全国保护地生态旅游发展现状的调查表明，我国保护地的生态旅游开放率达到93%，但在生态旅游管理运营中，存在对环境影响评估不足、预案机制缺乏、旅游活动开发不当、管理制度缺失等问题。本书以国家公园游憩利用评价作为研究切入点，最终落脚点是构建一个符合我国国家公园特色的游憩利用管理框架和措施，为其他类型的保护地规划、管理提供参考和依据。

3. 丰富国家公园管理相关理论

国家公园管理的研究具有复杂性和交叉性的特征，涵盖地理、生态、旅游、管理、景观等多个学科领域，多学科的理论是推动国家公园研究发展的重要力量。游客作为国家公园重要的利益相关者及活动中的主导者，其行为对国家公园资源环境以及周边社区发展有重要影响。Ceballos-Lascurain（1996）曾指出，有关保护地旅游的研究应更多将游客、社区居民及相关利益者效益角度作为出发点，并据此调控旅游活动。本书的研究从生态保护和人本精神出发构建规范合理的国家公园游憩利用评价体系和管理路径，不仅为我国保护地游憩和旅游发展提供科学管理依据，也将丰富环境管理学、旅游学等多学科相关理论。

（三）研究创新点

第一，改变现有保护地游憩利用评价单一角度，从国家公园供给及游客对国家公园生态系统社会价值的偏好的双向维度构建了国家公园游憩利用适宜性综合评价体系。

第二，基于生态—社会矩阵和分区模型对钱江源国家公园游憩利用适宜性进行情景模拟，并建立游憩利用适宜分区。

第三，在环境适宜性和社会价值感知的综合分析基础上，建立基于环境—社会价值的国家公园游憩管理体系，为我国未来国家公园游憩管理提供指导。

（四）研究方法

1. 文献综述法

通过文献综述法，搜集整理与国家公园游憩管理相关的文献，文献来源主要包括：国内外公开发表的各类与国家公园有关的期刊和书籍，包括世界旅游组织（WTO）、世界自然保护联盟（IUCN）等国际机构以及美国、加拿大、澳大利亚等保护地管理机构公开网络资料，中国有关国家公园管理相关的政策、法规等文件资料。

2. 问卷调查

本书通过电子问卷与现场发放问卷相结合的方式，获取游客有关游憩需求与行为的信息。

3. 数理统计分析

采用 SPSS19.0 软件包进行数理统计分析，应用软件包中相应的模块进行频次统计、描述分析、聚类分析和因子分析，用于分析游憩活动需求与行为影响因素分析。

4. 层次分析法

主要将游憩效益有关的因子分解成目标、准则等层次，在此基础上进行定性和定量分析，提取游憩适宜性的初始指标体系，结合现有相关理论，对指标体系进行相应筛选，以保证体系的科学性和合理性，最终形成游憩效益指标体系。

5. 德尔菲法

采用德尔菲法对初步筛选的国家公园游憩适宜性评价体系进行打分，经过两轮征询，最终确定国家公园游憩适宜性评价指标体系。

6.GIS 空间分析法

地理信息系统（GIS）是一种采集、处理、传输、存储、管理、查询检索、分析、表达和应用地理信息的计算机系统。本书采用地理信息系统，主要用于对游客在国家公园内的活动空间轨迹和游客对国家公园生态系统的社会价值评

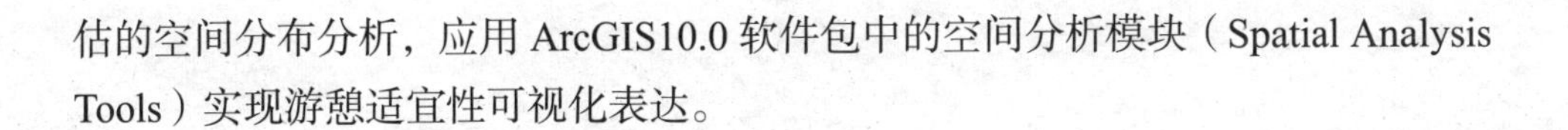

估的空间分布分析，应用 ArcGIS10.0 软件包中的空间分析模块（Spatial Analysis Tools）实现游憩适宜性可视化表达。

（五）技术路线

技术路线如图 1–4 所示。

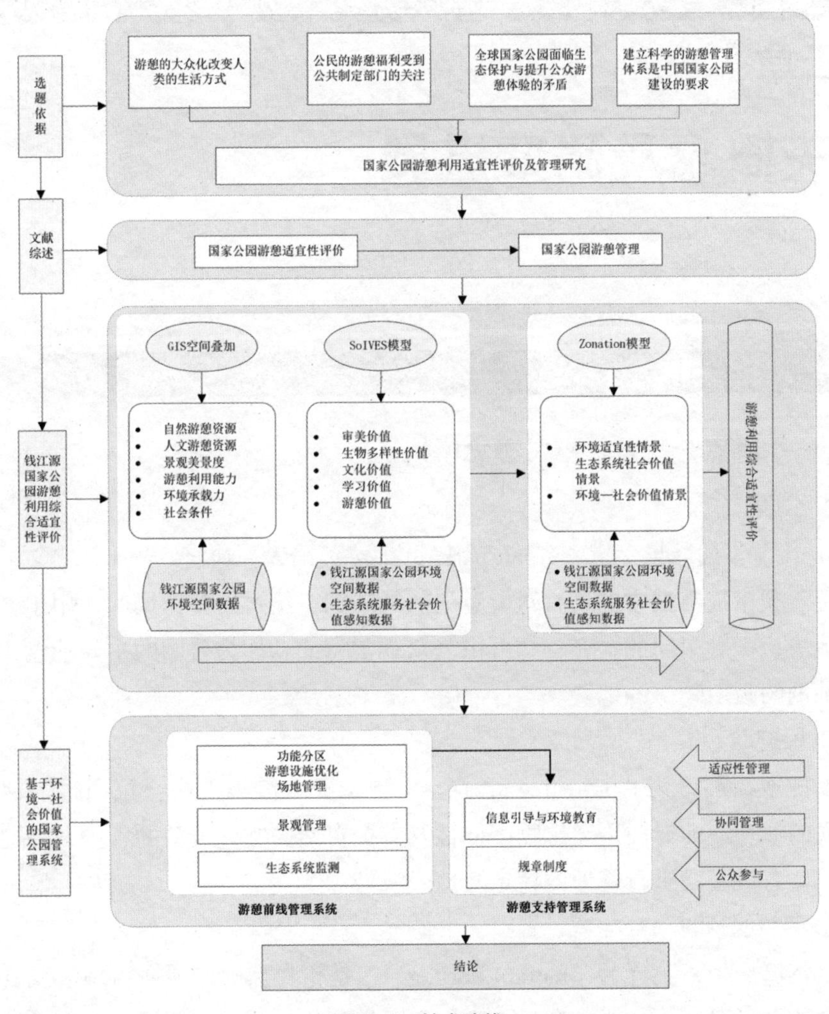

图1–4　技术路线

第二章 相关概念及研究进展

一、相关概念释义

（一）国家公园及其相关概念辨析

1. 公园

“park”一词最早专指“urban park”，牛津英语大辞典将“park”定义为：临近或位于城市或县城中的具有重要意义的封闭的、经过修整布局的，用于公共游憩的地块；一种封闭的、有动物可供公众观赏（或者作为公园的主要功能，或者作为辅助的吸引物）的地块。

2. 保护地

保护地，英译为“protected area”。世界国家公园第五次会议通过的保护地的广义的概念，即专门用于生物多样性及有关自然与文化资源的管护，并通过法律和其他有效手段进行管理的特定陆地或海域。

3. 自然遗产地

自然遗产地，英译为“natural heritage”，是指自然财产或乡村地区及其自然环境中的无形财产，主要包括具有生物多样性意义的动植物资源、具有地质多样性意义的地质地貌资源。

4. 国家公园

“国家公园”（national park）一词最早由美国的艺术家乔治·卡特琳提出，他建议：为了后世的美国公民，以及整个世界的视野……通过政府的一些伟大的保护政策建立一个宏伟的公园……一个“国家公园”，包含了人与野兽以及自然美景的原始面貌（Nash，2014）。从词的表意上来看，“国家公园”应该包含两层含义：一是“国家”，即由所有权归国家，并由国家设立和管理；二是“公园”，即为保护自然环境和公众游憩设立的区域。当大片风景优美、具有代表意义的区域被划为国家公园后，人们前往国家公园娱乐和游憩的意向就将产生，旅游业由此产生，并成为国家公园周边社会经济的重要组成部分。因此，除了自然保护和游憩，经济发展成为很多国家公园建立的重要目标，各国形成了各自的国家公园概念体系（见表 2–1）。

表 2–1　各国对国家公园的不同定义

代表国家	定义	管理目标
美国	美国的“国家公园”有狭义和广义之分。狭义的国家公园是指直接冠以“国家公园”之名，为公众提供游憩和福利的、具有独特自然地理属性的区域（吴保光，2009）；广义的国家公园则指“国家公园体系”（national park system），包括国家公园、历史遗迹、军事公园、战场、游憩区域、纪念馆、公园大道等，这些单元均是具有国家意义的自然或文化遗产	自然保护，游憩
澳大利亚	拥有原始自然风景和大量原生动植物的大片保护区域，这意味着商业活动（如农业）应禁止，人类活动应受到严格限制	自然保护，同时提供游憩机会
英格兰和威尔士	拥有优美风景的乡村、野生动物栖息地和文化遗产的区域，国家公园的景观和野生动物受到保护的同时也允许人们在区域内生活生产	保护自然与原始的自然风貌，提供游憩机会
南非	具有国家代表意义的动植物、景观和文化遗产，其中，最具旅游吸引力的是滨海、山脉和各类栖息地	维护生物多样性和遗产资源，提供旅游机会
印度	国家公园是严格保护用于改善野生动物和生物多样性的区域，该区域不允许狩猎、放牧、种植业等生产活动，同时不允许私人所有权	维护生物多样性

资料来源：作者根据资料整理。

对国家公园不同路径的定义给国际上保护地体系统一的管理和认定带来了困难。因此，1933 年，在伦敦召开的动植物保护国际会议（International Conference for the Protection of Fauna and Flora）首次将国家公园纳入保护区并对其概念进行界定，包括：①受公共管理的区域，未得到立法主管机关的允许，其边界线不得变更；②为保护野生动植物、保护自然和文化资源的历史文化价值和科研价值、为公众提供游憩和娱乐福利而划定的区域；③未得到公园管理机构的许可和指导，禁止任何狩猎或采摘活动。这一定义充分肯定了国家公园作为游憩地为公众提供动植物观赏的机会和福利，同时强调了对国家公园的保护。

1969 年，IUCN 在印度新德里第十届年会上，定义了“国家公园”的三大特征，为各国划定国家公园提供参考：①生态系统未因人类开发或占有发生显著改变，且生物物种、地质地貌、栖息地具有科学、教育和游憩价值，或拥有具备较高审美价值的景观；②政府机关为设立国家公园业已采取措施禁止人类活动，以尊重生态、地貌或原生性特征；③在相应管理条件下，允许游客在此进行以精神、教育或文化陶冶目的的活动。IUCN 要求各国政府不再将严格自然保护区、受私人机构或不被国家最高机构承认控制的自然区域、特殊保护地等指定为国家公园（Curry–Lindahl，1974）。

经历数次调整，IUCN 于 1994 年出版了《保护地管理类别指南》，正式对保护地给出定义。同时，根据保护地主要目标，将保护地分为 6 个类别，分别是严格的自然保护地（第Ⅰa 类）、荒野保护地（第Ⅰb 类）、国家公园（第Ⅱ类）、自然纪念地（第Ⅲ类）、栖息地和物种保护地（第Ⅳ类）、陆地景观及海洋景观保护地（第Ⅴ类）、陆地风景保护地（第Ⅵ类）。长期存在国际保护地体系中的“国家公园”被划定为第Ⅱ类，并定义为具有以下特征的自然陆地或海域：①为现代人或后代提供一个或更多完整的生态系统；②排除任何形式的有损于保护地管理目的的开发或占有；③提供精神、科学、教育、娱乐及参观的基地，所有上述活动必须实现环境和文化上的协调。这一定义更加突出了国家公园的公益性和国家性，强调自然保护的重要性同时，更突出了国家公园在为当代及后代提供可持续福利方面的意义。

由于管理目标的差异，并非所有国家的国家公园都对应第Ⅱ类保护地，如澳大利亚的七星国家公园（Dipper National Park）对应 IUCN 第Ⅰa 类保护地。

IUCN并不强制所有国家的国家公园都遵照第Ⅱ类保护地的指南进行管理，而是由国家公园所在地政府和利益相关者共同决定。在IUCN出版的2008版《保护地管理类别指南》中，将国家公园的定义进一步修订为“划定用于保护大片生态过程、物种和生态系统的自然或近自然区域，同时为公众提供与环境和文化相协调的精神、科学、教育、游憩和观光机会”（Dudley，2008）。该定义将国家公园的范围不再限定在自然区域，对于有部分人类活动的近自然区域也给予了认可。基于国际上国家公园建设的经验及我国国家公园体制建设的基本指导思想，本书将国家公园定义为：以保护具有典型性、代表性和稀有性的生态系统、自然与文化遗迹或景观为目的，为公众提供教育、科研、游憩机会，由国家依法划定并统一保护与管理的区域（钟林生等，2017）。

依据该定义，国家公园是具有国家意义的公众自然遗产公园，它是为人类福利与享受而划定的，面积足以维持特定的自然生态系统，一切可能的破坏行为都被取缔，游客到此观光需以游憩、教育和文化陶冶为目的并得到批准。

（二）户外游憩相关概念

受空间地理环境的影响，有关国家公园游憩管理涉及的概念主要包括户外游憩、生态旅游、自然旅游。这三个词大多被认为是一组相互关联但又有微小差别的三个概念，随着相关研究的增多，不同学者从各自研究背景和目的出发给出了多种定义，使概念区分更为困难。

1. 户外游憩

“游憩”的含义源自其英文对应的“recreation”，即“再创造、再恢复健康”的意思。户外游憩是一种特殊的游憩活动，在过去的半个多世纪里，不同活动的参与者和提供者对这一概念仍莫衷一是。美国农业部林务局（1982）认为户外游憩是人们在喜欢的环境与景观中进行的喜欢的游憩活动，从中得以满足。Cottrell和Cottrell（1998）认为，户外游憩是一切可以在户外找到的有趣好玩的活动，在户外，可以找到任何形式的活动或活动机会。也有诸多学者认为人们进行户外活动的目标是在户外景观中无须通过竞争可获得的福祉和自然体验（Jenkins和Pigram，2004；Margaryan和Fredman，2017）。本书根据研究目标，采用Moore和Driver（2005）的定义，将游憩定义为“在自然环境中发生的，依赖于自然环境进行的游憩活动中产生的游憩体验”。户外游憩不仅仅是一种活动而已，而是取得某种理想体验的方式。户外游憩活动是活动、进行活动时产生的结果和进行活动的场所三者的结合，与其他游憩形式不同。户外游憩活动和体验对自然环境的依赖程度形成一个连续的统一体，有些户外游憩活动依托的是完全自然的、未开发的环境，有些则依托人为的设施和景观。

2. 生态旅游

生态旅游的思想基础源于 1965 年 Hetzer 在反思当时的文化、教育和旅游的发展思路而提出的"生态性旅游"（ecological tourism）。1983 年，世界自然保护联盟（IUCN）的生态旅游特别顾问谢贝洛斯·拉斯喀瑞正式将生态旅游（ecotourism）作为一个独立的术语提出，认为"生态旅游就是前往相对没有被干扰的自然区域，专门为了学习、赞美、欣赏这些地方的景色和野生动植物与存在的文化表现（现在和过去）的旅游"。自该概念提出以来，不同学科背景的研究者都尝试给予界定。Ralf（1994）将生态旅游定义为"以自然为基础的旅游、可持续旅游、生态环境保护旅游和环境教育旅游的交叠部分"。Lee（1992）认为理想的生态旅游系统应包括：旅游者对所游览地区具有保护意识；当地居民在发展旅游业中充分考虑环境和文化需求；采用一个有当地居民参与的长期规划战略，减少旅游业带来的负面影响；培育一个有利于当地社会发展的经济体系。

本书将生态旅游定义为：以可持续发展为理念，以实现人与自然和谐为准则，以保护生态环境为前提，依托良好的自然生态环境和与之共生的人文生态，开展生态体验、生态认知、生态教育并获得身心愉悦的旅游方式（彭福伟等，2017）。首先，生态旅游是一种以自然环境为资源基础的旅游活动；其次，生态旅游是具有强烈环境保护意识的一种旅游开发方式（牛亚菲，1999）。

3. 自然旅游

自然旅游是以自然为基础的特殊旅游形式，包含了发生在家庭环境以外或未受人类干扰的自然区域的各类旅游活动形式。自然旅游依托的空间范围较广，因而其活动覆盖了整个旅游活动谱，既可以是大众旅游，也可以是小规模的生态旅游，如学习动植物知识、沙漠探险等（Fennel，2000；Fredman 等，2012；Saarinen，2014）。

4. 国家公园话语体系下游憩活动的重点

户外游憩、自然旅游和生态旅游三个概念强调的重点不同，户外游憩重点强调人们在户外找到有趣好玩的活动及其体验；自然旅游强调旅游者对自然的偏好；而生态旅游则强调更严格的准则。国家公园游憩活动的开展具有以下几个特征：①空间限制性，即国家公园游憩活动开展空间受到国家公园的功能分区制约，如国家公园核心区内不允许开展任何游憩活动；②层次性，即游憩活动开展的类型和强度受国家公园功能分区的影响，活动开展要求形成“严格”到“一般”的谱系；③突出环境教育和科研功能，即国家公园内游憩活动的开展更强调对公众的科普教育倾向。基于上述特征，国家公园的游憩活动包括发生在国家公园空间范围内的生态旅游和自然旅游（见图 2–1）。[①]

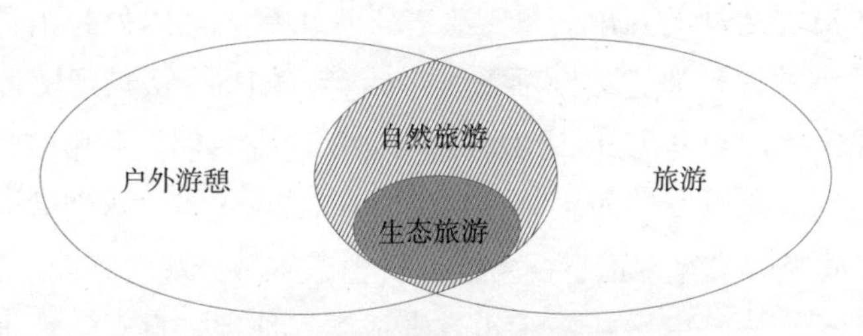

图 2–1　户外游憩、自然旅游和生态旅游之间的关系

国家公园游憩管理是指相关管理部门或机构通过运用科技、教育、经济、行政、法律等各种手段组织和管理游憩环境和行为的过程。游憩管理的目标是，在不破坏游憩地资源环境质量的前提下，最大限度地满足游客需求和提供高质量的游客体验，同时实现国家公园经济、社会和环境三大系统的可持续发展。

二、相关研究进展

（一）游憩利用适宜性评价研究进展

游憩利用适宜性评价主要围绕适宜性评价进行，“适宜性”源于达尔文的“生物进化论”中的“适应观”，用于分析人与自然关系。其中，地理学中的“适应论”认为人类活动和自然环境之间存在不可分割的相互影响关系。从 20 世纪 40 年代开始，随着“土地生态学”研究的开展，“适应论”开始在土地利用方面得到应用。随着景观生态学的提出，利用景观生态学进行适应性规划也得到广泛

① 在提到参与国家公园游憩活动的人时，通常采用“访客”“消费者”“游客”“用户”等称呼，本书研究中交替使用“访客”和“游客”两个词，以表现国家公园与游客的主客关系，以及提示游客需要对国家公园的景观负有责任，并尊重其他游客需求。

利用，并在后来的研究中逐渐形成了适宜性分析的理论。游憩利用适宜性评价通常以生态学和地理学为基础，对研究区域进行分析研究，以了解研究区域的环境现状，将分析结果作为依据进行科学的规划和管理。

游憩利用适宜性评价研究最早出现于欧美国家，研究者将空气、土地、水等自然因子看作统一整体，并对每个因子的等级和价值属性进行赋值，从而确定游憩活动在某种特定利用的合适程度的确定，从而采取相应的利用和管理方式。Bresser（1977）等运用筛网制图法制定一系列妨碍因素指标，从而筛选出难以利用的区域用于滑雪活动的开展。景观生态学提出后，国内外利用景观生态学进行游憩利用适宜性评价研究逐渐活跃。1969 年 McHarg 从景观资源的角度出发进行适宜性评价；1990 年 Cole 提出游憩生态学研究，倡导利用多学科探讨游憩地敏感性的空间变化以及游憩影响的空间分布；2000 年钟林生借助景观空间格局分析、景点间吸收力等廊道特征角度分析生态旅游景观适宜性。20 世纪 80 年代，计算机逐渐普及，3S 分析技术也逐渐成熟，地理信息系统技术在拓展游憩利用适宜性分析的空间角度方面发挥了重要作用。

1. 游憩利用适宜性评价研究内容

各类自然保护地不仅是户外游憩的发生地，同时也是生态环境保护的重要空间，其生态格局的延续需要对游憩资源的合理利用做出规范，并通过相关评价和规划实现生态系统的完整性。从国内外的研究发展来看，游憩利用适宜性评价的相关成果主要集中在游憩价值评价、游憩承载力评价、游憩冲击评估、游憩体验质量、游憩景观、旅游可持续性评价等方面。

（1）游憩价值评价。游憩价值评估思想最早源于经济学研究，最早可追溯到 1667 年英国经济学家威廉·配第利用“成本—效益”理论评价投资和环境带来的经济效应。1884 年，琼斯·蒂皮特提出了消费者剩余（consumer surplus）的概念，并用于公共项目总效益的评价标准。约翰·科鲁迪拉（1988）在其著作《自然资源经济学：商品型和舒适型资源价值研究》中提出了“舒适性资源的经济价值理论”，为后来游憩资源的货币价值评估奠定了理论基础。“二战”以后，游憩需求的大量增长使人们对游憩资源价值的认知不断加深，游憩价值评估为游憩地管理和决策提供了重要参考。我国自 20 世纪 80 年代以后也出现了游憩价值评估的相关探索。国内外有关游憩价值评估的研究内容主要如下。

①对不同尺度的游憩地和项目游憩价值评估。国外对游憩价值的评估主要集

中于国家公园、郊野公园、森林游憩地、海滨和海岛等生态旅游区域。这些区域的游憩价值评估主要用于了解使用者的参数选择、论证生态旅游的真正价值、评价生态旅游的投资、生态旅游政策的制定（刘敏等，2008）。Asafuadjaye 和 Tapsuwan（2008）评估了泰国 Mu Ko Similan 海洋国家公园的经济价值，显示潜水者每年人均支付意愿为 27.07~2.64 美元，为提升管理国家公园有效性提供参考。Bernard 等（2009）评估了哥斯达黎加 Tapaí 国家公园生态系统服务的价值，以测定为保障公园的保护和可持续使用的财政支持机制。Mayer（2014）研究了德国 Bavarian 国家森林公园不同使用方式的经济价值，并做出成本效益分析。国内研究者在借鉴国外研究经验的基础上，对九寨沟、普陀山、西湖等自然旅游地的游憩价值进行评估（伍磊等，2016；查爱苹等，2015；董雪旺等，2012）。

②游憩价值评估方法。国内外游憩价值评估代表性的方法有旅行费用法（Travel Cost Method，TCM）、条件价值法（Contingent Valuation Method，CVM）、游憩费用法（Expenditure Method，EM）、享乐定价法（Hedonic Priced Method，HPM）等。其中，TCM 和 CVM 是国内外应用比较普遍的评估方法。

旅行费用法（TCM）。TCM 的前提假设和基本思想是：游客选择一个游憩景区，虽然不用支付或只需要支付很低的门票费用，但前往景区需支付一定的费用（交通、食宿、娱乐费用等），而且需要付出时间，这些费用和时间成本就是"游憩商品"的隐含价格（施德群，张玉钧，2010）。TCM 将"消费者剩余"这一概念引入价值评估，利用旅行费用来估算游憩资源的需求曲线，从而计算出消费者剩余。TCM 分为三种估算模式：分区模式（Zonal Travel Cost Method，ZTCM）、个人模式（Individual Travel Cost Method，ITCM）和随机效用模式（Random Utility Method，RUM）。TCM 并非直接用旅行费用作为游憩价值，而是通过旅行费用估算游憩曲线，因此，无法评估资源的非使用价值。近年来，研究者试图将 TCM 与其他评估方法相结合使其评估结果更科学，如 Cameron（1992）提出将 TCM 与 CVM 结合起来评估环境资源价值；彭文静等（2014）结合 TCM 与 CVM 调查了太白山国家森林公园的整体游憩价值。

条件价值法（CVM）。CVM 属于揭示游客偏好的评估方法，主要通过调查人们对公共物品的支付意愿，从而确定游憩资源的效益价值。CVM 不仅可以评估使用价值，也可以评估非使用价值。这种方法因其广泛的适用性和灵活性在欧美国家得到广泛运用，有关其评估的案例也较多。

游憩费用法（EM）。EM是从游憩者支出的费用角度来评估游憩资源价值的方法，这些费用包括往返交通费、餐饮费、住宿费、门票、设施使用费、购买纪念品和土特产费用、购买或租赁设备的费用、停车费等。EM通常有三种形式：总支出法、区内花费法、部分费用法。该评估方法的优点在于比较简单、易操作，缺点在于仅计算游客花费难以全面反映游憩资源的实际价值。因此，EM通常与其他方法结合起来用于评估。

享乐定价法（HPM）。HPM的基础是享乐模型，即基于商品价格取决于商品各方面属性给予消费者的满足这一效用论观点而建立起来的价格模型。HPM是从相关市场交易的成本和价格的角度来核算资源的经济价值。HPM应用最广泛的是房地产，也适用于对森林公园游憩价值的评估（见表2-2）。

表2-2 主要游憩价值评价方法比较

方法	特征	适用范围	典型案例区
旅行费用法（TCM）	优点：通过“消费者剩余”将无价格商品货币化；数据容易获取 缺点：将旅行费用变化等同于对门票价格变化的反映的假设难以被验证；评价结果没有考虑货币的时间价值	较成熟游憩区，门票费用没有或很少，游客愿意花时间和其他费用前往	Tapaí国家公园（Bernard等，2009）；九寨沟（董雪旺等，2012）
条件价值法（CVM）	优点：既可评估使用价值，也可评估非使用价值；方法灵活，应用范围广 缺点：获取数据成本高；依托假想市场，容易产生误差	已开发和未开发的游憩区	泰国Mu Ko Similan海洋国家公园（Asafu-Adjaye和Tapsuwan，2009）；杭州西湖（查爱苹，邱洁威，2016）
游憩费用法（EM）	优点：方法简单，数据容易获取 缺点：不能评估非使用价值；计算中包含的费用项目不同，结果差异很大	发展较成熟的景区	韩国乡村旅游评估（Dukbyeong和Yooshik，2009）
享乐定价法（HPM）	优点：将消费者效用作为商品价值评估的标准体现人本思想 缺点：计算结果因选择的函数形式差异较大；不能估算非使用价值，因而通常低估总体的环境价值	适用于城市周边游憩区	Phi Phi群岛（Seenpr-achawong，2010）

资料来源：作者根据资料整理而成。

（2）游憩冲击评估。国家公园在为公众提供游憩机会的同时，游憩活动的开展也对国家公园产生冲击，包括经济冲击、社会冲击、生态冲击，虽然冲击有正负面之分，但负面冲击较受到国家公园管理者的关注。从现有文献来看，生态冲击是国家公园行为冲击研究中的主要内容，即因游憩使用造成的土壤、植被、水、生物多样性等质量的下降（Shelby 等，1988；Martin 和 McCool，1989；罗艳菊等，2009）。有大量研究表明，游憩使用的增多与生态冲击成正比关系（Cole，2004；Monz 等，2010）。游客偏离游径的徒步和其他零散活动将造成土壤的硬化和磨损，以及植物的破坏，最终影响公园的景观质量（Tomczyk，2010；Wimpey 和 Marion，2011；罗艳菊等，2010）。Shelby 等（1992）认为，游客行为冲击问题应考虑三点：一是该冲击是否被认识到；二是该冲击对于场地其他属性而言是否重要；三是评估该冲击是否被接收。其中，第三点被认为较受研究者关注，人们认为制定一个冲击的可接受标准有利于指导资源和游客管理（Vaske 等，1993）。

有关游憩生态冲击评价的方法和技术得到发展。早期评价信息主要来自公园管理者提供的零散信息，随着科技的发展，GPS、GIS 等信息技术被广泛应用于监测游憩活动对公园各类资源的影响，社会问卷调查、观察实验等社会学、心理学方法被广泛应用于研究游客行为及其冲击（Park 等，2008；Lai 等，2007；Moore 和 Polley，2007；刘少湃，吴国清，2004；卢松等，2005）。Antonio 等（2013）通过生态状况评估、游客的生态状况评价标准、对游客活动位置和密度的 GPS 手段三者的结合，评估了游客活动对国家公园的影响。Marion 和 Farrell（2002）构建评估指标研究了 244 个露营地活动对美国国家公园的生态影响，结果显示，一些热门区域、使用率较高的区域，以及较易到达的区域生态冲击较为严重，造成国家公园资源的减少或破坏。刘儒渊等（2006）运用生态学植群冲击指数研究了 1991—2004 年玉山国家公园登山步道的游憩冲击。

（3）游憩承载力评价。公众游憩和生态保护两大使命的平衡是国家公园管理过程中面临的一大难题。游客的大量涌入必然对国家公园生态环境带来负面影响，造成游客体验质量的下降，这一现象逐渐受到学者的关注。游憩承载力（Recreation Carrying Capacity，RCC）的提法最早出现在 20 世纪 30 年代，当时美国国家公园管理局呼吁对国家公园承载力或饱和点进行研究。关于游憩承载力的定义，国际上尚没有统一的标准。美国学者 Wagar 在他的学术专著《具有游憩功能的荒野地的环境容量》中，给游憩环境容量下定义为：一个游憩地区能够长期维持旅游品质的游憩使用量。随后在 1971 年，Lim 和 Stankey 提出，游憩容量是指某一地区在一定时间内维持一定水准给游憩者使用，而不会破坏环境或影响游客体验的开发强度。在此基础上，Shelby 和 Heberlein（1986）将其定义为游憩使用水平所造成的影响没有超过设定标准。他们衡量游憩承载力的方法是把承载力划分为生态承载力、实质 / 空间承载力、设施承载力和社会承载力 4 种类型（付健等，2010）。在北美和欧洲，RCC 理论被广泛应用于滨海、岛屿、山地度假区、乡村、各类保护地的管理实践中。

由于涉及多方面的因子，在实践中具体测量 RCC 会出现很多困难。Stankey 指出测量承载力的绝对条件是不存在的，他还提出 RCC 从来就是一种管理理念而非一种科学理论，但科学研究在建立承载力评价体系时可以发挥重要作用。在很长时间里，RCC 的测量方法仍局限于对“极限”数量的追求。20 世纪 80 年代，任职于美国林业部门的 Stankey 等系统地提出了“可接受改变极限”理论（LAC），突破仅将承载力作为一个数据的各种局限。之后，Shelby 和 Heberlein（1986）依据该理论提出承载力评价的方法，认为承载力评价方法包括描述性成分和评价性成分两个方面。其中描述性成分着重于评价体系中的客观成分，包括经营管理参数和冲击参数。经营管理参数通常是管理者本身可以控制的，如游憩区的使用面积等；冲击参数则是游憩利用适宜性对游客或自然环境产生的负面影响，如植被覆盖度等。评价性成分就是游客在不同管理目标下的游憩体验，通常为人们的主观判断结果，包括游憩体验类型和评价标准两方面。随着技术的不断进步，关于游憩承载力的评价方法和技术也在不断改进。Lawson 等（2003）利用计算机模拟工具，虚拟出一系列游客在选定地点内做日间旅行的路线网络，并据此对旅游地的容量进行预测，从而完成对拱门国家公园游客容量的预测和适应性游客管理研究。Sessions 等（2016）利用美国国家公园网站和 Flickr 图片分享网站游客上传的照片信息，结合游客问卷调查，通过回归分析，模拟了随着自然和社会环境的变化游客访问量的变化，并提出了未来公园游客量预测的方法。

我国对游憩容量的研究始于 20 世纪 80 年代。赵红红（1983）首次提出了旅游容量的问题，汪嘉熙（1986）对苏州园林风景区游人容量进行了研究，并通过典型调查确定了风景园林区的容量。徐晓音（1999）探讨了风景名胜区旅游环境

容量的测算，提出完善旅游环境容量测算的四大建议，即建立科学的容量测算体系、测算旅游环境容量的极限值和最佳值、重视不易受人为改变且对游客容量限制作用最大的指标的测算、编制旅游环境容量测算手册。章小平和朱忠福（2007）通过测算九寨沟风景名胜区的旅游生态环境容量、空间容量、服务设施容量和社会环境容量，计算了九寨沟的最大旅游环境容量和最佳旅游环境容量。王资荣等（1988）通过对张家界国家森林公园连续4年的实地监测，发现旅游人数的急剧增加使国家公园局部环境质量发生了变化。骆培聪（1997）对武夷山的旅游环境容量进行了定量分析，并强调对区域的旅游环境治理。万金宝和朱邦辉（2009）通过资源空间容量、生态环境容量、经济发展容量和当地居民心理容量分析，计算了庐山风景名胜区旅游环境容量综合值，并提出设置旅游服务次中心、产品更新、设施更新升级等方式缓解景区压力。

（4）旅游可持续性评价。在1982年《巴厘宣言》中有关建立监测和评估保护地管理绩效工具的倡导下，许多国家建立了保护地管理的绩效评价体系，其中，旅游可持续性评价同样受到关注。欧洲公园联盟（EUROPARC）制定了保护地可持续发展旅游的欧洲宪章，其中选取了由人口动态指标、地方社区的经济社会条件、环境因子、研究区域的旅游属性等20个指标构成的评价体系。Smith等（1995）认为旅游可持续性评价指标体系应该包括经济（旅游业）、环境、社会3个因素；也有学者提出了诸如生态、文化、经济和社区可持续性或者旅游业、生态、社会、旅游环境的更多指标维度的评价体系（Choi，2006；Richins，2009）。评价方法方面，已被运用到实证研究中的方法包括生态足迹法（EF）、环境可持续性指数法（ESI）、人文发展指标（HDI）、能值可持续性指数法（EMSI）、强弱持续性指数法等（Singh，2009）。此外，Faulkner等（1997）认为，人的感知和态度是影响目的地旅游可持续性变化的重要因素，如果主要利益相关者态度消极，目的地的吸引力就会不断降低，从而影响旅游可持续发展目标的实现。

2. 游憩利用适宜性评价指标研究

厘清游憩利用适宜性的影响因素，构建合理的评价指标体系，是游憩利用适宜性评价的前提和基础。梳理既有文献发现，游憩利用适宜性评价指标体系基本囊括自然地理条件、生态环境因素、社会经济条件、社会公众等因素方面的量表。在具体的评价中，学者们往往根据研究区域、研究视角的差异而有所侧重，构建的指标体系也有显著差异（见表2–3）。

表 2-3　游憩利用适宜性影响因素及其评价指标

影响因素	具体指标	典型文献
自然地理条件	地质环境类：地质岩性 地形地貌类：高程、坡度、地貌类型、地形起伏度、地表破碎度、坡向等 水文类：水文水系、水质 土壤方面：土壤环境、地质岩性	日本洛克计划研究所（2006）；Brandli 和 Ulmer（2001）；李俊英等（2010）；U.S. Forest Service，（2010）
生态环境因素	自然资源禀赋类：自然资源丰度 地表生态系统方面：植被覆盖度、地表覆盖类型 游憩承载力：敏感度等 景观价值类：自然度、旷奥度、美景度、观赏性、奇特性、景观可视敏感度等	王云才（2005）； 何东进等（2004）； 石垚等（2015）； 张爱平等（2015）
社会经济因素	区位交通方面：可达性、交通优势度、可居度、距离高等级城市的距离 社会经济属性类：产业结构、土地利用类型、财政投入、设施	李加林等（2004）； 薛兴华（2011）

游憩利用适宜性评价的核心内容是根据相关指标来确定游憩区的利用潜力、适宜状况或利用效益来评定。早期的游憩利用适宜性评价较多关注自然因素，如地形、土地利用类型等因子。例如，日本洛克计划研究所著作的《观光、游憩计划论》中分析了地形对各类游憩活动的利用适宜性，如图 2-2 所示（转引自胡粉宁，2006）。美国林业局在制订西南部区域土地游憩适宜性计划中，选取了 8 个因子，分别是出于国家安全目的严格限制的土地、是否与其他资源管理方向冲突、特殊使用的区域（如荒野、科研自然区域）、因特殊命令关闭的区域、因行政需求被收回的土地、符合森林自然资源管理目标的土地、符合森林景观管理目标的区域、被纳入森林旅行管理计划的土地（U.S. Forest Service，2010）。美国土地管理局在其制定的土地游憩活动利用评估系统中，对于海水浴场的技术评估则选用 7 个资源因素进行分级评估，分别是水质、危险性、水温、水的颜色与混浊度、风况、1.5 米深水域距海岸线的距离，以及海滩状况。Brandli 和 Ulmer（2001）认为游憩适宜性应包括 5 个因子：环境质量（自然灾害、污染等）、项目潜力（美观、自然、多样性、独特性）、适合开展活动（游憩利用的可能类型和强度）、装备（设施）、可进入性（距离或旅行时间），这一因子体系在诸多研究

中得到体现。如 Gül 等（2006）构建的自然公园游憩适宜性评价因子包括靠近水资源、文化价值、可进入性、植被、坡度、视觉价值、气候条件、海拔等。

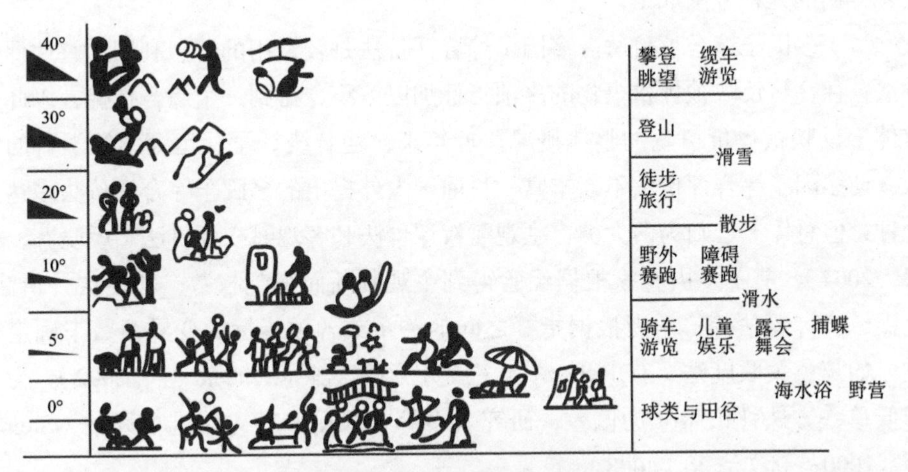

图 2-2　地形与游憩活动适宜性

国内学者对以生态旅游为代表的户外游憩活动利用的研究日益重视，并在借鉴国外研究经验的基础上，提出了各类利用评价指标。李加林等（2004）构建了观赏适宜性、休闲度假适宜性、游戏娱乐适宜性、科考适宜性、体育活动适宜性、历史考古适宜性、文化旅游适宜性、民俗旅游适宜性等指标，评价了涞源风景区生态旅游开发适宜性。李俊英等（2010）构建了涵盖坡度、土地利用、水库景观可视敏感度和河流景观可视敏感度在内的指标，评价了棋盘山生态旅游开发的适宜性。薛兴华（2011）从游憩资源、游憩承载力和游憩区位条件 3 个方面构建了森林公园游憩适宜性的评价指标体系。可以看出，这些评价指标主要基于资源禀赋考虑，偏重于对资源的利用，但对生态环境影响考虑不足（钟林生等，2010）。因此，也有部分学者从环境质量、土壤环境、水文水系、地质岩性、植被覆盖情况等反映生态敏感性的指标体系出发评价游憩利用适宜性（石垚等，2015；张爱平等，2015）。王云才（2005）从景观特征评价、人地关系评价、利用方式评价三个层次评价了巩乃斯河流域游憩适宜性，并构建了自然度、旷奥度、美景度、敏感度、相容度、可达度、可居度等一系列指标体系。何东进等（2004）以武夷山为例，提出了适合风景名胜区景观生态评价的指标体系，该体系包含代表性、稳定性、协调性、奇特性、观赏性、社会性和梯度性 7 个指标。

3. 游憩利用适宜性评价方法

根据评价对象和目标的不同，国内外学者发展了多种游憩利用适宜性评价方法，常用的几种方法如下。

（1）多因子综合评价法。多因子综合评价法是较常用的游憩利用适宜性评价方法，往往将反映被评价事物的多项指标加以汇集，得到一个综合指标，以此从整体上反映被评价事物的整体概况。近年来，随着统计学、运筹学等学科的渗入，使多因子综合评价法不断丰富。目前国内外提出的多因子综合评价法多达几十种，但总体上可归为两大类：主观赋权评价法和客观赋权评价法（虞晓芬，傅玳，2004）。前者多由专家根据经验得到主观判断而得到权数，如层次分析法、模糊综合评判法等；后者根据指标之间的关系或各项指标的变异系数来确定权数，如灰色关联度法、TOPSIS 法、主成分分析法等（Vincent 等，2002）。为了降低单一方法评价带来的偏差，研究者多综合采用多种方法进行评估（Steiner 等，2000；赵文清等，2008）。

（2）GIS 制图方法。Levinsohn 等（1987）首次提出了游憩利用适宜性分析的 GIS 制图路径。近年来，越来越多研究者利用 GIS 技术进行适宜性分析，并提出了研究的程序：①确定适宜性特征；②通过研究讨论确定变量；③通过讨论组评估对变量赋值；④建立游憩适宜性指标体系；⑤修正体系用以分析土地利用适宜性；⑥修正体系以实现资源保护兼容；⑦综合确定最终的游憩适宜性指标体系（Levinsohn 等，1987；Kliskey，2000；Garbriela，2006）。随着研究的深入，游客需求、游憩机会、多目标决策等指标与 GIS 技术结合使游憩适宜性评价分析变得更科学和可靠，国外学者在这方面进行了有效的探索（Kienast 等，2012；Dhami 等，2014）。近年来，GIS 技术逐渐被国内研究者用于游憩适宜性分析中，钟林生等（2002）利用将景观生态学理论与 GIS 技术结合评价了乌苏里江国家森林公园生态旅游开发的适宜性；张澈（2008）利用 GIS 技术对森林游憩资源进行评价，并进行游憩活动适宜性分析；邬彬（2009）利用 GIS 技术进行旅游地生态敏感性和生态适宜性分析。但是利用 GIS 技术需要大量的多类型数据录入，数据获取的难度使 GIS 技术在国内游憩利用适宜性研究方面应用进展较缓慢。

（3）景观生态学评价法。景观生态学（landscape ecology）这个概念是德国的植物学家 Care Troll 于 1937 年在研究东非的土地利用时，首次在“航空像片

判图和生态学的土地研究”一文中提出的。近年来，景观生态学方法越来越多被用于游憩利用适宜性评价。该评价方法以生态学的理论框架为依托，研究景观的结构（空间格局）、功能（生态过程）和演化（空间动态），以及景观和区域尺度上的资源、环境经营观念。景观生态学评价方法强调根据自然景观的适宜性、功能性、生态特性以及经济景观的合理性、社会景观的文化性和继承性，构建相容度较高的行为体系，在保护与发展之间，建立可持续的发展模式（刘忠伟等，2001）。

4. 研究述评

近年来，游憩利用适宜性评价的价值逐渐受到重视，成为游憩区规划和管理的重要参考，人文地理学、生态学、土地利用等领域的学者针对不同的游憩区类型、不同的开发方式、基于不同尺度的评价单元进行了有益的探索，评价内容丰富，评价方法不断得到改进，研究视角逐渐多元。尽管研究成果丰富，但仍存在一些值得思考和重视的问题。

（1）以“工具”理性为主导，理论探讨不足。在实践需求驱动下，当前研究重视利用评价的“工具”价值，研究成果集中于应用性案例评价，对游憩利用适宜性评价的理论基础缺乏深入探讨，也未深入研究游憩利用的发生机制以及不同影响因素对游憩利用的作用机制。

（2）从指标体系来看，随着游憩利用适宜性评价朝着综合化、系统化推进，指标选择与赋值越来越细化，涉及了影响因素的各个维度，其中自然条件、生态环境和社会经济因素是关注的重点，但对政策制度、社会公众因素关注不足。

（3）从研究理念来看，目前大多关注自然条件与特定开发方式需求之间的匹配程度，强调游憩利用适宜性带来的生态和环境效果的控制。然而游憩利用具有生态、社会、经济多维内涵，不仅受游憩区空间属性特征影响，也取决于相关利益主体的价值和利益诉求。单纯考虑游憩区空间属性和利用需求而忽视空间利益主体的适宜性分析，并不能有效减少空间冲突。因此，强调公众利益诉求、不同自然特征及土地用途内部协调的参与式游憩利用适宜性评估框架应是未来游憩利用与管理的重要方向。

（二）国家公园游憩管理研究进展

本书以 Web of Science（WOS）引文数据库为基础，以“标题 =（‘national

park’ or ‘outdoor’ or ‘protected areas’) and (‘recreation management’)” 为条件进行文献检索，研究学科限定在生态学、地理学、旅游学、管理学、社会学，时间跨度从 1991 年至 2017 年 6 月，共检索到 379 篇文献，其中，从 21 世纪初开始，有关国家公园游憩管理的文献逐渐增多，尤其 2009 年后，相关文献增长迅速（见图 2-3）。

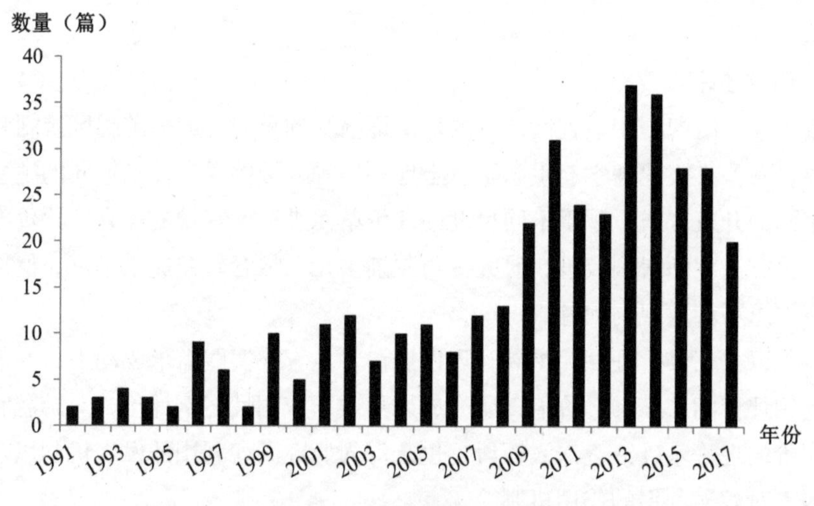

图 2-3　国外有关国家公园游憩管理的文献年度分布情况

从期刊分布看，相关研究以 Environmental Management、Leisure Sciences、Journal of Leisure Research、Land Use Policy、Journal of Outdoor Recreation and Tourism、Tourism Management 等环境、旅游、休闲游憩类期刊为主，研究区域主要集中在美国、澳大利亚、加拿大、南非、英国等国家公园发展历史较悠久的国家。20 世纪 80 年代，我国开始出现有关游憩管理的相关研究。在“中国知网”学术数据库中，以主题 =“国家公园 & 游憩管理”为条件进行文献搜索，结果显示，有关国家公园游客管理的研究自 21 世纪以来缓慢增长，2010 年后，增长速度较快（见图 2-4）。

为探究国外国家公园游客管理研究热点及趋势，本书采用 Citespace 对文献中的研究关键词和主题词进行了梳理，通过关键词的出现频度反映研究进展和前沿热点，为相关研究提供依据。本书以从 Web of Science 中获取的 379 篇文献为数据源，进行研究热点分析，具体步骤为：时间段为 1991—2017 年 6 月，时间切割

（time slice）设置为1年，主题词来源同时选择标题、摘要、关键词、关键词拓展，节点类型选择主题词、关键词，阈值选择以TOP35为阈值，其余时间段切割值由线性插值赋值。突现词（burst terms）在分析研究热点与前沿方面具有重要的参考的意义。本书利用Citespace软件中的词频探测技术进行研究前沿术语分析，得到突现词频排名（见表2-4）。从表2-4中可看出，20世纪90年代，国家公园游憩管理主要集中在生态系统的保护方面，而21世纪以后，对国家公园游憩管理的视角逐渐多元化，游客的需求、行为逐渐受到研究者的重视，同时，国家公园生态系统与社会发展的互动也逐渐成为前沿问题（肖练练等，2017）。

图2-4 国内有关国家公园游憩管理的文献年度分布

表2-4 国家公园游憩领域研究中的突现词

突现词	频次	突现度	中心性	年份	突现词	频次	突现度	中心性	年份
recreation	88	4.29	0.53	1996	tourism	43	1.59	0.05	2001
management	84	2.05	0.32	1996	behavior	22	1.23	0.00	2000
protected areas	77	3.58	0.41	1997	perception	21	1.08	0.00	2007
conservation	50	2.61	0.08	1997	ecosystem service	21	3.87	0.03	2007
national park	49	4.26	0.23	1997	community	15	3.26	0.46	2005
impact	44	3.21	0.12	2000	human disturbance	13	1.01	0.00	2007

为进一步探究国家公园游憩研究领域的热点网络，本书通过 Citespace 对相关文献进行关键词共现分析（见图 2-5）。从图谱中可看出，recreation、management 和 protected areas 三个词处于中心位置，它们的频次（frequency）和网络中心性（centrality）皆处于前列。结合文献表明，以 recreation 和 management 为中心，该领域研究围绕生态保护（conservation）、自然旅游（nature-based tourism）、行为（behavior）、感知（perception）、生态系统服务（ecosystem service）等热点展开，研究热点从单纯的生态保护到对游憩主体、环境与利益相关者互动等方面延伸，从单一问题研究向多维度综合发展。我国有关游憩管理的研究热点与国外大致相同。游憩管理研究涉及行为学、环境学、管理学、社会学、心理学等多个学科，国内外研究主要如下。

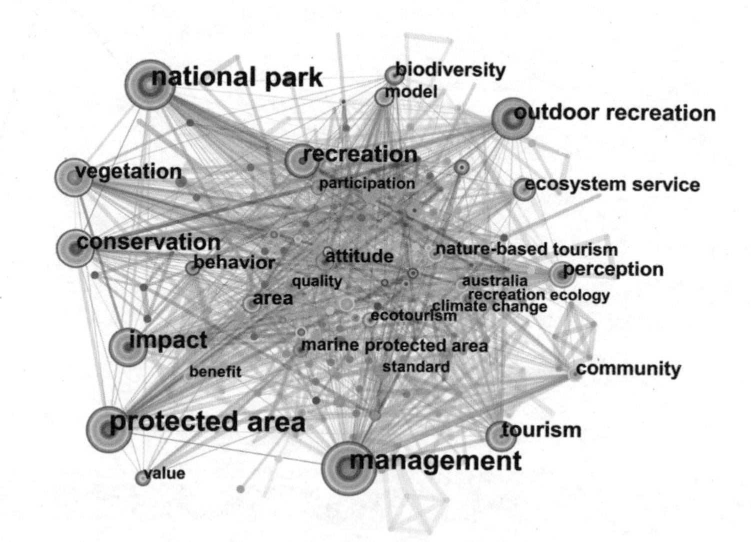

图 2-5　国家公园游憩管理研究关键词共现分析

1. 游憩资源管理

由于户外游憩的迅速发展，户外游憩地管理逐渐集中到两个关键问题上：一是如何保存资源质量和生态系统的完整性，确保资源对游客和其他使用者的长期吸引力；二是如何应对需求多样化的趋势，为使用者提供满意的游憩体验（Boyd 和 Butler，1996）。围绕这两个问题，20 世纪 70 年代末在尝试对游憩地进行分类分区管理实践的基础上，北美的国家公园和林业部门提出了一系列游憩资源管理工具，其中较常用的有游憩机会谱、可接受改变极限理论及游客体验与资源保护模型。

（1）游憩机会谱（Recreation Opportunity Spectrum，ROS）。ROS 是一个游憩资源规划管理框架，强调为某个特定的游憩体验（提供某一游憩机会）去管理某游憩环境，最终实现提供多样化的游憩体验目标。该工具将“人们选择一个偏好的游憩环境，去参加某项活动，得到期望的游憩体验”的可能视为一个游憩机会（刘明丽，张玉均，2008）。其中，游憩环境是一个由环境的自然、社会和管理条件构成的综合体。ROS 的基本实施程序可以简述为，从影响体验者的角度出发，利用一个完整、可量化能够代表游憩机会整体条件的指标体系，将游憩区划分为不同的游憩机会（如典型的等级划分方法为从原始区到高度开发的城市区），对其进行管理，为游憩者提供某类特定的游憩体验。如有最少管理限制、设施提供和最低游客相遇水平的原始区，可以提供一种感受独处、亲密接触自然的体验机会，而那些想要付出最少努力获得自然环境体验的游客则可以选择能够允许机动车进入、提供有舒适的设施和服务的靠近城市类型的环境。

游憩机会谱作为一种游憩资源的清查、分类体系，以及指导游憩地规划和管理的理论框架已经被广泛运用于各类公共游憩地管理（见表 2-5）。随着公众游憩需求的多样化，游憩机会等级分区呈现不断细化和延伸的趋势，如旅游机会谱（Tourism Opportunity Spectrum，TOS）和生态旅游机会谱（Ecotourism Opportunity Spectrum，ECOS）等。此外 GIS 空间技术的应用改变了传统的静态的 ROS 制图方法，更清晰、动态地反映游憩者和环境的互动关系，从而为游憩动态管理提供了科学的工具。近年来，我国学者对 ROS 理论的介绍和本土化应用进行了有益的探索（黄向等，2006；符霞等，2006；刘明丽等，2008），但由于国内外游憩发展环境、管理体制以及游憩者价值观的差异，本土化的 ROS 框架尚未建立。

（2）可接受改变极限理论（Limits of Acceptable Change，LAC）。1963 年，佛里赛在自己的硕士毕业论文中首次提出了 LAC 这一概念，他认为，只要有旅游活动的产生，就会对生态环境造成影响，问题的关键在于，多大的影响是可接受的。1972 年，佛里赛和史迪科对这一概念进一步研究，提出不仅应对资源的生态环境状况设定极限，还要为游客的体验水准设定极限，同时建议将它作为解决环境容量问题的一个替选方法（杨锐，2003）。1985 年，美国林业局发表《荒

表 2-5　游憩机会谱的构成

土地类型	描述
原始区域	• 未经人工改造的自然环境 • 面积大（大于 2500 英亩） • 人类使用的迹象最少 • 建设好的道路数量最少，管理行动最少 • 与其他使用者的接触水平非常低 • 对游客的限制和控制最少 • 禁止机动车辆的使用
半原始且无机动车辆使用区域	• 绝大部分是自然的环境，只有不明显的人工改造 • 面积由中到大（大于 1500 英亩） • 其他使用者的迹象普遍 • 游客相互接触水平低 • 对游客的现场控制和限制少 • 禁止机动车辆进入，但可能有道路
半原始且允许机动车辆使用的区域	• 绝大部分是自然的环境 • 面积由中到大（大于 1500 英亩） • 其他使用者的迹象经常出现 • 对游客的现场控制和限制较少 • 低标准的、自然式铺装的道路和小径 • 一些游憩者使用的路径允许机动车辆通过
通道路的自然区域	• 绝大部分是自然的环境，经过中度的人工改造 • 没有最小面积的限制 • 游客间相互接触水平由中等到高等 • 其他使用者的迹象普遍 • 涉及和建造设施，允许机动车辆使用
乡村区域	• 由于人类的发展或者植物耕作，环境已在很大程度上被改变 • 人类的声音和影像普遍 • 没有最小面积限制 • 游客相互接触水平由中等到高等 • 为数量众多的人群和特定活动设计设施 • 机动车辆的使用密度高，并提供停车场
城市区域	• 环境中人类建造物占主导地位 • 植被通常是外来物种并经过人工修剪 • 没有最小面积限制 • 到处充斥人类的声音和影像 • 使用者数量众多 • 建造设施以供高密度的机动车辆使用，并提供停车场，有时还为大众运输提供设施

资料来源：Clark 和 Stankey（1979）。

野地规划中的可接受改变理论》一文，使LAC理论体系更完善。之后，LAC理论被广泛用于美国、加拿大、澳大利亚等国家的保护地游憩规划与管理中。LAC理论的基本逻辑是制定特定的目标来管理游憩地点，控制活动使用水平，以便限制其对社会和自然环境的冲击，使管理系统趋于完善。

LAC理论有完整的规划步骤：①确定规划地区的课题和关注点；②保证区域资源和社会条件的多样性；③选择资源和社会条件的监测指标；④调查资源和社会条件；⑤为资源和社会条件确定标准；⑥制订区域资源和社会条件多样性类别替选方案；⑦为每个替选方案制订管理行动计划；⑧评价替选方案并选出一个最佳方案；⑨实施行动计划并监测资源和社会状况（Bumyong 等，2002）。LAC理论的核心是指标和标准的确定，在LAC理论的发展过程中，研究者根据不同的环境和游客特征制定了不同体系的指标。LAC理论的创始者们建议选择指标时应注意以下原则：①指标应反映某一区域的总体状况；②指标应该是容易测量的（杨锐，2003）。

（3）游客体验与资源保护模型（Visitor Experience and Resource Protection，VERP）。VERP是美国国家公园管理局于20世纪90年代初提出的模型，在概念上与LAC及其他体系没有本质的区别。VERP包括基础准备（跨学科项目组的组建、公众参与策略、公园的目的、意义、主题及规划的限制因子的确定）、分析（公园的资源及其现有利用率分析）、方法（游客体验及资源潜力的分类描述、公园分区定位、标准与指标的选取及监测方案的制订）、资源和社会状况监测及经营措施的执行（Service USDO，1997）。

ROS、LAC、VERP这3个管理工具之间有着紧密的联系。ROS最早提出了游憩分区的概念，并对每个游憩分区的环境因素、管理因素、社会因素进行识别并制定相应的标准；LAC建立在ROS的游憩分区基础上，但更为深入地探讨了环境因素和社会因素方面的指标，体现在指标上就是LAC有着更为细致的资源指标和社会指标；VERP则对ROS的游憩分区进行了调整，在环境指标和社会指标方面，其给出了可以参考的文献而非具体指标，并且更为注重规划过程的科学性（沈海琴，2013）。通过对指标打分的方法筛选指标，总体来说VERP是前两个模型的进一步发展。

2. 游客行为管理

保护资源和提供游憩机会是国家公园管理者的双重目标，但是该双重目标之间也存在矛盾和冲突。因此，在提供游憩机会的过程中，了解那些对游客活动和体验产生影响的主观信息，如游客态度、感知、偏好和行为对管理者而言是非常重要的（McMahan，2011）。

（1）游客感知研究。感知是“对环境信息的接收和加工过程”（Proshansky等，1976）。Lemberg（2010）进一步认为，感知是人们对其周围的环境信息的认识和加工过程，感知过程需要基于个人经验、情感、态度，对接收的信息进行检测和解释。研究者对游客感知价值的维度有较多讨论。Sánchez 等（2006）构建 GLOVAL 量表，认为游客的感知包括功能价值、情感价值、社会价值等维度；Petrick（2002）开发的游客感知价值（SERV-PERVAL）包括质量、情感反应、货币成本、行为成本、信誉五个维度，这些维度在不同的研究中有不同的表现。Riper 等（2012）从游憩价值、生物多样性价值、审美价值三个维度研究了游客对国家公园生态系统服务价值的感知。Rossi 等（2015）认为游客对国家公园的感知要素包括自然环境（环境影响、环境管理、景观）和社会环境（游客冲突、社会机会、拥挤 / 隔离）等（见图 2-6）。魏遐等（2012）以杭州西溪湿地公园为例，编制了湿地公园游客感知维度，包括服务体验、特色体验、教育体验、成本体验、生态体验、信任体验、关怀体验，体现了湿地公园独特的价值维度。

游客的感知具有个体异质性，这种异质性受社会、经济、个体心理等因素的影响较大。感知作为一种中介和调节作用，既受到社会人口特征、态度和价值观的影响，同时通过对自然和社会环境的作用，影响游客在国家公园和保护地中的体验质量和各种行为（杨文娟等，2013；王莉等，2014）。游客在国家公园内的环境感知是游客感知研究的重要内容，包括对露营活动、荒野区、游径影响的感知（Farrell，Hall 和 White，2001），例如，Pickering 和 Rossi（2016）研究了人们对澳大利亚昆士兰三个国家公园的山地自行车活动的环境价值观和感知，并评估了他们对国家公园的社会接受度。

（2）游客环境态度研究。近年来，政府采取了大量措施保护生态环境。但是，环境保护的效果不仅取决于政府行为，同时与公众的态度有着密切的关系。游客环境态度是影响游客对国家公园保护地接受程度的重要因素（Machairas 和 Hovardas，2005），人们的接受度越低，意味着人们对生物多样性和自然区域的保护意愿、提升环境教育，以及通过生态旅游促进区域可持续发展的可能性就越低（Buijs，2009；Stoll-Kleemann，2001）。有关环境态度的结构研究方面，

Kaiser 等（1999）利用因子分析将环境态度分为环境知识、环境价值及环境行为倾向三个维度。祁秋寅等（2009）通过探索性因子分析将环境态度细分为环境情感、环境责任、环境知识和环境道德四个维度。也有学者将游客环境态度维度分为环境责任、生态关系、游客意愿和居民福祉（钟林生等，2010；刘蔚峰等，2011）。

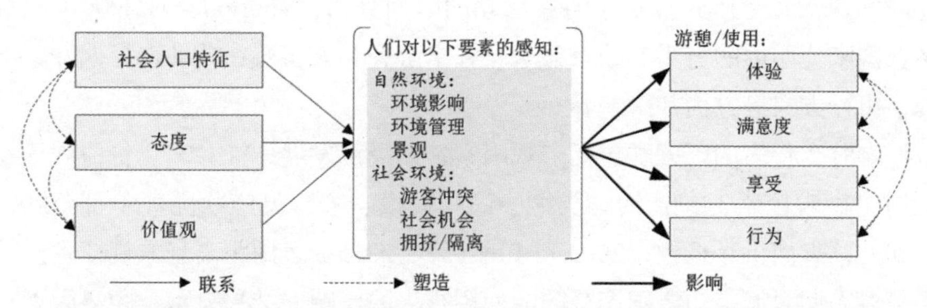

图 2-6　价值观和社会人口特征、感知对人们游憩体验的调节作用（Rossi 等，2015）

根据人们对自然的态度差异，研究者将环境价值观划分为“生态中心主义”和“人类中心主义”倾向（Wolch 和 Zhang，2004；Winter，2007；罗芬，钟永德，2011）。两者在对国家公园内的旅游与环境、环境保护、可持续旅游发展方面的态度差异明显（见表 2-6）：坚持“人类中心主义”的游客认为国家公园的旅游开发价值大于其环境价值，因而对环境保护的态度并不积极；坚持“生态中心主义”的游客的态度则反之（Haukeland 等，2013；Suckall 等，2009；黄炜等，2016）。不同的环境价值观影响游客对国家公园的态度以及其在国家公园内的行为，同时，当其体验质量受到其他游客行为的消极影响时，将产生个体或社会冲突，并最终影响其游憩行为和体验质量（Rossi 等，2015）。

表 2-6　人类中心主义者与生态中心主义者的对比

	人类中心主义者	生态中心主义者
态度	将自然视为可开发的资源；经济发展是人类发展所必需；人类能战胜自然；国家公园旅游开发价值大于保护价值	承认自然的内在价值；人类与自然具有同等价值；人类是自然的一部分；环境保护优先于国家公园开发
行为	较少从事环境保护类活动；较多接受国家公园提供的服务	尽可能不破坏公园原始环境；较少接受国家公园提供的服务；较多体验国家公园自然、荒野和当地文化

（3）游客行为影响因素研究。游客行为可从时间和空间两个维度分析。由于大部分游憩、休闲和旅游活动发生在闲暇时间，因而，游客的相应行为受到时间因素的制约，这种时间制约既可以是长期的，也可以是短期的。Poudyal 等（2013）利用广义时间矩阵分析了较长时期内美国经济衰退对国家公园访问的影响；Vassiliadis 等（2013）利用时间块分析法研究了希腊游客的滑雪行为，通过构建时间块活动矩阵，探析了游客活动的时间分布；Thorton 等（2000）调查了游客在国家公园内的行为，结果显示家庭出游和个人出游在活动选择偏好、出行目的、出行方式等方面都有差异。

影响游客行为的因素既包括宏观因素，如经济发展、社会文化价值观等，也包括时空微观因素，包括活动类型、团体规模、公园设施状况等（符全胜，李煜，2005；袁南果，杨锐，2005）。Rossi 等（2015）运用距离衰减规律理论研究了距离对人们对城市边缘国家公园的使用行为的影响，结果显示，距离因素对游客在公园内的游憩活动并不造成影响，但不同年纪的游客行为受距离影响较明显。汽车的广泛使用逐渐影响人们的旅行模式、行为及活动。通过采用空间分析方法（如引力模型），研究者发现，受自驾车线路的影响，人们的旅游线路也较多呈环形或直线形，这在偏远地区尤为明显，同时自驾车游客更倾向于充分利用近郊的国家公园资源进行游憩休闲活动（Burton，1966；Hard，2003；Connell 和 Page，2007）。谷晓萍等（2015）、潘海颖（2007）研究认为游客行为受其年龄、地域、价值观、环境感知以及出游方式的影响较为明显。

（4）游客行为管理方法及策略。游客行为可通过直接或间接措施进行管理。直接管理旨在采取相应措施控制游客行为，包括限制使用、游客行为规制、场地管理措施等。直接管理手段的一般应用包括规制、配额、停留时间限制、设置物理障碍或围栏以限制游客接近敏感区域（Manning，2011）。间接管理手段则通过影响游客的感知过程以达到预防不合理行为的目的（Manning，2011；Granmann 等，1992），游客教育是典型的间接管理手段。具有说服力的沟通是保护地中有效的游客管理手段（Manning，2003；Kidd，2015），被广泛用于游客教育、游客行为控制中（Steckenreuter 和 Wolf，2013）。我国学者认为有效的游客行为管理手段包括数量管理、分流政策、投诉管理、解说系统建设、游客行为引导等（董红梅，王喜莲，2006；刘亚峰，焦犁，2006）。研究者针对人们在国家公园内的活动还提出了具体的管理方法。

针对国家公园中私人汽车使用增多带来的一系列问题，学者们提出了一些措施，包括进入限制、路口收费、提供公共交通等（Cullinane，1997；Beunen 等，2006）。Beunen 等（2008）提出了建立门户场地，以引导游客行为的管理方法，即选择特定的区域，提供休息、娱乐、幼儿玩乐设施以及一些特殊的吸引物，吸引游客停留并消费，以此引导交通流并缓解交通堵塞。

针对露营地活动的方法包括：使用限制，在有限的场地内限制设施配备的数量、限制使用设施的频率；信息传播与控制，在生态脆弱区、活动频繁区提供相应的信息提示以减少破坏行为；行为修正，包括设定行为规范、管理规则；场地管理，包括划定活动区域界线、场地的硬化与屏蔽、游憩设施的空间优化配置等（Cole 等，1987；Hammitt 和 Cole，2015；Lachapelle，2000）。

3. 游客体验管理研究

（1）游客体验影响因素及评估指标研究。游客体验管理的要素包括旅游服务质量、旅游安全、游客忠诚管理（孙孝宏，2008）。国家公园体验质量分为感知质量和使用质量，并受游客个体特征、公园可达性、公园自然和环境状况等因素的影响（Goossen 和 Langers，2000；Wade 和 Eagles，2003；谭琼，涂慧萍，2008）。余建辉和张健华（2005）将影响游客体验质量的因素分为不可控因素（景观质量、气候、游客文化背景）、难控因素（游客期望、行为和态度）及可控因素（景区设施、服务水平等）。服务质量被认为是影响游客体验质量的直接因素，并对游客的行为忠诚度产生直接的影响，Žabkar 等（2009）将服务质量视为游客满意度的“前提”，进而通过满意度对游客忠诚度产生积极影响（Wang 等，2009）。Roggenbuck 等（1993）对四个荒野地区的研究发现，垃圾、裸露地面量、植被量、树木损坏情况，以及其他露营者带来的噪声是影响人们体验质量的重要因素。Rodger 等（2015）的研究则显示，游客满意度与忠诚度之间关系显著，但服务质量与二者关系并不显著，这主要受研究对象心理特征、游客活动类型、研究方法等方面的影响。Arabatzis 和 Grigoroudis（2010）利用多标准满意度模型分析（Multicriteria Satisfaction Analysis，MUSA）构建了国家公园游客体验质量评估要素，包括个性特征、自然特征、基础设施、游憩设施、信息沟通等。

（2）游客体验管理方法。Hornback 和 Eagles（1999）将消费领域的“顾客满意度”的概念引入了国家公园和保护区管理，提出了游客服务管理、游客满

意度和游客满意度等概念，并在加拿大几个国家公园的规划和管理中得到应用。Akama 和 Kieti（2003）利用 SERVQUAL 服务质量模型研究了游客对国家公园野生动物旅游的满意度，结果显示，树立一个良好的整体形象、营造安全的旅游环境是提升游客体验的重要手段。Dye 和 Shaw（2007）提出了一个基于 GIS 的空间决策支持系统（Spatial Decision Support System，SDSS），通过 GIS 输入有关国家公园资源与线路信息，通过与 SDSS 结合，设计易于使用的用户界面，帮助游客有效进行线路规划和活动选择，提高体验质量。张健华和余建辉（2007）运用系统论与控制论等从监测机制、调节机制和反馈机制 3 个方面构建了森林公园环境保护与游客体验管理的协调机制。

4. 游憩容量管理研究

游憩容量管理面临的最大挑战是如何解决国家公园游憩供给与游客偏好、需求之间的矛盾。不过，有学者认为，在游憩容量管理中，树立明确的管理目标、建立指标、制定质量标准有助于解决上述问题（Manning，2001）。各国在国家公园管理实践中，受经济发展、管理理念、游客特征等因素的影响，制定了不同的游憩管理框架和工具，包括 LAC、VIM、VERP 等诸多管理工具（Young，1993；Chin 等，2000；黄向等，2006；姚莉，2011；张文娟，2015），如表 2-7 所示。Prato（2001）在对 LAC 和 VIM 管理工具整合的基础上，提出了由自适应生态系统管理模型（Adaptive Ecosystem Management，AEM）和旅游环境容量多种指标评分法（Multiple Attribute Scoring Test of Capacity，MASTC）构成的旅游环境容量的量化评价模型系统。分区管理也是游憩容量管理的重要手段，以根据不同分区的生态过程和景观特征确定国家公园游客的使用程度和活动类型（Yapp 和 Barrow，1979）。黄瑞华和李书剑（2007）在分析信息技术新环境下九寨沟管理现状的基础上，提出加强景区信息化建设、景区内部分流、合理利用价格杠杆、加强与媒体合作，实现信息分流等容量管理措施。游客监测被视为重要的容量管理策略，诸多国家公园相关管理部门开发了多种游客监测工具，包括直接观察、现场计数、游客注册、推断统计等（McIntyre，1999；Cessford 和 Muhar，2003）。随着科技的发展，越来越多新技术应用于旅游环境容量管理中，如射频识别技术（RFID）、3S 技术（RS、GIS、GPS）、电子商务技术等（冯刚等，2010）。

表 2-7 主要国家游憩容量管理措施

国家 / 地区	主要经验
美国	制定 LAC、ROS、VERP 等管理框架；国家游客参与国家公园管理计划制订；公园设备使用、游径设置和承载力监管
新西兰	改变使用的类型和游客行为；改变区域使用的位置；改变使用的时间；减少特殊场地的使用；维护或恢复资源；限制整个地区的使用
加拿大	制定服务规划；分区管理；根据游客需求和公园环境容量提供相应活动；环境宣传；线路导览
英国	在考虑环境承载力的前提下，开展生态旅游，进行公众教育；在合适的区域开展旅游活动
中国台湾	功能分区；建立完善的服务设施和管理方法；入园申请；旅游解说宣传；专设管理人员和专项经费保证

资料来源：根据参考文献整理而成。

5. 新技术与国家公园游憩管理

随着科技的发展，信息、遥感等一系列新兴视觉研究方法和计算机模拟技术逐渐用于国家公园游憩管理（见表 2-8）。视觉研究法主要将数码技术与社会学、地理学技术相结合进行综合研究，利用数码相机、GPS 轨迹记录器、GIS 等多种技术结合对照片实景进行可视化监测，为研究者通过照片分析对游客时空行为、资源管理的研究提供了新视角（Ostermann，2010；Sugimoto，2011；Hansen，2016）。Cheren 和 Driver（1983）第一次使用摄影图片（Visitor-Employed Photography，VEP）测定游客对自然景观的感知。自动红外监视器成为评估国家公园及相关保护地内生态旅游点游客的使用水平的重要工具（Pettebone 等，2010）。随着数码技术和图像编辑技术的广泛应用，视觉研究法被广泛应用于生态冲击、拥挤感知监测、营地分配等游憩活动管理。

表 2-8 新技术在国家公园游客管理中的应用

技术 / 手段	代表作者	使用区域	使用方式
3S 技术	Dye 和 Shaw（2007）；Orellana 等（2012）；张宏群等（2003）；辜寄蓉（2002）	大烟山国家公园；Dwingelderveld 国家公园；黄果树风景区；九寨沟	为游客空间决策和线路规划提供参考；利用 GPS 数据监测游客移动模式及空间行为

续表

技术 / 手段	代表作者	使用区域	使用方式
摄影图片	Cheren 和 Driver（1983）；Taylor 等（1995）	落基山国家公园	测定游客对自然景观的感知和偏好
采用公众参与信息系统（Public Participation GIS，PPGIS）	Wolf 等（2015）	悉尼北部的国家公园	对游客活动空间分布监测、鼓励游客参与空间规划，以及 PPGIS 地图的绘制等
赛跑计时设备	Connor 等（2005）	澳大利亚维多利亚坎贝尔港国家公园	跟踪国家公园内游客的旅行行程，记录游客的精准位置，模拟游客行为

计算机模拟法是利用计算机和其他相关技术的结合，建立国家公园游憩活动相关要素的数学模型或描述模型并在计算机上加以模拟，为管理决策提供前瞻性的依据。目前比较成熟的模型有游憩行为模型（Recreation Behavior Simulator，RBSim）和荒野旅行模拟模型（Wilderness Travel Simulation Model，WTSM）（Shechter，1978；Fletcher，1984；Itami，2002）。Connor 等（2005）利用赛跑计时设备跟踪国家公园内游客的旅行行程，以了解游客的游憩需求和行为，并为国家公园管理提供模型参考。随着信息技术的发展以及手机的普遍使用，基于大数据的管理与规划方法提高了国家公园游憩管理的科学性和预测性。Wolf 等（2015）采用公众参与地理信息系统（Public Participation GIS，PPGIS）的方法研究了国家公园山地自行车游客管理的内容，包括采用 GIS、GPS 对游客活动空间分布监测、鼓励游客参与空间规划，以及 PPGIS 地图的绘制等。我国学者张仁军（2007）也建立了基于 GIS 和 Agent 技术的游客空间模拟系统（Tourists' Spatial Behavior Simulator，TSBS）。

6. 研究述评与启示

国外对国家公园的研究视角经历了从纯粹的“生物中心主义”理念到人本主义倾向的过程。游憩资源的价值、游憩活动对资源的影响在很长一段时间内是国家公园游憩管理研究的重点内容。20 世纪 60 年代中后期开始，游憩容量概念的提出为国家公园游憩冲击管理提供了新的视角，在不降低游憩者体验质量的前提下制定合理的游憩容量成为研究者和国家公园管理者关注的重点，同时，欧美国家公园管理机构开发的各类管理工具为国家公园游憩管理提供了可供操作的框

架。进入 21 世纪，以 GIS 技术为代表的新技术使国家公园管理更具前瞻性和科学性。

我国国家公园游憩管理研究的特征有：①较注重国外的经验介绍及在中国各类保护地游憩管理中的应用验证，重复性研究较多。②中国还没有按照国际理念建立的国家公园，引进西方的国家公园理念多用于指导国内风景名胜区的开发与管理，并未厘清国家公园与其他各类保护地之间的差异，存在各说各话的情况。③研究力量相对分散，20 世纪 90 年代及以前国家公园游憩管理研究的力量主要来自风景园林领域，21 世纪以来，地理、旅游、环保、遗产管理等相关领域的学者也介入相关的研究，整体实力有了较大的提升，但受我国保护地交叉管理体制的影响，诸多研究难以摆脱部门主义的烙印，难以从整体上提出国家公园游憩管理的方案。

综上所述，在我国建设国家公园大背景下，国外的经验借鉴固然重要，但是对中国国家公园游憩管理的研究必须从梳理国家公园本质特征、发展规律的前提出发，统筹考虑国家公园游憩环境供给、游客需求及行为特征，构建国家公园游憩空间利用的适宜性分布，在此基础上探讨国家公园游憩管理框架，并提出相应的管理方案。这对践行国家公园理念，扭转我国现有保护地游憩管理的现状具有积极的意义。

第三章 国家公园游憩利用适宜性评价体系设计

一、理论基础

（一）游憩学相关理论

1. 游憩供需理论

“需求”一词是一个经济学概念，用来描述人们想要购买产品的数量与愿意支付的价格之间的关系。游憩需求则被视为游憩者的个体偏好、欲望或期望，无论该游憩个体是否拥有产生满意感所必须的其他约束条件或资源（Driver和Brown，1975）。游憩需求是人们产生游憩动机，并参与游憩活动的前提和基础。吴承照（1998）认为游憩需求包括活动需求、环境需求、体验需求、收获需求和满意需求5个层次结构，并细分为回归自然、休息放松、增进与亲友的关系、远离人群、享受孤独、强身健体、获得新知识、体验新经验、购物9种类型。游憩需求是人们对健康生活品质追求的一种体现，是推动游憩者参与活动的动因，因而需要加以引导和刺激。

游憩需求能否转化为行为，很大程度上受到游憩供应的制约。游憩需求不仅仅受到个体年龄、性别、家庭、受教育状况、职业等因素影响，同时也受到游

憩机会和权利的制约。正如美国户外游憩局（US Bureau of Outdoor Recreation）（1975）所指出：游憩需求是对参与的假定陈述，只有在对个体附加一系列具体的条件和假设，并且有可用游憩资源的情况下，才有可能实现。大量的公共部门和私营部门成为游憩机会的供应者，包括环境提供者、设备提供者、服务提供者、设施提供者。多类型资源、设施和环境的供应为游憩者提供一种实践机会，使他们在良好的环境中选择自己喜欢的活动从而达到愉悦感。只有当游憩机会的供给能满足需求水平时，游憩需求才能顺利转化为游憩活动，从而获得高质量的游憩体验。

2. 游憩活动地域组合理论

游憩系统的构建由游憩活动、设施和环境及其支持设施（如住宿、餐饮、交通等）组成。吴承照（1999）认为，游憩地规划的中心内容是游憩活动规划，因此，围绕着游憩活动、游憩设施布局和游憩环境之间呈现不同类型的关系并形成不同的地域配置模式。

同一游憩地可同时开展多种游憩活动，各游憩活动因其所需的资源和活动开展强度的不同，相互之间形成不同的关系：连锁关系、冲突关系、观赏关系、相互无关。由此，形成四类游憩活动组合：①单系列多类型组合模式，这一模式以大众化的休闲空间为主，如城市公园，参与活动的人较多；②多系列单类型组合模式，这类模式以专门化的游憩场所为主，如马术基地、高尔夫球场、康复疗养基地等；③多系列多类型选择组合模式，这类模式以综合性旅游区或度假区为代表，活动数量、类型、层次多样，旅游者可选择性参与；④多系列多类型组合模式，这种模式是根据不同游客群体的需求将游憩活动组合好，但这种模式较难实现。游憩地活动模式的选择，应考虑游憩地功能定位以及游憩活动组合带来的社会、经济、环境效益的综合。

在游憩地功能定位与活动组合模式设计基础上，根据活动、设施要求与环境特点进行地域配置，配置模式主要有三种：①点状模式，即各类游憩活动散落布局，通过游览通道将各项活动联系起来；②线状模式，即游憩活动依托自然地形分布，如河流、海岸线、湖岸线等；③块状模式，即根据环境特点，在功能分区基础上进行块状开发，适用于较大面积的度假村、风景区、国家公园等（见图 3-1）。

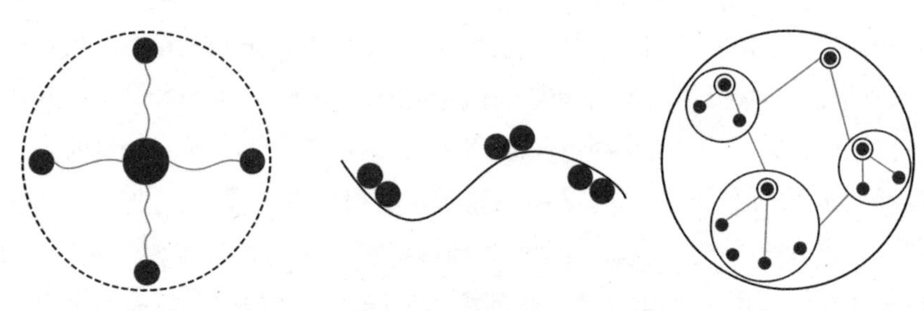

图 3-1 游憩地域配置的点、线、块状模式

3. 游憩生态理论

游憩生态理论主要关注户外游憩对原野地或半原野地的生态影响。欧洲学者早在 18 世纪便开始关注游人涌入对游径旁边植物生存状况的影响；1922 年，Meinecke's 开展对加利福尼亚红木国家公园游憩影响的研究。到 20 世纪 60 年代，游憩生态学理论得到广泛认同，并成为北美国家公园规划和可持续管理的重要理论基础以及政策法规制定依据。

大部分游憩活动在风景原野地或半原野地开展，人为开发程度较低，由于人类活动向大自然扩张，其属性受到潜在威胁。Cole（1994）认为，原野地属性的主要威胁来自游憩使用和管理、畜牧和管理、采矿、火灾和管理、外来物种引入和侵入、水利工程、空气污染及邻近土地的开发。随着公众游憩需求的不断增长，多类型游憩活动也不断被开发，使游憩地受到的冲击变得更加不可控。户外游憩对原野地的冲击主要体现在两个层面：一是对自然要素的冲击，如露营活动对土壤、植被等位置固定自然要素的冲击，以及对水、动物等移动性自然要素的冲击和干扰；二是对生态系统的冲击，包括影响生态系统服务功能、生态系统的结构以及生态系统的种群结构和组成。对风景原野地游憩活动空间的调控使游憩活动的冲击呈现一个集中和可预见的空间格局，即集中于游径和目的地区域。根据冲击水平的不同，原野地供游憩活动的营地的冲击格局分为冲击区、过渡区、缓冲区。由于游憩活动具有时空特征，大多数对于植被和土壤的冲击随着时间推移呈现出一条渐进而非直线函数关系，且对固定和流动自然要素的冲击显著性存在差别。

游憩冲击程度受主客体间关系、使用量与冲击量的关系、直接影响与间接影响等因素的影响。由于生态系统本身是一个复杂的自适应系统，游憩活动对原野地所造成的冲击的复杂程度远超出人们的想象，因此，国际上多认同采用生态管

理的方法来监测这类生态冲击。生态管理的目标是确保生态的可持续性；通过对生态系统的监测来研究生态进程和人类需求之间的关系，并通过政策、法规等措施进行调控，使供给和需求相互适应（Christensen 等，1996）。其中，生态容量/游憩承载力是生态管理的重要内容。生态管理中要重视鉴别和监测生态要素，分析游憩活动给各类生态要素带来的改变，并通过生态容量的限定来影响游憩管理和经营的目标。生态管理是不断改进且动态变化的，游客管理、场地管理、政策保障等手段都被用于生态管理。

（二）福利地理学理论

福利是经济学和社会学的概念，福利经济学奠基者庇古认为福利是指特定福利主体所获得的效用水平或感受到的满意程度。经济学对人类社会平等与财富公平分配等社会福利问题的关注促成了福利经济学的产生。20 世纪 50 年代开始，人文地理学研究受人本思想的影响，开始关注空间背景下的社会公正，因此，人文地理学将福利经济学思想引入地域空间系统研究中，力求实现地域空间系统福利的最大化，于是形成了福利地理分析的理念。

1. 福利地理学研究概述

Smith（1977）提出福利分析方法构成了福利地理学研究框架的核心，他强调要用“福利”作为人类活动的统一主题重构人文地理学的观点，强调用“福利地理方法”评估各地区人民的生活水平和福利水平，研究各项政策对改善人民福利水平所起的作用。史密斯提出的福利地理分析框架沿着“何人在何处得到何物”三维向度，将人文地理学众分支学科组织在生产与交换、人民、政治力量、社会价值、具体研究方法五个福利地理学核心部分之下（见图 3–2）。

其中，“何人”包括人口、阶层及其经济地位和种族、民族成分等变量；“何物”指人们所享用的各种好处（或坏处），主要包括收入、商品和服务等福利表征要素，如生活水平指标、营养指标和各种福利指标等内容；“何处”反映的是福利水平在居住区、区域之间的空间分布和差异。从上可知，以福利地理方法为核心的福利地理学理论对研究各类福利在区域分布的差异具有独特的特色和功能，主要表现在以下几个方面。

（1）福利水平、生活水平和生活质量、幸福感等都是福利地理学用以描述人们福利的概念。

（2）福利地理学研究十分关注福利的空间维度，也即福利具有强烈的空间属性。Smith（1977）提出的福利地理学方法一方面把福利作为一个空间变量，人类从要素或物品的空间分布中获取福利；另一方面关注不同地区的福利的差异，为此，通过福利指标的构建和对比，认识各区域人们福利水平的特点。

（3）福利地理学研究中，福利水平的空间差异不仅是描述性的，同时认为福利水平空间差异的形成是一个动态的过程。

（4）比较关注区域发展的社会不平等和社会公正问题，强调把“平等”和“公正”作为价值判断拟合到人类活动的空间安排之中。

（5）具有明显的政策意义，也即主张从政策方面为福利水平较低的地区提出建议和对策。如 Smith（1973）把社会福利看作一系列影响因子的产物，这些影响因子根据社会福利享用者对它们的相对重要性而被加权，然后对变量加权求和，根据计算结果绘制成生活质量空间分布图，进而对福利水平的空间差异进行定量描述、解释和评价，以此为福利水平偏低的居民区给出改善的建议。

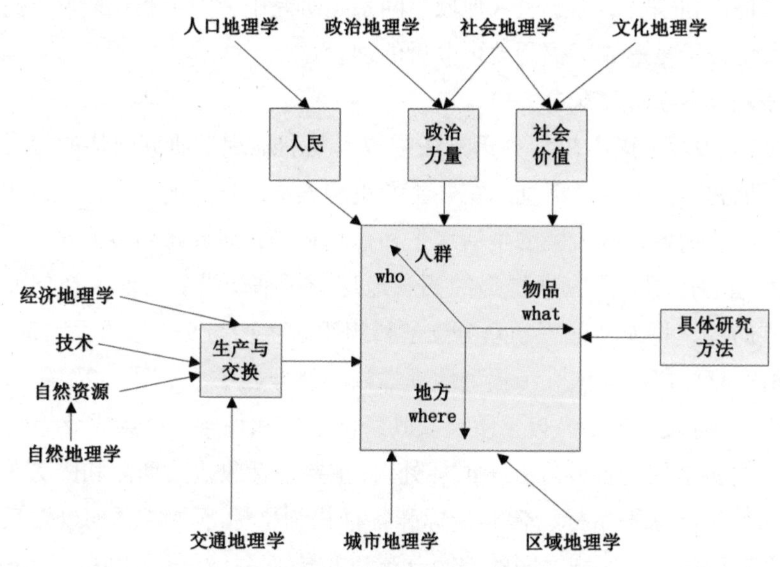

图 3-2　Smith 的福利地理学研究框架（Smith，1977）

2. 福利地理学视角下游憩的意义

在探讨游憩意义之前，有必要对福利地理学中常见的“福利”“福祉”“幸福”“生活质量”这一组概念进行辨析。福利（welfare）和福祉（well-being）

是一对复杂的“孪生”概念，以至现在研究中对福利、福祉的概念的解释众说纷纭。在《牛津现代英汉双解词典》中，“well-being”被解释为“a state of being well，healthy，contented，etc.”，指“一种好的、健康的、满足的存在状态”；“welfare”也有两种解释，第一种解释为“well-being，happiness，health and prosperity”，指“个人或组织的福祉、健康和繁荣”；第二种解释指“福利事业和福利事业的财政支持”。可见，从词本身的意思来看，福利概念的第一种解释基本等同于福祉，但还是存在一定的区别。福利的含义主要是幸福、身心康乐和繁荣，而福祉则更侧重于定义一种状态，一种感到健康、幸福感或感到好的、健康的、满足的心理状态，福祉更多有“存在意义”的含义。“幸福”是个心理学概念，奚恺元等（2003）认为，幸福是指人们对生活的整体的主观评价，是人们对生活状态的正向情感的认知评价，也被称为主观福祉（subjective well-being）。生活质量（quality of life）最早被定义为“人们对生活水平的全面评价”包括个人对生活的满意程度、内在的知足感，以及在社会中自我实现的体会（Galbraith，1976）。目前对生活质量的研究侧重于物质水平的客观质量研究，以及人的态度、期望、感受等主观生活质量研究，未来将更多趋向于主客观生活质量的融合（风笑天，2007；唐承丽等，2014；田永霞等，2015）。可见，生活质量是围绕人类生活而言的一种研究范畴，而福祉则是人类生活朝积极、正向的一种生活状态，是一种好的生活质量（王圣云，2011）。

随着工业化和城市化的快速发展，公众的游憩需求不断提升，以城市公园、郊野公园、各类保护地为代表的绿色空间成为户外游憩活动的重要载体，是提升公众生活质量的重要手段。因此，无论是理论研究还是户外游憩规划实践，都将游憩、绿色空间、人类福祉、生活质量联系起来（Budruk，2011；Sandifer等，2015）。从国际经验来看，社会发展的落脚点都落在提升公民福祉上，其中，游憩权利和机会的提供是一项重要的指标。世界卫生组织生活质量量表（World Health Organization Quality of Life，WHOQOL）中，休闲游憩活动是环境领域中的重要指标。美国诸多城市的开放空间规划中，“保障良好的自然生态环境”和“提供良好的游憩设施及游憩机会”是规划的重要内容。加拿大国家公园和游憩协会（Canadian Parks and Recreation Association，CPRA）认为公园内的游憩活动有利于增进家庭成员之间的交流、促进青少年身体健康以及生活质量的提升，并梳理出公园游憩活动的8类益处（见表3-1）。

表 3-1　公园游憩活动的益处

促进个人健康	提升生活质量
• 有效降低冠心病和中风的概率，抵抗骨质疏松症以及预防癌症 • 延长寿命，提升老年人独立生活水平 • 缓解压力，消除压抑感，提升心理健康	• 提升公众自我意识、自我形象，提升生活满意度，提升个人、家庭和社区的感知生活质量 • 提供放松、自我恢复的机会，为压力管理提供条件 • 参与游憩活动有效降低人们久坐时间，与人建立积极的关系，降低参与消极活动（如抽烟、酗酒）的概率 • 公园提供安全、便捷和低成本的活动机会
促进人类平衡发展	**减少自杀和反社会行为**
• 提升公众的社交能力、聪明才智以及认知能力，帮助人们更好融入社会 • 为成年人提供激发全面潜能的机会	• 矫正吸烟、药物滥用、自杀等行为，帮助人们选择正确的生活方式 • 促进多元文化间的交流，减少种族歧视
推动社区经济发展	**构建健康的家庭和社区环境**
• 游憩为公众带来健康，从而提升工作绩效，降低工作失误 • 为社区带来旅游和商业发展机会，创造就业机会 • 公园和绿地提升了该区域的价值 • 高质量的游憩设施吸引节庆活动，从而为社区带来经济收入	• 青少年游憩互动促使成年人从事志愿者和社区活动 • 提升年轻人领导能力和职业发展能力 • 为学生课余时间提供安全的交流空间 • 促进交流，从而增进社区成员关系
维护环境和生态生存	**降低护理、社会服务、警察和司法成本**
• 绿色空间保护动物栖息地、生物多样性和生态平衡 • 游憩活动提供环境教育机会 • 通过鼓励积极的运动实现节能，改善空气质量 • 降低水土流失和洪水等自然灾害	• 减少疾病，从而降低成本 • 使青少年参与各类自然活动，有利于减轻家庭负担，降低社会干预和培养等服务成本 • 预防犯罪

资料来源：根据 Canadian Parks and Recreation Association（2000）翻译整理而成。

从福利地理学的角度来看，休闲与游憩是公民福利的重要组成部分，也是实现社会公正的体现，保障游憩供给是推动个人、家庭、社区和社会健康发展的重要手段。但是，由于社会经济发展不平衡带来的制约，并不是所有的公众都能平

等享受到游憩的公共供给。近年来，中国诸多风景名胜地、世界遗产地不断爆出门票价格不合理上涨以及急剧凸显的人地矛盾体现了我国游憩供给的效率仍存在很大的提升空间。被冠以“国家公园”的诸多实践探索却并未真正贯彻国家公园的理念，很大程度上仅仅是对全球生态运动的响应（张海霞，2010），生态理念很大程度上充当标签的作用以追逐经济利益，这些都体现了对公民游憩权的忽视。因此，中国国家公园建设应在充分理解人与自然关系的基础上，为公众提供更多游憩机会，解决目前区域游憩供给不平衡的现状，为国民健康发展提供良好的自然空间，同时也减轻城市游憩供给的压力，为推进社会良性发展和生态保护提供保障。

（三）生态系统服务理论

自然资本、人力资本和人造资本是人类生存和发展的重要基础，与后两者相比，自然资本及其提供的生态系统服务因其难以计量，常被人忽视。1974 年，Holder 和 Ehrlich 首次提出生态系统服务的概念，有关生态系统服务功能的研究逐渐成为生态学及其相关研究的前沿课题。

1. 生态系统服务功能的定义及分类

（1）生态系统服务的定义。生态系统服务功能逐渐在生态、社会、经济领域被研究者关注，因而不同学者基于不同研究背景和目的对生态服务系统给出了不同的定义。Daily（1997）将生态系统服务定义为生态系统为人类提供直接或间接福利的过程或条件，为人类生存和可持续发展提供保障。Boyd 等（2002）从生态经济学的角度出发，将生态系统服务定义为“被社会使用或消费后获得利益的自然成分，是自然为人类提供福利的最终产物（如鱼类、植被、湖泊等）”。De Groot 等（2002）认为，当涉及人类福利变化时，可感知到的生态系统功能即为生态系统产品或服务。该定义将生态系统功能等同于生态系统产品。2005 年，联合国千年生态系统评估进一步提出生态系统服务是指人类从生态系统获得的所有收益，包括供给服务（如提供水和食物）、调节服务（如调节气候等）、文化服务（如精神、游憩和教育）以及支持服务（保持土壤等）。该报告详细阐述了生态系统的状态和变化趋势与人类福利之间的密切关系，旨在为各国生态管理决策提供参考，但并没有对中间过程和最终服务进行区分，因此给生态系统服务评估和核算带来难度。而在此后的定义中，研究者们从结构、过程、功能、服务、福利、价值等角度不断拓展生态系统服务的“容量”（Lead 等，2010；Petter 等，2013）。总体来说，虽然研究者对生态要素与人类价值之间关系及过程的表达略有差异，但内涵都是一致的，即生态系统是提供服务的基础，服务产生于生态系统的组分、过程和功能及它们之间的相互作用；生态系统服务满足人类需求并为人类提供多样化的福利（李琰等，2013）。对生态系统服务定义的差异主要体现在如何阐述“自然组分—生态过程—生态功能—生态服务—获得利益”之间的关系（陈能汪等，2009）。

（2）生态系统服务分类。不同学者和机构依据不同的标准和定义对生态系统服务进行了分类（见表 3-2）。Daily（1997）、De Groot 等（2002）都从不同角度对生态系统服务进行了分类。随着人们对生态系统与人类价值取向关系探讨的不断深入，对生态系统服务分类的视角也逐渐多元化。Norberg（1999）从生态学背景出发，根据是否同属于一个生态系统功能将生态系统服务分为维持种群密度、处理和转化外部干扰物和组织生物学单元三大类别；联合国千年生态系统评估（2005）将生态系统服务分为供给服务、调节服务、文化服务和支持服务 4 大类共 25 项子类，虽然该分类方式被广泛使用，但是也受到一定程度质疑。

表 3-2　主要的生态系统服务分类

分类依据	类型	代表作者
是否同属于一个生态系统，是否维持同一个生态等级	维持种群密度、处理和转化外部干扰物和组织生物学单元	Norberg（1999）
自然服务供给与人类福利	空气和水体净化、洪水和干旱减缓、废物消毒和降解等 13 项	Daily（1997）
服务的可更新性；强调功能的相互依赖性；产生服务的生态基础设施最低水平	气体调节、气候调节、土壤形成、营养循环等 17 项	Costanza（1997）
具有操作性，生态系统功能分组	供给服务、调节服务、文化服务和支持服务 4 大类	Millennium Ecosystem Assessment（2005）
功能服务之间的逻辑关系、人类的依赖性、自身的可更新性	调节功能、生境（提供）功能、生产功能、信息（传递）功能 4 大类	De Groot（2002）

续表

分类依据	类型	代表作者
人类需求、生态功能属性	物质产品、生态安全维护功能、景观文化承载功能 3 大类 12 项子类	张彪，谢高地等（2010）
终端生态系统服务所产生的收益与不同层次人类福祉的关系	福祉构建、福祉维护、福祉提升 3 大类	李琰，李双成等（2013）

以上分类体系较全面概括了生态系统提供的产品或功能，也有学者认为这些分类混淆了生态系统服务的过程和服务实体本身。Mauerhofer（2008）认为生态系统服务功能不应该仅从生态中心主义角度，仅从生态系统的生物和非生物属性角度将其视为一种环境生产力。Fisher（2008）认为，根据研究尺度、研究目的及对生态系统服务的定义，生态系统服务可以有无数种分类方法，但取决于影响福祉变化的因素。Spangenberg 等（2014）认为生态系统功能和要素应考虑潜在的生态系统服务功能。生态系统过程与服务并非相互孤立，两者难以泾渭分明，因而任何分类都可能存在或多或少的不合理性。

2. 生态系统服务功能与人类福祉

如前文所述，自然生态系统为人类提供多元化的服务功能，人们通过对生态系统的消费不断满足和提高自身福祉。联合国千年生态系统评估中指出，生态系统为人类提供的产品和服务包括供给服务（如食物供给、水、遗传资源）、调节服务（如调节气候、大气质量等）、文化服务（如教育价值、审美价值、休闲和生态旅游等）、支持服务（如生产大气氧气、形成和保持土壤等）。可以说，生态系统几乎为所有人类福祉要素提供了基础。世界银行 2013 年发布的《世界发展报告》中指出，资源丰富的国家将带来大量的外汇收入，而在农业国家对土地的依赖性仍然较高，使小型农业具有可行性。生态系统通过自然或人为加工的生产过程，将其产品和服务通过消费与分配转化为人类福祉，同时在不同区域尺度通过各类干预手段实现人类福祉的可持续循环（见图 3–3）。但是，在生产生活中，人们为了提高自身福祉对生态系统服务的消费或占用与特定生态系统之间关系却显得较为复杂。

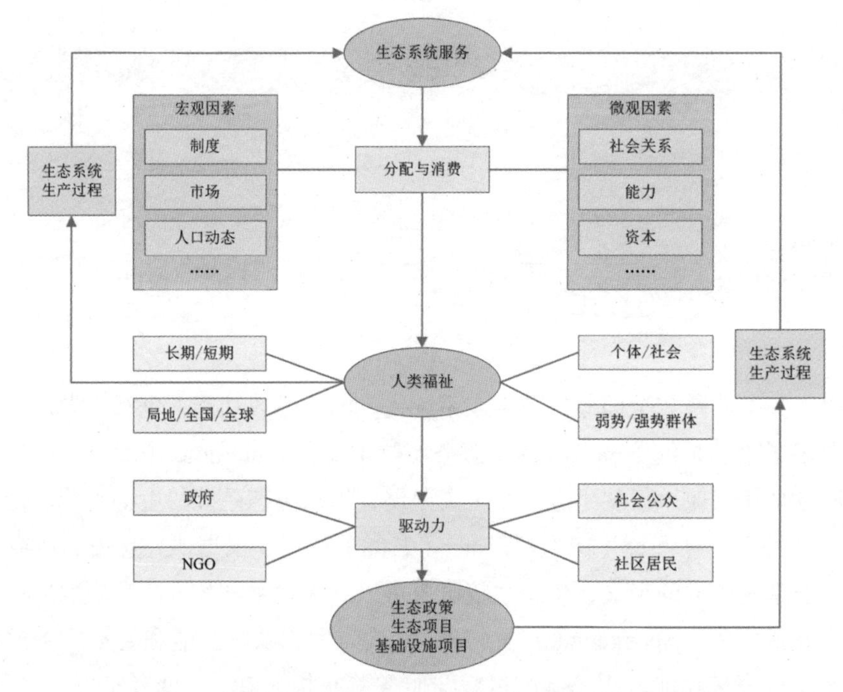

图 3-3　生态系统服务与人类福祉分析框架（冯伟林等，2013）

（1）生态系统服务与人类福祉的非均衡性。表面上看，人人都能享受到自然生态系统提供的多种服务，但在社会系统内，不同群体对生态系统服务的消费和收益分配比较复杂。受家庭、经济发展、科技水平、受教育程度、性别、能力等多重因素的影响，人们并不能均衡地享受该区域生态系统服务。杨莉等（2010）对黄土高原生态系统服务的研究表明，不同区域的农民在收入水平、生产资料满意度、资源获取能力和营养获取能力存在差异，造成这种差异的主要原因是生态系统服务状况、收入来源和交通条件。在印度北部，妇女收入的 33%~45% 源自森林和公共土地，男性在这方面的比例仅为 13%（FAO，2006）。

（2）生态系统服务与人类福祉的互动关系。生态系统服务与人类福祉存在双向反馈的互动关系。一方面，人们为了满足自身福祉的需要将利用各种手段提高生态系统服务的供给，这可能造成生态环境的严重退化，如水土流失、空气质量下降等。另一方面，生态系统的退化导致其供给服务的能力的损害和退化，从而限制人类福祉的提高，形成恶性循环。这在一些经济发展落后、生态环境脆弱的地区表现尤为明显，如在我国西南部石山地区、西北荒漠地区，人们严重依赖土

地资源，对资源无节制开发，导致土壤结构变化、土地生产能力下降，使居民长期处于贫困状态。

（3）生态系统服务与人类福祉的非同步性。生态系统服务为人类福祉提升提供基础，但是其对福祉的提升度却因区域尺度和时间序列而呈现非同步性。Costanza 等（1997）的研究表明，在国家尺度上，生态系统服务水平与人类主观福祉具有显著的正相关关系，这很大程度上在于生态系统服务功能通过促进经济发展进而提升人类主观福祉。而在特定时间段，却可能呈现相反的结论，即生态服务功能减弱带来福祉水平的大幅度提升。出现这种现象的原因主要是虽然生态系统的整体服务功能减弱了，但因技术或政策的推动使得供给的产品和服务增加；另外，可能由于时间的时滞效应，短时间内生态系统服务功能减弱而人类福祉得到提升，但从长期来看，生态系统服务功能的减弱带来的生态负面效应将逐渐显现。

3. 生态系统服务理论与国家公园功能

根据 IUCN 保护地分类体系对国家公园的定义和界定，保护、游憩、教育是国家公园的三大重要目标。一方面，维护生态系统完整性、生物多样性是国家公园的首要任务，这对维护生物安全、调节气候、提供适宜人类生存的气候环境具有重要的意义，为人类健康生存提供环境保障。另一方面，与自然保护区不同，国家公园在维护生态系统的前提下为人类提供休闲、游憩、精神、教育方面的服务，这些是人类主观福祉的重要组成部分。可见，为公众提供生态系统服务和产品与维护生态系统本身安全是国家公园的核心功能。但是，人们以各类游憩活动形式向国家公园获取主观福祉的同时，也对生态系统本身的健康带来不同程度的冲击，因此，如何为公众提供游憩机会的同时保持生态系统功能的完好性是国家公园可持续管理面临的重要问题。

二、国家公园作为游憩地的价值

国家公园运动的动因来源于环保主义者对自然的关注，他们认为，在快速发展的社会中，原始的风景具有修复和振奋人类精神的力量。1872 年，美国国会把位于怀俄明和蒙大拿范围内的黄石地区确定为“为人们利益和欣赏目的的大众公园或休闲地”，并将其命名为国家公园。100 多年来，国家公园旨在对自然资

源加以保护和保存，以满足公众的游憩需求。与追求严格保护的自然保护区不同，国家公园在生态保护的前提下，为公众提供观赏和学习自然的机会，这在全球国家公园管理中成为普遍的共识。

（一）游憩符合国家公园的基本功能要求

尽管各国在国家公园的确定标准和管理模式方面有差异，但国家公园的基本功能和发展目标方面比较一致。根据 IUCN 的界定，国家公园需具备以下四方面的功能。

（1）提供保护性环境。国家公园区域内一般具有较完整的生态体系，并包含有顶级生物群落，国家公园需对这类珍稀自然环境提供保护。

（2）保护生物多样性。国家公园应保存大自然生物的多样性，以维持本地物种的生态功能和密度，保持生态系统的完整性和长期弹性，同时作为基因库的功能供后代子孙享用。

（3）提供国民游憩，促进社区发展。国家公园一般拥有高品质的自然景观和优美的自然原始风景，应为公众提供一个回归自然、欣赏自然的场所；同时，国家公园应充分考虑当地社区的生存和发展需求，通过旅游业的发展带动社区经济社会发展。

（4）促进科学研究和国民环境教育。国家公园园区拥有大片未经或少有人类干扰的地质、气候、土壤以及动植物资源，为生态系统发展、生物群落演变、物质循环等研究提供科研平台；国家公园通过完善的解说系统建设，为国民提供环境意识、环境技能教育的机会。

由此可看出，游憩并非国家公园的唯一功能，也并非所有的国家公园都发育成大众游憩地，但几乎所有的国家公园都重视景观资源的吸引力并以此作为宣传国家公园的重要内容。国家公园良好的生态环境和优美的自然景观为游憩活动的开展提供了良好的物质基础，也增加了对游憩者的吸引力。国家公园游憩活动的开展强调基于生态保护理念基础上的有限参与，以欣赏和享受自然为主。其中，“生态旅游”是最主要的形式，从这点来看，这与国家公园的保护目标是协调的。从全球国家公园发展经验来看，游憩活动的开展是彰显国家公园功能、向公众传递国家公园价值最好的形式，正因如此，各国国家公园设立之初就很看重其游憩功能。例如，英格兰和威尔士在创设国家公园的过程中，将游憩维度置于首要地

位，并做出规定："立法条款将发生效力，其目的是保存和强化所在具体区域的自然美景……是为了鼓励公众享用"（National Park and Access to the Countryside Act，1949），正如法案标题所暗示的那样，通往乡村的游憩活动，是英国国家公园使命的重要因素（佛洛斯特，霍尔，2014）。

（二）游憩是国家公园资源可持续利用的最佳方式

可持续发展是保护地发展的基本原则，即维持自然环境、经济发展和社会文化永续性的发展和管理方式。国家公园边界明确，景观生态系统也具有完整性和自然性，其生态属性决定了国家公园的资源利用方式必须维持可持续发展的价值取向。在西方的国家公园运动中，也曾经短暂出现过在国家公园内修建大量基础设施以开采矿藏，最终导致国家公园地表破碎、生态系统破坏。国家公园生态的脆弱性和敏感性决定了该区域不适宜对资源进行大规模、掠夺式的开发。但是，国家公园内部及边界周边还存在大量社区，这些社区大多依赖国家公园自然资源，通过从事种植、养殖、农林产品利用等以维持生计，因此，强调绝对保护则将社区与国家公园割裂，使其失去赖以生存的物质基础，导致人地矛盾的激化。

游憩则为摆脱这个窘境提供了一道防御机制，使国家公园的自然资源免于遭受不可再生式的开发。游憩带来的经济价值，为保护现有的公园提供了宝贵的武器，使社区摆脱了单纯依靠攫取自然资源的低效率生计活动。美国国家公园管理局（National Park Service，NPS）研究表明，国家公园的自然美景和游憩机会吸引游客、企业和商人的停留，为当地社区带来经济收入和工作机会，同时增进了社区居民对当地经济和保护地角色的了解（见表 3–3）。

受"荒野理想"的缘起影响，国家公园游憩活动开展理念和方式与一般旅游区有较大区别，前者更加强调向公众展示原生态的自然环境，限制人为的旅游建设，因此，观赏自然、学习自然、启智教育成为游憩开展的重要任务。在这种理念指导下，西方国家针对国家公园自然旅游制订一揽子可持续发展计划，推动国家公园从单一的保护型、教育导向型的国家公园向教育旅游型国家公园转变（见表 3–4）（汪宇明等，2010）。通过一系列行动，游客能从中获得更加多元的自然体验产品，而社区也相应从中获得更多经济收入。通过游憩活动的合理开展能有效实现游客、社区、自然环境的多方共赢，是国家公园资源可持续利用的最佳方式。

表 3-3　2016 年美国国家公园游客花费对美国经济的贡献

贡献	部门	就业（人）	劳动收入（百万美元）	增加值（百万美元）	总产出（百万美元）
直接贡献	宾馆、汽车旅馆、家庭旅馆	56461	2081.8	3596.2	5730.5
	露营及其他住宿设施	6549	187.6	293.0	465.4
	餐馆和酒吧	70539	1596.9	2149.8	3724.9
	食杂店和便利商店	5285	169.0	243.3	362.3
	加油站	3063	116.7	154.1	236.0
	地面交通服务	9190	431.1	906.9	1365.9
	其他观光和游憩产业	30403	725.3	1043.3	1884.2
	零售店	20480	483.4	539.9	826.9
直接贡献总和	—	201970	5791.8	8926.5	14596.1
二次贡献	—	116180	6254.3	11009.8	20282.2
贡献总和	—	318150	12046.1	19936.3	34878.3

资料来源：NPS（2017）。

表 3-4　科里国家公园及科里风景名胜区可持续自然旅游发展的项目任务

主题	行动	项目
网络化创造社会资本	科里国家公园与科里名胜区网络建设	为游客和消费者开放国际互联网 为地方管理者搭建公园论坛 建设国家公园经营者的组织或网络
促进经济与社会发展的可持续性	形成公园资源的可持续经济利用方式	公园产品与经营相关的国际研讨会 “公园产品设计”国际竞赛 消费者满意度监测 商业导向的服务组织模型
发展质量提升	获得证明管理质量的生态标签认证	公园和当地社会的生态标签计划 通过质量提升过程获取社会利益
推动环境教育	国家公园环境教育	与地质调查部门合作，铺建新的国家公园教育与国际主题游道 扩大其对国际夏 / 冬令营和其他游客群体的影响 地质、生物和文化遗产主题教育小径的国际教育网页

（三）国家公园是平衡公众游憩需求与环境保护协调发展的重要场域

国家公园作为具有完整自然生态系统结构和功能的地域空间，能为人类提供他们所追求的美、健康、安全以及充满知识泉源的环境，这种环境源于各类生态系统和景观。在公众游憩诉求不断增强以及政府公共政策的推动下，国家公园成为维护公民游憩权和环境保护协调发展的重要场域，并在全球扩展形成国家公园网络。

在过去的半个世纪中，全球保护地的数量和面积都得到长足发展。根据联合国环境署（United Nation Environmental Program，UNEP）世界保护监测中心（The World Conservation Monitoring Center，WCMC）的数据，保护地的数量和面积都呈增长的趋势，国家公园占保护地面积的比例也不断攀升。截至 2014 年，全球保护地数量达 209429 处，其中国家公园约占保护地面积的 13.4%（见图 3-4）。IUCN 的 6 类保护地中，国家公园和第五类的保护景观区提供较多的游憩和旅游功能，也就是说，人类依托自然的游憩活动主要集中在这两类保护地。

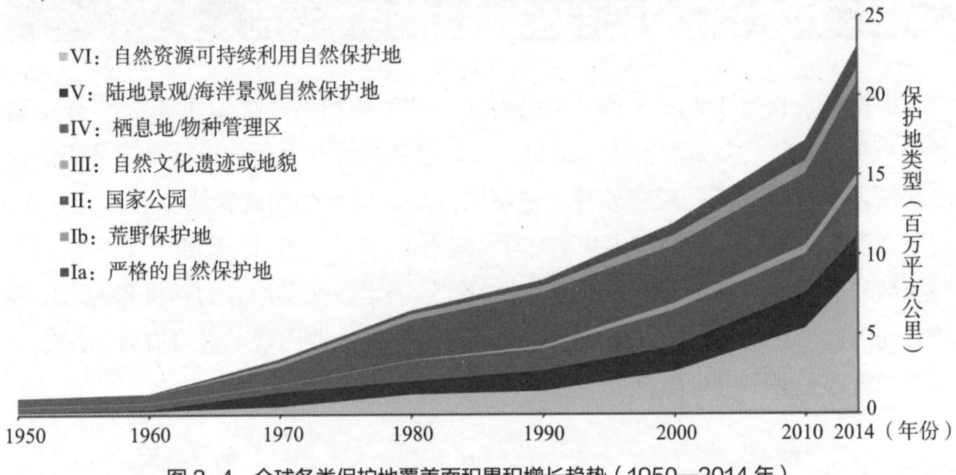

图 3-4 全球各类保护地覆盖面积累积增长趋势（1950—2014 年）

资料来源：UNEP-WCMC（2014）。
注：本图根据 IUCN 公布的 2008 版《保护地管理类别指南》中的保护地类型进行绘制，与 1994 版的《保护地管理类别指南》中的保护地类型存在一定的差异。

虽然目前国际上对游憩市场规模没有权威的估计，不过部分机构对主要依托保护地开展的自然旅游市场进行了预测和研究。世界旅游组织（UNWTO）（2005）估计自然旅游是国际旅游业发展速度最快的细分市场，年均增长率约为 10%~30%，占整体旅游市场的 20% 左右。国家公园作为一个兼具保护和游憩双重功能的区域，必将成为公众游憩活动开展的最主要载体之一，这点从中国风景名胜区的游客接待量可见一斑（见表 3-5）。

表 3-5　中国风景名胜区游览面积及游客接待量

年份	风景名胜区面积（平方公里）	供游览的面积（平方公里）	游人量（万人次）	游览面积占中国陆地面积比（%）	占当年国内游客接待量的比重（%）
2010	82820	33752	49643.0	0.0352	23.606
2011	82620	39362	60350.4	0.0410	24.045
2012	96506	44256	67614.9	0.0461	22.866
2013	96793	42084	73152.9	0.0438	22.462
2014	99057	41596	77594.6	0.0433	21.488
2015	110831	44029	84112.0	0.0459	20.515

资料来源：笔者根据《中国城市建设统计年鉴》《中国旅游业统计公报》计算而成。

三、国家公园游憩活动关键影响因素识别

根据 Moore 和 Driver（2005）提出的户外游憩模型（见图 3-5），户外游憩活动是参与者从产生游憩需求和动机，并通过相关媒介开展相应活动，从而活动需求满足的过程。与一般户外游憩地不同的是，国家公园游憩活动的开展方式、利用强度都必须在保持公园生物物理学完整性的前提下进行。因此，对国家公园游憩活动适宜性研究，需统筹考虑一些关键性因素，如参加者的动机和需求、游憩活动内容、活动和体验发生的游憩地点环境等，这些因素对进行有效的国家公园游憩管理是必不可少的。

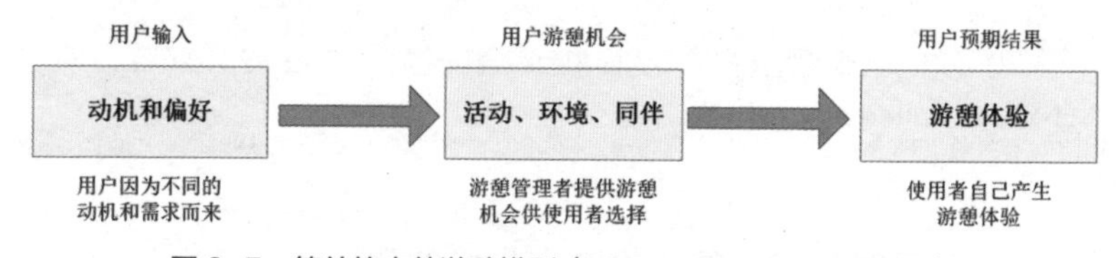

图 3-5　简单的户外游憩模型（Moore 和 Driver，2005）

（一）游憩动机

Iso-Ahola（1980）的观点认为，人们的行为是受主观确定的目标和内在或

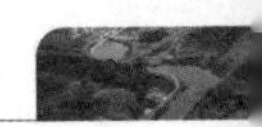

外在的奖励驱动，产生动机并形成需求，从而开展游憩活动。游憩动机大多来源于参与者过去的经历和个人自主选择的意愿、喜好等。那么，户外游憩动机从何而来？有学者认为，休闲和游憩动机具有极强的主观性，很难概括其动态性和多面性的特征。由于游憩参与者的个体特征、经济条件、健康状况、社会文化等方面的情况各不相同，他们的游憩动机也大相径庭。Dann（1977）提出的“推—拉”理论认为，动机可分为推式动机和拉式动机，在两者的共同作用下形成了游憩动机。其中，推力动机是游憩动机产生的内部驱动因素，它促使人们产生旅游的愿望，而拉力因素则是外部的吸引因素。Crandall（1980）根据对休闲和游憩的研究，提出了游憩的17种动机因素（见表3-6）。

表3-6　Crandall提出的游憩的17种动机因素

享受大自然，逃离现代文明 暂时逃离现代文明 亲近大自然	**认可、身份** 向其他人表明我能做这件事 其他人会对我进行高度评价
逃离日常事务和责任 变化一下我的日常行为 躲避日常责任	**社会权力的显示** 能够控制其他人 处于有权力的位置
锻炼身体 锻炼、健美健身	**利他主义** 帮助他人
创造性 显示创造力	**寻求刺激** 由于风险的存在，寻求刺激
放松 身体放松、心理暂时松弛	**自我实现（反馈、自我提高、能力利用）** 看见自己的工作成果、发挥各种技能和才干
接触社会 我能与同伴一起做事 远离其他人	**成就感、挑战与竞争** 培养我的技能和才干 由于竞争的存在，学习我能做到的事情
接触新朋友 跟各种各样的新朋友交谈 与新朋友建立友谊	**打发时间、消除无聊** 忙于各种事务 消除无聊
接触异性 与异性在一起，与异性接触	**理性审美** 利用我的思想，思考我的个人价值
家庭接触 暂时离开家庭 有利于家庭成员关系更融洽	

（二）游憩需求

在有关游憩需求的研究中，马斯洛（1954）的需求层次理论是引用较频繁的理论之一。其基本原理是将人类的需求从低到高依次划分为生理需要、安全需要、归属感和爱的需要、尊重的需要和自我实现的需要，当低层次的需求得到了满足，高层次的需求将得到满足。李欢欢（2013）依据需求层次理论，将游憩需求等级划分为体力恢复 / 压力缓解类游憩、健康 / 精力修养类游憩、社交及情感类游憩、创作类 / 挑战性类游憩。Tillman（1974）将人类的游憩需求总结为：追求新鲜体验（如探险经历）；放松、逃离和幻想；认可与身份；安全（免遭饥渴或疼痛之苦）；支配欲（控制自身环境）；社会反应与相互作用（与他人发生相互关系、相互影响）；心理活动（感知与理解）；创造性；必需的需要；生理活动和健康需要。

（三）国家公园游憩机会环境：空间、资源和设施

国家公园是游憩体验产生的重要场所和载体，因此，所有的户外游憩活动都与国家公园的环境息息相关。从广义上看，国家公园环境包括一切能实现游憩活动的自然资源或相关设施，如陆地、河流、森林、步道、野餐设施、露营地等。本书从空间、资源和设施三个层面概述国家公园自然环境与游憩机会供给之间的关系。

空间：国家公园备受公众欢迎，因此成为户外游憩的焦点。但是，就国家公园的功能而言，保持自然生态的多样性和完整性是其设立的重要出发点之一。因此，建立公园的空间尺度，实行功能分区，明确公园各类活动利用的强度将对游憩活动开展的范围和强度产生制约。各国基于保护生态系统完整性、保障社区发展、适度游憩利用的原则提出了不同的功能分区方法（虞虎等，2017），如加拿大将国家公园划分为特别保护区、荒野区、自然环境区、户外游憩区、公园服务区；美国将国家公园划分为原始自然保护区、特殊自然保护区 / 文化遗址区、自然环境区（公园发展区）、特别利用地区；中国台湾地区将“国家公园”划分为生态保护区、特别景观区、史迹保存区、游憩区、一般管制区。游憩活动只能在国家公园相对外围、生态承载力相对较高的区域低密度地开展。

资源：作为游憩环境的一部分，游憩资源随着公众需求的提升越来越受到关注。国家公园资源包括气候、各类景观资源（如森林、湖泊、沙漠、温泉等）、

文化等。资源的类型、价值、承载力决定了游憩活动的类型和强度。例如，研究表明国家公园的气候环境、丰富的植被对疾病治疗具有良好的辅助作用，因此，在欧美国家产生了“医疗游憩”这一游憩产品。景观资源的类型和品质则决定了国家公园的吸引力，影响游憩活动参与者的积极性和活动频率。黄石、班夫、优胜美地等国家公园皆因秀美的自然景观吸引全球旅游者，成为该国重要的旅游目的地。

设施：游憩机会供给的一个重要部分就是人工环境，即在相关机构管理框架下建设、对自然环境加以补充的设施条件。这些设施包括作为游憩资源作用的专门设施 / 景点，以及为游憩活动提供进入性和便利性的基础设施和服务设施。这些设施中，有些属于公共资产并被赋予公共管理权，如园内游径、照明、卫生设施等；有些则由私人部门提供，如住宿、餐饮、娱乐设施。由于自然游憩资源增长的压力，这些人工附加设施作为国家公园游憩资源的附属物，与自然资源的协调度能强化或减损国家公园的游憩效果。

（四）社会和技术条件

社会和技术条件是影响游憩机会的参与和供给的外部因素，这些外部条件包括技术创新、交通变化、公众对健康和安全的关注、户外游憩方式的转变、管理方式的改变等。这些外部条件的变化不仅影响活动参与者与国家公园之间的关系，同时对国家公园在新环境下如何更好满足参与者的需求、改善户外游憩管理提出了新的挑战。

四、国家公园游憩利用适宜性评价体系构建

（一）国家公园游憩利用环境适宜性评价体系构建

1. 评价指标体系的构建原则

指标体系是国家公园游憩利用适宜性评价的基本条件，其合理性决定了评价效果的准确性和可靠性。建立国家公园游憩利用适宜性评价指标体系的第一步是评价指标选择原则的确定。国家公园是具有多重管理目标的特殊保护地，只有那些对国家公园游憩活动有重要影响且在评价区域内变异程度较大的因子才需要鉴定，才有可能被选为评价因子。本书在游憩利用适宜性评价指标体系构建中遵循

以下原则。

（1）主导因素原则。影响国家公园游憩利用适宜性的因素，在实际评价过程中不可能面面俱到。因此，在评价因子选择时，主要根据过去文献研究、实际经验以及相关问卷选择对游憩利用适宜性影响较大的主要因子，使评价结果符合客观实际。

（2）差异性和稳定性原则。选取的评价因子应在研究区域内有明显的变异程度，便于不同评价单元的相互比较和划分等级。在体现差异性原则的同时，选取评价因子时也必须注意各种因子的稳定性，尽量避免容易变化的因子，使评价结果相对稳定，在较长的时间内能保持其应用价值。稳定性评价因子有地形、地质、土地利用结构等。

（3）地域性原则。国家公园是具备生态保护、环境教育、游憩利用、社区发展等多重目标的特殊区域，使其在生态系统功能、服务价值、环境承载力等方面与其他生态系统存在差异，游憩活动的开展也与一般游憩空间不同。因此，评价因子的选取要符合国家公园的地域环境特色。

（4）可操作性原则。评价指标在制定时考虑已有的基础研究和资料收集整理情况和以后评价工作的实施情况，故选定的指标应具有可操作性和可量化的特点。对于无法获得的部分数据、图件资料，可通过相关分析，找出其他数据代替，对于无法获得的重要因子，又无可替代的，则应在评价时突出考虑并对评价结果进行修正。定量指标要做到方便量化、方便计算，而定性指标要做到可以用一定的数量方法进行量化，以便使所有的评价指标取值都有量化的结果，从而在GIS 软件里可以进行运算，使整个评价工作更为客观和科学。

2. 评价指标选取

对于国家公园游憩利用适宜性评价体系，目前还没有公认的标准方案。但是在不同类型保护地游憩活动开展过程中从不同角度提出了相应的评价体系。在前述原则指导下，本书借鉴国外有关国家公园游憩利用研究以及我国风景名胜区、森林公园生态旅游适宜性评价相关标准和研究成果（Goossen 和 Langers，2000；Monz 等，2010；邬彬，2009；李益敏等，2010），并结合国家公园游憩利用的特殊性提出其适宜性评价指标体系，包括 6 个方面：自然游憩资源、人文游憩资源、景观美景度、游憩利用能力、环境承载力、社会条件。

（1）自然游憩资源。自然游憩资源既是国家公园重要的保护对象，也是吸引

旅游者前往国家公园的动力所在。自然资源的品位、独特性、结构、数量、分布、组合状况，直接影响国家公园游憩服务供给水平。

①独特性。自然资源独特性反映区域自然资源的品位和吸引力，独特性不足就不容易形成足够的吸引力，也不容易产生足够的停留时间。对于钱江源国家公园而言，自然资源独特性主要从常绿落叶阔叶林覆盖率、珍稀物种或濒危物种种类、鸟类栖息点的数量来判定。独特性越强的自然资源，游憩的适宜性相对越高，但同时受保护的程度也越高。

②分布密度。自然游憩资源的分布密度反映国家公园内游憩资源分布的密集程度，也是衡量游憩资源单体在空间内排列产生吸引力大小程度的重要指标。如果一个区域内没有一定密度的游憩资源，就不容易产生足够的吸引力，也不容易产生足够的停留时间。

③自然游憩资源所占比重。自然游憩资源比重是反映国家公园内自然资源占所有游憩资源的比重。虽然广义的游憩资源还包括人文资源，但在实际游憩活动开展中，大多仍依托自然资源，而人文资源只起到辅助性作用。自然游憩资源所占比重越大，可认为越适宜游憩活动开展。

（2）人文游憩资源。人文游憩资源是人类在社会发展过程中活动的产业，是社会发展的产物，包括历史遗迹、古建筑、古陵墓、民族民俗等资源。钱江源国家公园周边保存有较丰富的农耕文明遗留的各类文化景观，也构成了钱江源国家公园游憩吸引力的重要组成部分。人文游憩资源适宜性评价指标包括资源品位和分布密度。

（3）景观美景度。景观美景度是游憩资源景观美学特征的重要体现，准确认识国家公园游憩景观的美感质量是评价国家公园游憩适宜性的重要前提。钱江源国家公园景观既包括大片的亚热带常绿落叶阔叶林，也包括钱江源头水体景观、农田景观以及古村落景观。景观美景度越高，游憩利用适宜度越高。

（4）游憩利用能力。游憩利用能力主要反映不同土地利用类型对各类游憩活动开展的支持度。不同游憩活动因其活动强度的不同对土地的坡度、利用类型的要求不同，游憩活动的开展也将对土地造成不同程度的影响。因此，土地利用类型与游憩活动匹配度是游憩适宜性评价的重要指标。

（5）环境承载力。钱江源国家公园地处我国东部发达地区，人类活动频繁、资源开发利用历史悠久，生态环境脆弱，面临着一系列生态环境问题，如原生生态环境加速衰退、水土流失、植被退化、生物多样性减少等。国家公园游憩利用应遵循生态环境承载力的要求，尽可能降低对生态环境的消极影响。依据指标选取的相关原则，主要从年降雨量、年均温、高程、坡度、植被覆盖度、生物丰度指数、土壤侵蚀强度等方面来反映钱江源国家公园的环境承载力。由于研究区域范围较小，年降雨量和年均温差别不大，对适宜性差异影响较小，因此，本书不考虑这两个因子。

①高程。钱江源国家公园地处亚热带，属于山地丘陵地貌，海拔相对较低，因此动植物种类较丰富，区域内林地、河流、水塘、耕地等不同海拔的用地类型，能够为不同游憩活动开展提供空间。

②坡度。坡度对生态环境承载力的影响主要通过土壤侵蚀和植被两方面表现出来。对土壤侵蚀的影响表现在坡度越大，游憩活动带来的土壤侵蚀越严重；对植被的影响表现在，位于山坡上方的植物吸收较少的水分，而低洼地带植被则易遭受涝害。因此，不同坡度上游憩活动的开展将对土壤和植被产生影响。

③植被覆盖度。植被覆盖度指森林面积占土地总面积之比，是生态系统变化的重要指标。植被覆盖度情况一方面为不同游憩活动提供绿色空间；另一方面游憩活动的开展将不同程度对植被覆盖度产生影响，从而带来植被退化以及滑坡、泥石流等一系列自然灾害。

④生物丰度指数。生物丰度指数指通过单位面积上不同生态系统类型在生物物种数量上的差异，间接反映研究区域生物丰贫程度。其计算根据中华人民共和国环境保护行业标准《生态环境状况评价技术规范》（HJ 192—2015），公式为：

$$\text{生物丰度指数}=(\text{BI}+\text{HQ})/2 \qquad (\text{式 3-1})$$

其中，BI为生物多样性指数，评价方法执行HJ 623；HQ为生境质量指数；当生物多样性指数没有动态更新数据时，生物丰度指数变化等于生境质量指数的变化，生境质量指数各生境类型及其分权重如表3–7所示。

$$\text{生境质量指数}=A_{bio}\times(0.35\times\text{林地}+0.21\times\text{草地}+0.28\times\text{水域湿地}+0.11\times\text{耕地}+0.04\times\text{建设用地}+0.01\times\text{未利用地})/\text{区域面积} \qquad (\text{式 3-2})$$

式中，A_{bio}表示生境质量指数的归一化系数，参考值为511.2642131067。

表 3-7 生境质量指数各生境类型及其分权重

	林地			草地			水域湿地				耕地		建设用地			未利用地				
权重	0.35			0.21			0.28				0.11		0.04			0.01				
结构类型	有林地	灌木林地	疏林地和其他林地	高覆盖度草地	中覆盖度草地	低覆盖度草地	河流（渠）	湖泊（库）	滩涂湿地	永久性冰川雪地	水田	旱地	城镇建设用地	农村居民点	其他建设用地	沙地	盐碱地	裸土地	裸岩石砾	其他未利用地
分权重	0.60	0.25	0.15	0.60	0.30	0.10	0.10	0.30	0.50	0.10	0.60	0.40	0.30	0.40	0.30	0.20	0.30	0.20	0.20	0.10

⑤土壤侵蚀强度。土壤侵蚀度是指以土壤原生剖面被侵蚀的状态为指标划分的土壤侵蚀等级。为尽可能减少游憩活动对土壤造成的侵蚀，有必要评估不同类型土地所能承受的侵蚀强度，达到国家公园生态保护与游憩利用的双重目标。

（6）社会条件。

①交通通达度。交通通达度直接影响国家公园的可达性，用与主要交通干道距离来表示，主要交通干道选取县级以上公路。距离交通干道越近，可以认为交通越便利，游憩开展的适宜度越高。

②道路密度。道路密度是指在一定区域内，道路网的总里程与该区域面积的比值，主要反映国家公园所在区域交通网络的发达程度。道路网密度 = 道路总长度 / 该区域面积。

③与主要居民点的距离。由于钱江源国家公园与中心城市距离较远，因此，与游憩活动相关的各类辅助性服务主要依靠公园内及周边村庄提供。居民点与国家公园的距离，决定了其在国家公园游憩利用中的角色及功能。

④游憩设施数量。国家公园内的游憩设施是各类游憩活动得以顺利开展的基础，合理布局的游憩设施便于接待更多游憩者。因客观条件限制，本书评价中所涉及的游憩设施主要指餐饮和住宿设施（见表 3-8）。

表 3-8 钱江源国家公园环境游憩利用环境适宜性指标解析

目标层	准则层	指标因子层	数据来源
钱江源国家公园环境适宜性评价	自然游憩资源适宜性 B_1	独特性 C_1	1∶250000 钱江源国家公园矢量数据
		分布密度 C_2	1∶250000 钱江源国家公园矢量数据
		自然游憩资源所占比重 C_3	1∶250000 钱江源国家公园矢量数据
	人文游憩资源适宜性 B_2	资源品位 C_4	专家评估
		分布密度 C_5	1∶250000 钱江源国家公园矢量数据
	景观美景度适宜性 B_3	景观美学质量 C_6	问卷调查
	游憩利用能力适宜性 B_4	土地利用类型与游憩活动匹配度 C_7	2016 年钱江源国家公园土地利用数据
	环境承载力适宜性 B_5	高程 C_8	钱江源国家公园 DEM（SRTM90）数据
		坡度 C_9	钱江源国家公园 DEM（SRTM90）数据
		植被覆盖度 C_{10}	中国 2015 年 7 月 NDVI 数据
		生物丰度指数 C_{11}	计算
		土壤侵蚀强度 C_{12}	计算
	社会条件适宜性 B_6	交通通达度 C_{13}	钱江源国家公园道路矢量数据
		道路密度 C_{14}	钱江源国家公园道路矢量数据
		与主要居民点的距离 C_{15}	1∶250000 钱江源国家公园矢量数据
		游憩设施数量 C_{16}	1∶250000 钱江源国家公园矢量数据

3. 权重的确定

为了既考虑专家的知识和经验，又减少在指标权重确定过程中的片面和主观性，权重的确定采用层次分析法和熵值法结合起来使用，对不符合要求的权重进行修正，使评价结果更加客观可靠。

（1）层次分析法。层次分析法将权重相关元素分解成目标、准则、指标等层次，在此基础上进行定性和定量分析（见表 3-9）。其步骤如下：一是建立相关的层次模型，构建因子指标体系；二是对各层次进行赋分比较，通过 20 位来自保护地管理、旅游管理领域专家对各因子比较打分构造判断矩阵并计算权重向量；三是各层次因子的一致性检验；四是对各层次权重进行计算。

表 3-9　基于层次分析法的钱江源国家公园环境游憩适宜性评价指标权重

目标层	准则层	指标因子层
钱江源国家公园环境适宜性评价	自然游憩资源适宜性 B_1（0.2377）	独特性 C_1（0.1470）
		分布密度 C_2（0.0353）
		自然游憩资源所占比重 C_3（0.0554）
	人文游憩资源适宜性 B_2（0.0376）	资源品位 C_4（0.0281）
		分布密度 C_5（0.0094）
	景观美景度适宜性 B_3（0.1628）	景观美学质量 C_6（0.1628）
	游憩利用能力适宜性 B_1（0.1413）	土地利用类型与游憩活动匹配度 C_7（0.1413）
	环境承载力适宜性 B_5（0.3200）	高程 C_8（0.01409）
		坡度 C_9（0.0288）
		植被覆盖度 C_{10}（0.1315）
		生物丰度指数 C_{11}（0.1055）
		土壤侵蚀强度 C_{12}（0.0402）
	社会条件适宜性 B_6（0.1006）	交通通达度 C_{13}（0.0435）
		道路密度 C_{14}（0.0120）
		与主要居民点的距离 C_{15}（0.0067）
		游憩设施数量 C_{16}（0.0384）

（2）熵值法对权重调整。熵值法以样本数据为基础进行客观赋权，主要通过熵值来衡量指标权重，规避层次分析法中存在的主观随意性缺陷（袁久和等，2013）。

①计算指标值 x_{ij} 在指标 j 下的权重 P_{ij}：

$$P_{ij}=\frac{x_i}{\sum_{i=1}^{m}x_{ij}} \qquad （式 3-3）$$

②计算指标 j 熵值 e_j 和差异性系数 g_j：

$$e_j=\frac{1}{\ln m}\sum_{j=1}^{m}P_{ij}\ln P_{ij}\ （e_j>0） \qquad （式 3-4）$$

$$g_j=1-e_j（0\leqslant g_j\leqslant 1,\sum_{i=1}^{n}g_j=1） \qquad （式 3-5）$$

③通过 AHP 方法得到各指标的权重后，利用差异性因数 g_j 调整已有权重：

$$a_j=b_j\times g_j，j=1，2，3，\cdots，n \qquad （式 3–6）$$

将 a_j 归一化处理，得到最终权重值 w_j：

$$w_j=\frac{a}{\sum_{j=1}^{m}a_j}，j=1，2，3，\cdots，n \qquad （式 3–7）$$

从而得出各项评价指标较为合理的权重值，修正后的各项权重的准确度更符合实际。以准则层的 6 个指标为例，通过 20 位专家对钱江源国家公园各指标打分（采用 5 分级评分制），采用熵值法进行权重调整，最终结果如表 3–10 所示。

表 3–10 熵值法调整后的权重

目标层	准则层	指标因子层
钱江源国家公园环境适宜性评价	自然游憩资源适宜性 B_1（0.2601）	独特性 C_1（0.1608）
		分布密度 C_2（0.0387）
		自然游憩资源所占比重 C_3（0.0606）
	人文游憩资源适宜性 B_2（0.0293）	资源品位 C_4（0.0073）
		分布密度 C_5（0.0219）
	景观美景度适宜性 B_3（0.1793）	景观美学质量 C_6（0.1793）
	游憩利用能力适宜性 B_4（0.1583）	土地利用类型与游憩活动匹配度 C_7（0.1583）
	环境承载力适宜性 B_5（0.2961）	高程 C_8（0.0130）
		坡度 C_9（0.0265）
	环境承载力适宜性 B_5（0.2961）	植被覆盖度 C_{10}（0.1217）
		生物丰度指数 C_{11}（0.0977）
		土壤侵蚀强度 C_{12}（0.0372）
	社会条件适宜性 B_6（0.0769）	交通通达度 C_{13}（0.0333）
		道路密度 C_{14}（0.0092）
		与主要居民点的距离 C_{15}（0.0050）
		游憩设施数量 C_{16}（0.0294）

4. 评价标准

在进行国家公园游憩适宜性评价时，需确定各项评价指标的标准值。指标要素的性质复杂性决定了评价标准的多样性。评价系统采用的评价标准类型包括：①国家、行业或具有典型代表性的地方已颁布实施的各类标准；②类比标准，即参照旅游资源评价、其他保护地适宜性 / 敏感性评价、环境质量评价等相应指标，通过类比确定质量等级；③背景值或本底值标准，即以研究区域未受人类活动干扰或干扰程度较低的水平参数为标准。本书中，为使评价更加客观，首先采用国家、行业或地方标准，其次参考类比标准，当无上述两类标准时，采用背景值标准。对于背景值标准的等级划分，采用研究区域背景数据在 ArcGIS10.2 中的自然断裂法对环境适宜性得分进行标准化，从高到低依次赋值 4、3、2、1 分，个别指标不适用于该方法的，采用经验判断的方法（见表 3–11）。

表 3–11　钱江源国家公园游憩利用环境适宜性评价标准

评价指标	评价得分				评价方法
	4	3	2	1	
自然游憩资源独特性	2.41~2.90	1.91~2.40	1.70~1.90	1.30~1.69	经验评价
自然游憩资源分布密度	0.88~1.58 个 /2.5km^2	0.38~0.87 个 /2.5km^2	0.13~0.37 个 /2.5km^2	0~0.12 个 /2.5km^2	自然断裂法
自然游憩资源所占比重	74.45~92.30%	59.88~74.44%	44.22~59.87%	22.22~44.21%	自然断裂法
人文游憩资源品位	3.04~3.99	2.78~3.03	2.42~2.77	2.00~2.41	经验判断
人文游憩资源分布密度	0.50~0.88 个 /2km^2	0.27~0.49 个 /2km^2	0.10~0.26 个 /2km^2	0~0.09 个 /2km^2	自然断裂法
景观美学质量	61~85 分	46~60 分	21~45 分	≤ 20 分	视觉景观价值评估
土地利用类型与游憩活动匹配度	土地利用与游憩活动相容值大于或等于 6 分	土地利用与游憩活动相容值 4~5 分	土地利用与游憩活动相容值 2~3 分	土地利用与游憩活动相容值小于 2 分	经验判断
高程	86~442m	443~619m	620~819m	820~1239m	文献

续表

评价指标	评价得分				评价方法
	4	3	2	1	
坡度	0~10°	11°~25°	26°~45°	46°~76°	文献
植被覆盖度	0.83~0.91	0.71~0.82	0.58~0.70	0.50~0.57	HJ/ T 6—94①
生物丰度指数	81~94	53~80	33~52	4~32	HJ 192—2015②
土壤侵蚀强度	轻度	中度	强烈、极强烈	剧烈	SL 190—2007③
交通通达度	<500m	500~1000m	1001~1500m	>1500m	经验判断
道路密度	0.42~ 0.45 km/km^2	0.39~0.41 km/km^2	0.36~0.38 km/km^2	0.33~0.35 km/km^2	自然断裂法
与主要居民点的距离	<1000m	1000~1500m	1501~2000m	>2000m	经验判断
游憩设施数量	10.47~17.99 个	6.87~10.46 个	4.00~6.86 个	1.00~3.99 个	经验判断

注：在采用国家、行业、地方标准和相关参考文献时，部分指标由于标准或文献中与本书指标体系的划分等级数不一致，本书酌情进行了处理和综合，使其适应本书的研究需求。

（二）游客对国家公园生态系统社会价值评估

国家公园游憩利用与管理不仅应考虑国家公园本身的供给环境，同时也应考虑游憩使用者的需求、偏好和活动特征。本书通过为游客提供参与式地图的方式，获取游客在钱江源国家公园的活动线路及其行为模式。采用 SoIVES 模型探讨游客对钱江源国家公园生态系统的社会价值感知，结果以非货币价值指数表示（价值指数等级为 1~10），以此分析游客对国家公园生态系统的社会价值偏好与生态系统属性之间的关系，从而使国家公园游憩利用适宜性评价更综合、更具人文性。

（三）钱江源国家公园游憩利用适宜性综合评价

钱江源国家公园游憩利用适宜性综合评价应统筹考虑游憩活动开展涉及的供

① 中华人民共和国环境保护行业标准：山岳型风景资源开发环境影响评价指标体系。
② 中华人民共和国环境保护行业标准：生态环境状况评价技术规范。
③ 中华人民共和国水利行业标准：土壤侵蚀分类分级标准。

给（国家公园环境属性）和需求（游客对生态系统的社会价值需求）。基于前述对钱江源国家公园游憩利用环境适宜性和游客对国家公园生态系统社会价值评估的结果，建立社会—生态矩阵，并通过 Zonation 模型根据环境适宜性和生态系统社会价值的比较值建立游憩利用优先等级情景，并选出最优的适宜性情景（见图 3-6）。

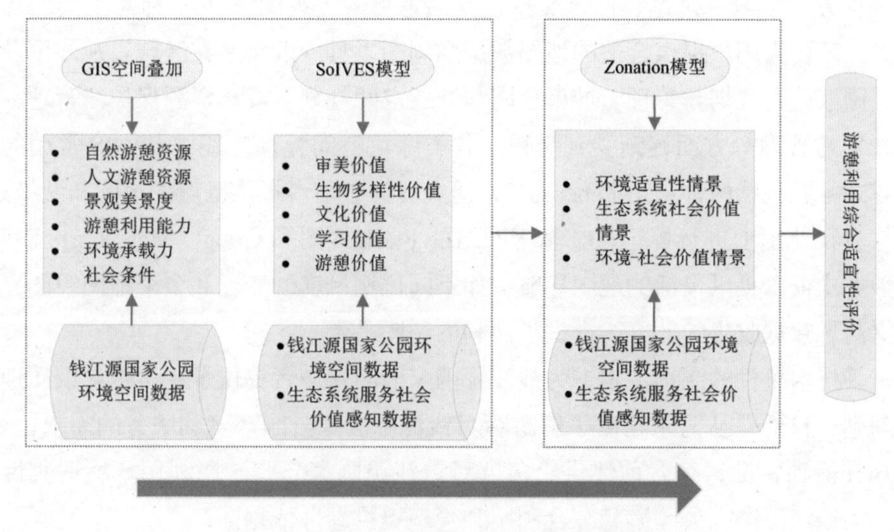

图 3-6　国家公园游憩利用适宜性综合评价体系

（四）评价方法

1. 游憩环境适宜性评价方法

（1）生态因子叠加法。生态因子叠加法又称为地图叠加法或 McHarg 适宜性分析法，分为等权叠加和加权叠加，基本步骤如下：①依据一定评价准则，对各生态因子进行适宜性分级；②在地图上将各环境要素的适宜性等级以不同的颜色表示出来，形成单因子评价图；③根据评价模型将所有单要素适宜性图层进行叠加，获得适宜性综合图；④以同一色调为准，划分出游憩利用的不同类型。本书采用加权叠加法，结合层次分析法（AHP）和熵值法确定不同因子的权重，在叠加过程中，将每个生态因素的适宜性等级乘以权重，最后求和得到综合的适宜性分析值。

（2）GIS 空间分析法。在进行游憩利用适宜性评价时，有关 GIS 空间分析的技术主要包括 GIS 空间缓冲区分析、网络分析、空间叠合分析、栅格计算等。本书利用 GIS 空间分析技术将生态适宜度分析结果进行可视化呈现。

2. 游客行为特征分析方法：PPGIS

PPGIS（Public Participation GIS，公众参与地理信息系统）是指公众通过 PPGIS 系统平台标注空间信息、输入数据，进行交互式制图，公众可通过图形、文字等方式学习、讨论、信息交换、反馈意见等（见图 3–7）。针对不同的实践项目，需要为用户提供合适的地图数据和制图工具。近年来在区域景观评价及保护、国家公园规划与管理、城市公园与开放空间规划、森林资源保护与管理、旅游开发与管理等方面逐渐受到重视。各类绿色空间管理实践中 PPGIS 常用的制图方式主要包括两种：① Paper GIS，研究者为参与者提供区域的地图和贴纸点，参与者在地图上进行标记；②基于网络的 Flash 地图和 Google Maps/Earth 制图，这种方式可以提供灵活的地图导航，如不同比例尺度的变化和多个地图视图，大大提高了数据收集的效率，提供了便利的制图平台。

受技术条件的制约，本书为钱江源国家公园受访者提供了一份带有纸质地图的问卷，目的是从需求角度了解游客对钱江源国家公园环境和服务的需求偏好、感知和活动特征，结合前述供给角度对钱江源国家公园游憩利用环境适宜性评价，为钱江源国家公园游憩综合利用和管理提供参考依据。

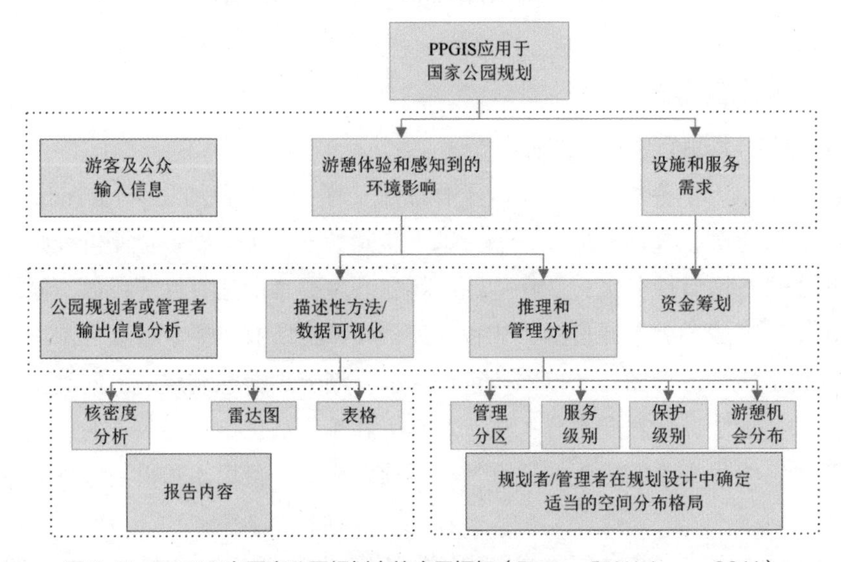

图 3–7　PPGIS 在国家公园规划中的应用框架（Brown 和 Weber，2011）

第四章

钱江源国家公园游憩环境适宜性评价

提供游憩机会是自然环境提供生态系统服务的重要内容。所谓游憩机会，是环境通过游憩活动和游憩情境（自然、社会与管理条件）的设置为人们提供游憩选择的总和。国家公园游憩环境适宜性评价的对象是在国家公园边界范围内，根据其资源与生态环境特征、游憩利用要求，选择有代表性的环境因子，分析国家公园边界范围内的环境特征与空间地理单元的关系，确定范围内的资源环境对游憩利用的适宜性和限制性，从而划分适宜性等级。国家公园环境由空气、土壤、水体、生物、小气候等自然因素和文化遗存、游憩设施、管理制约等人文因素共同组成。根据钱江源国家公园体制试点方案的功能分区方案，核心区的功能主要用于钱江源流域的水系、动植物资源和生态环境的严格保护，不用于游憩发展之用。因此，本书针对钱江源国家公园生态保育区、传统利用区和游憩展示区三个功能区进行游憩利用适宜性评价，评价涉及的土地面积为180.21 km^2，各适宜等级土地面积所占比重计算为该适宜等级面积除以国家公园总面积（252 km^2）。

一、自然游憩资源适宜性评价

（一）国家公园资源分类

受国家公园建设目标复合性的影响，全球国家公园资源分类主要基于两个层面考虑，一是资源属性，二是资源脆弱性和功能性（即人为干扰程度）（李亚娟等，2017）。以英国、新西兰、日本为代表的国家对国家公园自然资源的分类主要根据资源属性，即资源的性质和类型。英国《国家公园与乡村进入法》对国家公园的入选标准做了明确的规定，其资源类型涵盖山地、草甸、沼泽地、森林、湿地等（王应临等，2013）；澳大利亚根据自然资源性质将国家公园的资源类型分为湿地、森林、海岸、洞穴和喀斯特、草地、荒漠和干旱灌丛等。以美国、加拿大为代表的北美国家受荒野思想的影响，对国家公园资源的分类不仅考虑资源属性，更加关注资源环境的脆弱性和人为干扰程度，并以此作为公园分区的重要标准。根据资源利用特点和人类干扰程度，美国国家公园体系主要包括自然区域、历史区域和游憩区域。自然区域的资源主要包括动物资源、植物资源、水资源、空气资源、地质资源等；历史区域文化资源包括考古资源、历史建筑、自然环境中的文化景观、民族资源和博物馆馆藏品等人文类资源；游憩区域的资源可细分为户外游憩资源、荒野资源、野生生物和鱼类资源、放牧资源、木材资源、水土资源、人类和社区发展资源等。

中国目前尚无与IUCN保护地分类体系完全对应的国家公园，但是建立起了涵盖自然保护区、风景名胜区、森林公园、湿地公园、海洋公园、荒漠公园、地质公园等多种类型的保护地体系。不同保护地类型从自身保护目标和对象出发，对资源做出了具体的分类（见表4–1）。虽然各类保护地对资源的分类大体类似，但由于管理目标和管理部门的差异，对资源分类的出发点也存在差异，从而影响资源管理的理念和措施。例如，自然保护区强调对典型自然生态系统、珍稀濒危野生动植物的保护，因而其对资源的分类多从生态系统角度出发；风景名胜区和森林公园则更加强调资源的观赏和游憩价值，因此，资源分类也较多从资源的游憩和旅游功能出发。同一地域空间的自然资源因为同时被赋予几个保护地类型牌子，造成对资源交叉管理和目标混乱。例如，九寨沟同时拥有世界自然遗产、国家重点风景名胜区、国家级自然保护区、国家地质公园、世界生物圈保护网络等保护地牌子，多元管理主体从自身角度出发对其进行的管理将导致管理分割、协调无力、重复建设，从而导致资源管理目标难以实现。

国家公园体制建设的目标在于解决上述对保护地多管理主体、分割或重叠管理带来的生态系统的碎片化，推进重要保护地的整合，从而实现生态保护、游憩展示、科研教育三大管理目标。因此，我国国家公园资源分类应从生态系统的完

整性出发，并统筹考虑资源的独特性、价值性、适宜性特征，将资源类型划分为自然资源和人文资源两大类，涵盖国家公园范围内的所有自然和人文要素，凸显国家公园生态系统的完整性（见表4-2）。

表4-1 我国典型保护地资源分类

保护地类型	资源分类		管理主体[①]
自然保护区	自然资源	土地、森林、草原、湿地、生物、景观、水体等	环保部门
	人文资源	历史古迹、古今建筑、社会风情、地方产品等	
风景名胜区	自然资源	天景：日月星光、虹霞蜃景、风雨晴阴、气候景象、云雾景观、冰雪霜露 地景：大尺度山地、山景、奇峰、峡谷、洞穴、石林石景、沙景沙漠、火山熔岩、蚀余景观、洲岛屿礁、海岸景观、海底地形、地质珍迹 水景：泉井、溪涧、江河、湖泊、潭池、瀑布跌水、沼泽滩涂、海湾海域、冰雪冰川 生境：森林、草地草原、古树名木、珍稀生物、植物生态类群、动物栖息地、物候季相景观	住建部门
	人文资源	园景：历史名园、现代公园、植物园、动物园、庭宅花园、专类主题游园、陵园墓园 建筑：风景建筑、民居宗祠、文娱建筑、商业建筑、宫殿衙署、宗教建筑、纪念建筑 史迹：遗址遗迹、摩崖题刻、石窟、雕塑、纪念地、科技工程、古墓葬 风物：节假庆典、民族民俗、宗教礼仪、神话传说、民间文艺、地方物产	
森林公园	自然资源	地文资源：山体、奇峰、悬崖、怪石、峡谷、溶洞 水文资源：海湾、湖泊、河滩、溪流、滩涂、瀑布 生物资源：植物资源、动物资源 天象资源：云、雾、雾凇、日出、日落、佛光	林业部门
	人文资源	名胜古迹、民俗风情、宗教文化、历史纪念地	

资料来源：作者根据相关文献整理。

① 根据2018年第十三届全国人民代表大会第一次会议批准的国务院机构改革方案，将环境保护部的职责整合，组建中华人民共和国生态环境部，不再保留环境保护部；将住房和城乡建设部的风景名胜区等管理职责整合，并对国家林业局的职责整合，组建中华人民共和国国家林业和草原局，由中华人民共和国自然资源部管理；地方各级对应部门进行相应整合。

表 4-2 我国国家公园资源分类体系

主类	亚类	子类
自然资源	森林	热带雨林、常绿阔叶林、落叶阔叶林、针叶林、灌木
	草地	温性草甸草原、温性草原、温性荒漠草原、高寒草甸、高寒草原、高寒荒漠草原、山地草甸、低地草甸、暖性草丛 / 灌木丛、暖热性草丛 / 灌草丛
	水体与湿地	河流、湖泊、海洋、水库坑塘、永久性冰川雪地、滩涂、滩地、沼泽地
	荒漠	沙地、戈壁、裸岩石质地
	野生动物	珍稀野生动物、野生动物栖息地
	地质遗迹	地质剖面、古生物化石遗址、地质构造形迹、典型地质与地貌景观、特大型矿床、地质灾害遗迹
人文资源	物质文化资源	风物、胜迹、建筑等
	非物质文化资源	歌舞、节庆、风俗、礼仪等
	人类和社区发展资源	农村居民点、社区生活等

资料来源：作者根据资料整理。

（二）钱江源国家公园自然游憩资源概况

钱江源国家公园属中亚热带湿润季风区，受夏季风影响较大，雨水丰沛，光、热条件适宜。钱江源地形条件复杂，区域范围内山峦起伏，沟壑纵横，溪流源短流急，形成了丰富的小气候环境。良好的气候条件孕育了丰富的自然资源，造就了本区域生态系统的多样性。钱江源国家公园的生态系统大体上包括森林生态系统和湿地生态系统，在此基础上衍生了丰富多样的自然资源，这些自然资源大部分可用于开展游憩活动，是优质的自然游憩资源。

1. 森林植被的典型性

钱江源国家公园森林覆盖率达到 81.7% 以上，森林生态系统健全，生物多样性资源具有巨大的生态保护功能，在涵养水源、保持水土、维持生物多样性和净化空气方面具有重要作用。目前，中亚热带地区地带性植被——典型常绿阔叶林的原生植被在我国东部地区几乎不存在，而钱江源国家公园几近自然的常绿阔叶林虽非原生植被，却在钱江源国家公园成片分布，具有不可多得的典型性和代

表性。钱江源国家公园的常绿阔叶林带的植被类型丰富，受垂直气候的影响，植被类型涵盖了垂直带谱系列上的常绿阔叶林→温性针阔叶混交林→温性针叶林类型，以及山地和沟谷常绿落叶阔叶混交林等具有代表性的植被类型，是华南到华北植物区系的典型过渡带，在东亚植物区系中具有代表性（金祖达，2004）。

2. 生物物种的稀有性

钱江源国家公园体制试点区内有高等植物 244 科 897 属 1991 种，其中苔类 22 科 39 属 89 种，藓类 33 科 103 属 236 种，蕨类 34 科 66 属 166 种，种子植物 155 科 689 属 1500 种，种子植物在浙江、全国和世界区系中的地位如表 4–3 所示。野生木本植物共有 95 科、270 属、832 种，种类丰富。区内有南方红豆杉国家一级重点保护植物，金钱松、鹅掌楸、连香树、长柄双花木等 21 种国家二级保护植物，具有古老、珍稀植物多，珍稀濒危植物种类多，大型真菌种类多样，古树名木资源丰富等特点。

表 4–3　钱江源国家公园种子植物在浙江、全国和世界区系中的地位

类群	科				属				种			
	开化	浙江	中国	国际	开化	浙江	中国	国际	开化	浙江	中国	国际
裸子植物	6	9	10	16	9	34	36	72	12	60	224	758
被子植物	143	173	327	356	638	1217	3164	13573	1394	3319	28190	241000
合计	149	182	337	372	647	1251	3200	13645	1406	3379	28414	241758

3. 野生动物物种丰富

钱江源国家公园内繁茂的森林植被，为动物栖息、繁衍创造了良好的生态环境。据调查，脊椎动物 26 目 67 科 239 种，两栖类 2 目 7 科 26 种，爬行类 3 目 9 科 51 种，鸟类 13 目 30 科 104 种，兽类 8 目 21 科 58 种。昆虫类繁多，有 22 目 191 科 4759 属 1156 种，其中以古田山为模式产地的昆虫有 11 目 37 科 164 种，有 30 种以“古田山”“开化”命名的昆虫新种（以古田山命名的 24 种，以开化命名的 6 种）。

该区域是国家一级重点保护动物白颈长尾雉、黑麂、云豹和豹的重要栖息地。

同时还生活着 34 种国家二级重点保护动物，其中昆虫 1 种，两栖类 1 种，鸟类 22 种，兽类 10 种；省级重点保护动物有 32 种，其中省级保护昆虫 2 种，分别为宽尾凤蝶和金裳凤蝶，省级保护两栖类动物 3 种；爬行类动物 4 种，分别为大树蛙、平胸龟、脆蛇蜥、黑眉锦蛇、眼镜蛇、五步蛇、滑鼠蛇，省级保护鸟类 20 种，省级保护兽类 8 种，分别为毛冠鹿、狐狸、食蟹獴、豪猪、貉、狼、豹猫和鼬獾。

（三）钱江源国家公园自然游憩资源适宜性评价

1. 自然游憩资源独特性

自然游憩资源的独特性和稀缺性是构成国家公园游憩吸引力的重要因素，也是国家公园成立的重要原因。Nahuelhual 等（2017）认为，自然游憩资源的独特性来源于特殊环境下形成的独特的具有保护价值的森林、珍稀动植物以及各类保护地。

结合钱江源国家公园的保护对象和自然条件，本书选取该区域国家重点保护动物黑麂、云豹和豹等哺乳动物栖息点、国家重点保护一级和二级鸟类栖息点，以及国家一级和二级植物分布点作为自然游憩资源独特性的影响因素。分别计算国家重点保护动物栖息点核密度、国家重点保护植物分布点欧式距离，将两者进行加权叠加，公式为：自然游憩资源独特性 =0.6 × 国家重点保护野生哺乳动物栖息点核密度 +0.3 × 国家重点保护植物分布点欧式距离 +0.1 × 国家重点保护野生鸟类栖息点核密度，最终得到钱江源国家公园自然游憩资源独特性评价结果。

从图 4–1 可看出，自然游憩资源独特性最高（2.41~2.90）的面积为 1.91km^2，占国家公园总面积的 0.76%。高值区域主要集中在国家公园核心区边缘和生态保育区部分区域，这部分区域因其拥有大片重要生态价值和服务功能的亚热带常绿阔叶林，且有黑麂、云豹在此栖息，因此其独特性最高。次高区域（1.91~2.40）的面积为 17.85km^2，占国家公园总面积的 7.08%。这部分区域主要集中生态保育区，这主要是因为生态保育区是白鹇、林雕、白颈长尾雉等国家重点保护鸟类主要栖息地，以及长序榆、南方红豆等国家重点保护植物分布区。独特性值为 1.70~1.90 的面积为 16.33km^2，占国家公园总面积的 6.48%，主要集中在传统利用区和游憩展示区；独特性值为 1.30~1.69 的面积最大，为 144.08 km^2，占国家公园总面积的 57.18%，这部分区域广泛分布于耕地、灌木林地、村庄区

域，这些区域主要是居民的生产、生活空间，人类活动痕迹明显，因此自然游憩资源独特性不突出。

2. 自然游憩资源分布密度

分布密度反映自然游憩资源的集聚程度，为游憩线路的设计和资源利用提供基础条件。本书利用 GIS 空间分析工具进行核密度制图，输入数据为钱江源自然游憩资源分布数据，以 30 米网格为评价单元，设置搜索半径为 2500 米，输出自然游憩资源分布密度的栅格数据，用重分类中的自然断裂法重分类成 4 个等级。总体而言，钱江源国家公园的自然游憩资源分布密度相对较低，自然游憩点之间的距离较远。其中，密度值为 0~0.12 个 /2.5km^2 的区域面积为 100.46km^2，占国家公园总面积的 39.86%；密度值为 0.13~0.37 个 /2.5km^2 的区域面积为 56.69 km^2，占国家公园总面积的 22.50%。低密度值区域主要为国家公园中部、南部，这部分区域以低海拔丘陵为主，农业活动丰富，自然游憩点数量较少。高密度区域集中在齐溪镇境内，丰富的森林资源使其自然游憩资源也相当丰富。其中，密度值为 0.38~0.87 个 /2.5km^2 的区域面积为 16.67km^2，占国家公园总面积的 6.62%。密度值为 0.88~1.58 个 /2.5km^2 的区域面积为 6.35km^2，占国家公园总面积的 2.52%。

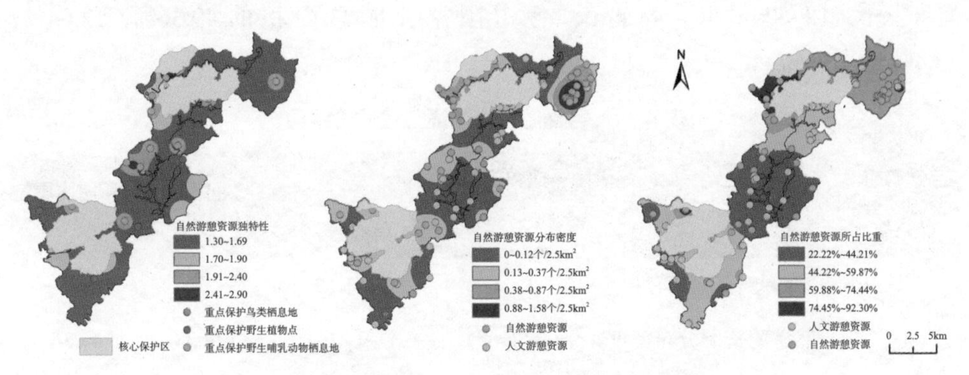

图 4-1　钱江源国家公园自然游憩资源分析

总体而言，钱江源国家公园原生态自然游憩资源密集程度相对较低，主要集中于原钱江源国家森林公园和古田山自然保护区游憩范围内的以森林和河流 / 瀑布景观生态系统为特色的自然游憩点。低密度的自然游憩资源增加了游客在游憩点之间流动的时间，给游憩线路组织、基础设施建设、环境保护带来一定困难。

3. 自然游憩资源所占比重

国家公园游憩活动开展主要依托自然资源，自然游憩资源的体量决定了国家公园为游客提供游憩活动的绿色空间的大小，为游憩项目的合理设置和设施配置提供参考依据。本书共获取钱江源国家公园 99 处游憩点信息，其中，自然游憩点 57 处。通过移动搜索法的空间平滑，搜索 5 公里范围内自然游憩资源所占比重。自然游憩资源比重在 22.22%~44.21% 的区域面积为 71.82km^2，占国家公园总面积的 28.50%；比重在 44.22%~59.87% 的区域面积为 53.13km^2，占国家公园总面积的 21.08%；比重在 59.88%~74.44% 的区域面积为 46.83km^2，占国家公园总面积的 18.58%；比重在 74.45%~92.30% 的区域面积为 8.38 km^2，占国家公园总面积的 3.33%。从比重图来看，自然游憩资源比重分布呈现中间低南北高的特征，分布密度较高的评价单元集中在齐溪镇东北部、何田乡西北部以及苏庄镇西部区域。

4. 自然游憩资源适宜性评价结果

通过以上影响自然游憩资源适宜性的三个因子加权综合评价，将钱江源国家公园自然适宜性分为 4 个等级（见表 4–4、图 4–2），并对其得分进行数据标准化，由低到高依次赋值 1、2、3、4。四类适宜性区域的面积分别为 124.38km^2、31.86km^2、18.99km^2 和 4.94 km^2，各占国家公园总面积的 49.36%、12.64%、7.54% 和 1.96%。

表 4–4　自然游憩资源适宜性评价结果

自然游憩资源适宜性分值	评价因子指数值		面积（km^2）	所占比重（%）
	评价因子	指数值		
1	自然游憩资源独特性	1.30~1.69	124.38	49.36
	自然游憩资源分布密度（个 /2.5km^2）	0~0.12		
	自然游憩资源所占比重（%）	22.22~44.21		
2	自然游憩资源独特性	1.70 ~ 1.90	31.86	12.64
	自然游憩资源分布密度（个 /2.5km^2）	0.13~0.37		
	自然游憩资源所占比重（%）	44.22~59.87		
3	自然游憩资源独特性	1.91~2.40	18.99	7.54

续表

自然游憩资源适宜性分值	评价因子指数值		面积（km^2）	所占比重（%）
	评价因子	指数值		
3	自然游憩资源分布密度（个 /2.5km^2）	0.38~0.87	18.99	7.54
	自然游憩资源所占比重（%）	59.88~74.44		
4	自然游憩资源独特性	2.41 ~ 2.90	4.94	1.96
	自然游憩资源分布密度（个 /2.5km^2）	0.88~1.58		
	自然游憩资源所占比重（%）	74.45~92.30		

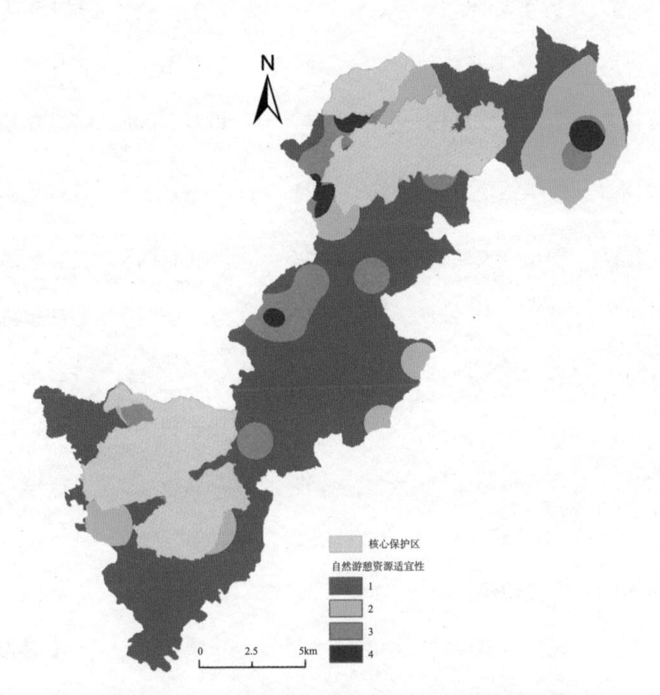

图 4-2　钱江源国家公园自然游憩资源适宜性评价

二、人文游憩资源适宜性评价

虽然国家公园的游憩活动依托的资源以自然资源为主，但地理特征下形成的人文游憩资源也是不可忽视的游憩吸引物。如果自然资源是游憩“硬”资源的话，那么人文资源则是游憩“软”资源，通过民俗、古建筑、历史遗迹、古镇、村落等文化场所或景观向游客展示当地的传统文化性格，给游客提供精神愉悦。钱江源国家公园地处浙、皖、赣三省交界处，跨区域的文化融合形成了当地独特的风土人情和深远的历史积淀。概括起来，钱江源国家公园的人文游憩资源主要包括四类：古村落文化、茶文化、农耕文化、革命文化（见表 4-5）。

表 4-5　钱江源国家公园人文游憩资源

序号	资源名称	地理位置	级别	序号	资源名称	地理位置	级别
1	开化满山唱	苏庄镇毛坦村	1*	21	保苗节	苏庄镇平坑村	4*
2	西坑古村落	长虹乡库坑村	2*	22	朱元璋点将台	苏庄镇古田村	4*
3	高田坑古村落	长虹乡真子坑村	2*	23	古佛节	苏庄镇唐头村	4*
4	呈路坑村	长虹乡库坑村	2*	24	跳马灯	苏庄镇横中村	4*
5	中山古村落	齐溪镇中山村	2*	25	红军烈士纪念馆	长虹乡霞川村	4*
6	大横古村落	何田乡大横村	2*	26	霞川古村落	长虹乡霞川村	4*
7	枫岭头古村落	齐溪镇上村村	4*	27	观云阁	苏庄镇古田村	4*
8	姜家祠	苏庄镇毛坦村	3*	28	大龙山红军墓	齐溪镇左溪村	4*
9	文昌阁	苏庄镇苏庄村	3*	29	外山古村落	齐溪镇齐溪村	4*
10	福庆庙	苏庄镇苏庄村	3*	30	嫁妆桥	齐溪镇上村村	4*
11	余氏祠堂	苏庄镇余村	3*	31	蛇房	齐溪镇上村村	4*
12	吴氏祠堂	苏庄镇溪西村	3*	32	溥源堂	齐溪镇齐溪村	4*
13	范氏宗祠	长虹乡桃源村	3*	33	余氏鸣凤堂	齐溪镇齐溪村	4*
14	集贤祠	长虹乡霞川村	3*	34	馀庆堂	齐溪镇左溪村	4*
15	中共闽浙赣省委旧址	长虹乡库坑村	3*	35	钱王祖墓	长虹乡真子坑村	4*
16	叙伦堂	何田乡田畈村	3*	36	唐皇庙	苏庄镇唐头村	4*
17	怡睦堂	何田乡龙坑村	3*	37	程氏宗祠	长虹乡库坑村	4*

续表

序号	资源名称	地理位置	级别	序号	资源名称	地理位置	级别
18	田畈钟楼	何田乡田畈村	3*	38	西山古村落	长虹乡库坑村	4*
19	凌云寺	苏庄镇平坑村	3*	39	毛坦村	苏庄镇毛坦村	4*
20	方永同公祠	苏庄镇塘头村	3*	40	大源头古村落	何田乡大源头村	4*

注：1*= 省级非物质文化遗产；2*= 省级历史文化古村落；3*= 县级文物保护单位；4*= 一般级别的人文游憩资源。

（一）资源品位

从表 4–5 中可看出，钱江源国家公园区域内的人文游憩资源以古村落、古建筑为主，虽然这些人文游憩资源并未达到世界级或国家级的品位，但是已经在长江三角洲区域具有相当知名度。因此，本书将钱江源国家公园人文游憩资源品位划分为 3 个等级，并输入属性值，对省级资源赋值 4，县级赋值 3，一般级别赋值 2。在人文游憩资源分布的点数据基础上，在 GIS 中进行空间插值，得到人文游憩资源等级的栅格图。从插值结果来看，总体而言，钱江源国家公园高品位的人文游憩资源主要分布在传统利用区和游憩展示区，包括长虹乡高田坑—库坑的古村落、红色革命遗迹带，以及齐溪镇中山村—何田乡大横村的农耕文化带，苏庄镇片区的人文游憩资源品位则相对较低。

（二）分布密度

用 ArcGIS 空间分析工具对人文游憩资源进行核密度分析，输入人文游憩资源分布数据，无计算字段，即只反映人文游憩资源的分布情况，设置搜索半径为 2000 米，以 30 米网格为评价单元，输出分布密度的栅格数据，采用重分类中的自然断裂法重分类成 4 个等级（见图 4–3）。密度值最低（0~0.09 个 / $2km^2$）的区域面积最大，为 $88.46km^2$，占国家公园总面积的 35.10%；其次为密度值介于 0.10~0.26 个 / $2km^2$ 的区域，面积为 57.22 km^2，占国家公园总面积的 22.71%。密度值较高的两个区域面积分别为 $24.00km^2$、$10.48km^2$，分别占国家公园总面积的 9.52%、4.16%。总体而言，钱江源国家公园人文游憩资源分布与各村落的特色农业发展息息相关，因此，长虹和何田乡历史悠久的农业生产遗留下来相当数量的古村落、特色农产品以及民俗，从而成为重要的游憩吸引物。

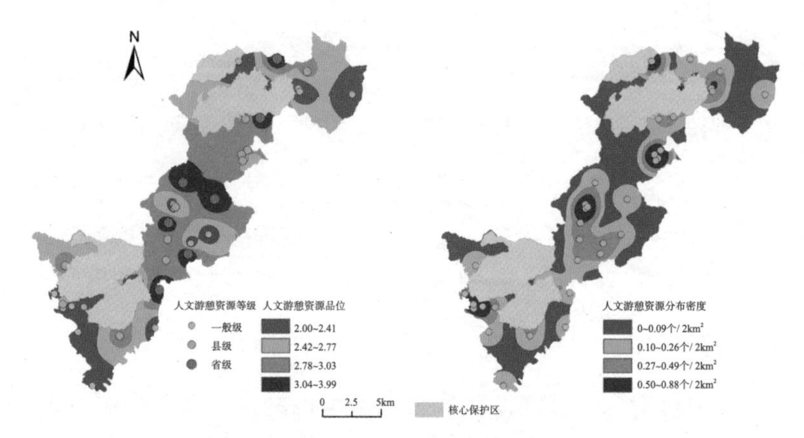

图 4-3 钱江源国家公园人文游憩资源适宜性评价

（三）人文游憩资源适宜性评价结果

综合上述人文游憩资源两个因子加权综合评价，将钱江源国家公园人文游憩资源适宜性分为 4 个等级（见表 4-6、图 4-4），并对各等级进行数据标准化，依据等级从低到高分别赋值 1、2、3、4。四个区域面积分别为 59.66km^2、57.53km^2、42.69km^2 和 20.28km^2，各占国家公园总面积的 23.67%、22.83%、16.94% 和 8.05%。

表 4-6 钱江源国家公园人文游憩资源适宜性评价

人文游憩资源适宜性分值	评价因子指数值		面积（km^2）	所占比重（%）
	评价因子	指数值		
1	人文游憩资源品位	2.00~2.41	59.66	23.67
	人文游憩资源分布密度（个 / 2km^2）	0~0.09		
2	人文游憩资源品位	2.42~2.77	57.53	22.83
	人文游憩资源分布密度（个 / 2km^2）	0.10~0.26		
3	人文游憩资源品位	2.78~3.03	42.69	16.94
	人文游憩资源分布密度（个 / 2km^2）	0.27~0.49		
4	人文游憩资源品位	3.04~3.99	20.28	8.05
	人文游憩资源分布密度（个 / 2km^2）	0.50~0.88		

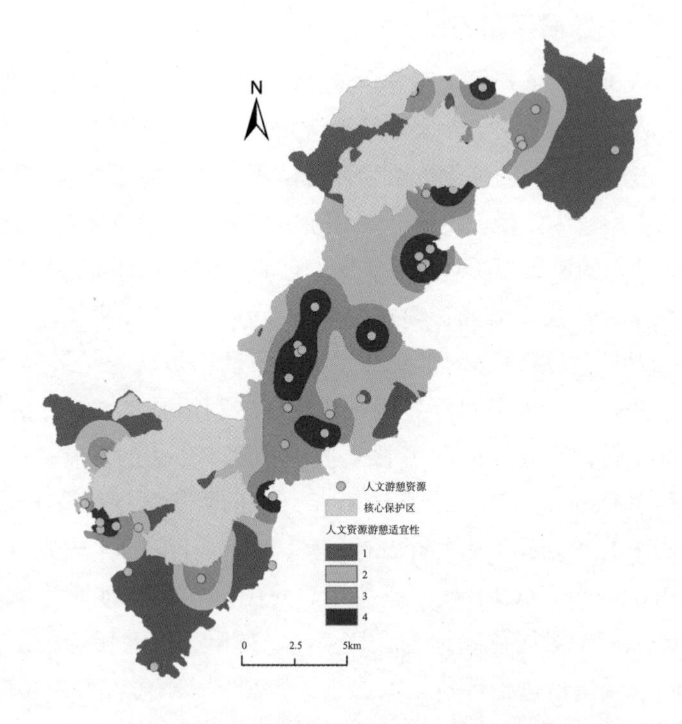

图 4-4　钱江源国家公园人文游憩资源适宜性评价

三、景观美景度适宜性评价

无论自然环境还是社会条件适宜性分析，均是从游憩客体的角度研究国家公园对游憩活动主体行为的支持程度。游憩是人们在闲暇时间从事的消遣和娱乐活动，其根本目的是从游憩过程中获得高质量的游憩体验，从而获得身体和精神的满足。同时，对美的追求也是游憩活动的基本追求，游憩景观经由视觉的作用而形成的美感经验，是最主要的游憩目的之一（欧圣荣等，1992）。因此，作为重要的绿色空间，国家公园在客观条件上提供游憩机会的同时也在传递美的信息。因此，科学评价国家公园景观的美学质量，把握公园环境的美学特征，是平衡国家公园游憩机会供给与公众需求、最大限度地实现国家公园生态环境价值与美学价值平衡的手段，也是国家公园游憩适宜性评价的前提，为游憩规划与管理提供重要的参考。

（一）景观美景度评价方法

自20世纪60年代末开始，西方学者开始对自然风景的景观质量进行系统评价，并形成了心理物理学派、专家学派、认知学派、经验学派。不同学派在相应的理论指导下形成了不同的评价方法和评价模式，其中前两种方法因其主客观结合的评价方法应用较为广泛。专家学派评价方法在国外使用最早，20世纪70年代美国林务局开发的风景资源管理系统中，就是采用专家评价法进行的景观美学质量评价。专家评价法具有操作简单、适应性强、灵活等优势。心理物理学方法则是近30多年来发展迅速的景观质量评价方法，被认为是最严密和精确的。心理物理学方法是基于人们对外界刺激的反应，利用测量方法评定其感受或知觉的心理量值（周春玲等，2006）。随着心理物理学方法的发展，衍生出了多种测量方法，其中Daniel和Boster于1976年开发的美景度评价法（Scenic Beauty Estimation，SBE）、Buhyoff和Leuschner于1978年开发的比较判断法（Law of Comparative Judgment，LCJ）被广泛使用。我国近年来也逐渐关注自然风景的景观质量，诸多学者对居住绿地、森林公园、郊野公园、城市公园、地质公园等游憩空间的景观质量进行评价（徐谷丹等，2008；章志都等，2011；陈勇等，2014），并发展了SBE的相关技术与方法。

基于此，为了客观评价钱江源国家公园景观质量，同时兼顾游客的审美需求，本书采用SBE法进行钱江源国家公园景观美景度评价。SBE法最初用于森林景观评价，通过为评判者提供现场或图片媒介，让其依照评价准则，对每处参与评价的景观评分，对不同景观打出相应的美景度量分值，以此度量公众对景观美学价值高低认知的依据（董建文等，2009；杨翠霞等，2017）。结合适宜性评价要求，钱江源国家公园景观美景度SBE法的评价步骤如下：①选择具有代表性的景观；②建立景观评价标准，测定受访者的审美态度；③计算各代表景观美景度SBE值；④对各景观美景度进行反距离插值分析，生成钱江源国家公园景观美景度分布栅格数据（见图4–5）。

（二）钱江源国家公园景观美景度评价

1. 典型景观选取

大量研究表明，采用照片作为风景质量评价的媒介具有灵活性，同时与现场评价相比，结果无显著差异。本书对钱江源国家公园的游览景点进行梳理，共有

102 处，综合分析了景点植被类型、地形、水体、建筑和文化因素，共选出 35 处景观作为钱江源国家公园的景观代表（见图 4-6），这些景观绝大部分分布在游憩区、传统利用区、生态保育区以及核心区边缘，能够较全面地反映钱江源国家公园景观组成特征（具体景观照片见附录 1）。

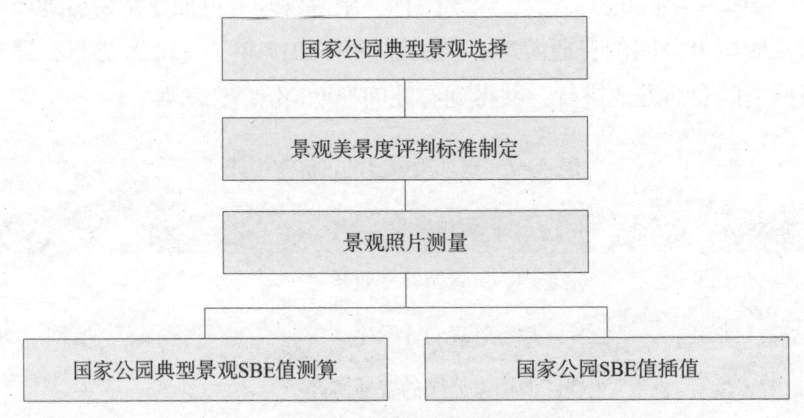

图 4-5　国家公园景观美景度评价技术路线

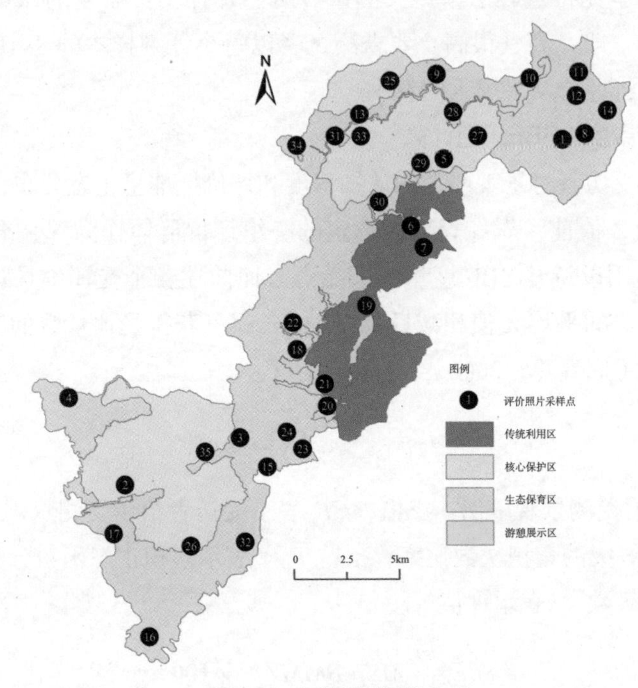

图 4-6　评价照片采样点

2. 测试对象及方式的选取

Daniel 和 Michael（2001）认为以公众平均偏好反映公共景观质量是最适合的评价方法。因此，本书选取了三组测试对象，园林景观专业组、旅游规划专业组和普通游客组，前两组分别来自中国科学院地理科学与资源研究所、北京林业大学、中华女子学院的生态学、风景园林、旅游管理专业的学生，普通游客组则来自钱江源国家公园的普通游客。测试评价于 2017 年 7—10 月进行，通过邮寄问卷或网络问卷的方式进行，共得到有效问卷 96 份（见表 4-7）。

表 4-7　景观美景度测试样本组成

组别	受访者	人数	总计
园林景观专业组	生态学、风景园林专业学生	29	96
旅游规划专业组	旅游管理专业学生	32	
普通游客组	钱江源国家公园的普通游客	35	

采用 1~5 李克特量表法来定义测试者对照片样本美景度的认可度，分别代表很低、低、一般、高、很高。要求测试者以每个评判样本的 8~10 秒的速度实施评判，同时将评价结果填入问卷中。

3. 景观美景度（SBE）值计算

假设所有受访者对景观照片的认知程度和评价标准呈正态分布，计算每一受测景观的平均 Z 值前，先计算事先选定的一组评价群体作为“基准线”受测物的平均 Z 值，用以调整 SBE 度量的起始点。而前述各个受评价景观所计算的 Z 值与“基准线”的平均 Z 值相减后乘以 100，就可获得受评景观的原始 SBE 值，计算方式如下（周春玲，2006）：

$$MZ_i=\frac{1}{m-1}\sum_{k=2}^{m}f(CP_{ik}) \quad \text{（式 4-1）}$$

其中，MZ_i表示受测景观i的平均Z值；CP_{ik}表示受访者给予受测景观i的平均值为k等级或高于k等级的累积次数比率；$f(CP_{ik})$表示累积正态函数分布频率；m表示评值的总等级数；k表示评值等级。

$$SBE_i=(MZ_i-BMMZ)\times 100 \quad \text{（式 4-2）}$$

其中，SBE_i表示受测景观i的原始SBE值；MZ_i表示受测景观i的平均Z值；$BMMZ$表示基准线受测景观的平均Z值。

由于不同群体的原始 SBE 值可能含有不同的起始点或度量尺度，因此将原始 SBE 值除以基准线组的 Z 值的标准差，将其标准化后，可消除不同受测者之间因认知不同所造成的度量尺度的差异，公式为：

$$SBE_i^* = \frac{SBE_i}{BSDMZ} \qquad (式 4\text{-}3)$$

其中，SBE_i^*表示受测景观i的标准化SBE值；$BSDMZ$表示基准线组Z值的标准差。

根据上述计算方法，计算出受访者对不同景观的美景度评价，经过标准化后得到不同群体的景观美学质量评价值，即 SBE 标准值统计表（见表 4–8）。

表 4–8　SBE 标准值统计表

图片编号	园林景观组	旅游规划组	普通游客组	全部
1	–48.4	19.2	–30.3	–19.3
2	–5.3	1.2	23.0	7.2
3	38.8	50.0	22.8	36.7
4	46.7	3.9	–30.8	4.2
5	20.2	11.7	44.7	33.6
6	–46.5	2.8	–38.2	–27.0
7	75.0	57.2	–5.0	39.9
8	–23.0	0.2	–11.7	–11.2
9	36.1	10.4	–4.5	12.7
10	–12.3	30.8	31.2	17.9
11	36.9	58.8	52.3	29.9
12	–77.3	2.4	–13.9	–27.6
13	31.4	46.3	94.5	59.4
14	36.2	42.3	18.8	47.6

续表

图片编号	园林景观组	旅游规划组	普通游客组	全部
15	–63.9	–25.5	–29.1	–38.4
16	37.2	57.6	26.4	30.7
17	76.9	37.2	40.5	50.4
18	46.2	31.3	2.7	14.4
19	100.5	59.3	74.8	77.4
20	97.6	68.8	77.9	80.8
21	49.8	73.6	31.8	51.2
22	62.5	52.5	47.7	53.7
23	78.5	49.6	83.5	70.7
24	–80.8	–90.3	–100.4	–91.1
25	27.6	52.7	30.6	49.5
26	–76.2	–75.6	–66.2	–72.3
27	–125.7	–141.1	–101.1	–121.9
28	–87.3	–73.2	–117.2	–93.5
29	16.9	11.5	12.1	24.3
30	–21.1	–24.5	–33.2	–26.7
31	51.9	51.0	58.7	54.1
32	–61.2	–34.6	–66.6	–54.3
33	55.2	64.3	50.8	23.6
34	9.4	24.0	86.3	12.3
35	23.6	12.1	–33.7	–1.1

根据 SBE 标准绘制出钱江源国家公园美景度曲线图（见图 4–7）。从美景度曲线图中看出，不同专业背景的群体具有较为一致的审美观，但对不同景观类型的

审美仍存在差异。在所有组中 SBE 标准值出现负值最多的是游客组，最少的是旅游规划组。园林景观组对钱江源国家公园景观的评价比较稳定，与总体美景度评价比较接近，其较高分值的景观主要集中于编号 7、17、19、20、23；旅游规划组 SBE 标准值较高的景观主要集中于编号 7、11、16、19、20、21、33；普通游客组 SBE 标准值较高的景观主要集中于编号 13、19、20、23、31、34。

根据上述代表景观美景度的计算，在 GIS 空间模型中对这些景观进行美景度赋值，通过插值得到可得到钱江源国家公园景观审美价值的空间分布，从而据此得出国家公园游憩吸引力的情况。依据总体 SBE 标准值对钱江源国家公园景观美景度进行数据标准化，按照等级从低到高分别赋值 1、2、3、4，其面积分别为 12.76km^2、49.40km^2、75.78km^2 和 42.24km^2，分别占国家公园总面积比 5.06%、19.60%、30.07% 和 16.76%。从图 4-8 可看出，景观美景度最高的区域主要依赖于古村落、水体和动物生存环境。古村落所承载的建筑、民俗文化、农业生产传统等遗产是传统生产生活方式的延续，成为游客乡愁安放的载体，吸引游客前往。水体在游憩活动中是重要的吸引要素，水面尺度越大、亲水性越好、视觉越宽阔，越容易开展滨水活动，体验性也越好，因此，对于游憩者而言，水体具有较强的游憩吸引力。重要动物栖息地或植物生长地意味着该区域生态环境优良，给游客营造良好的绿色空间，这种绿色环境能充分满足人们逃离城市、回归自然的心理需要，对国家公园景观美景度的贡献很大。

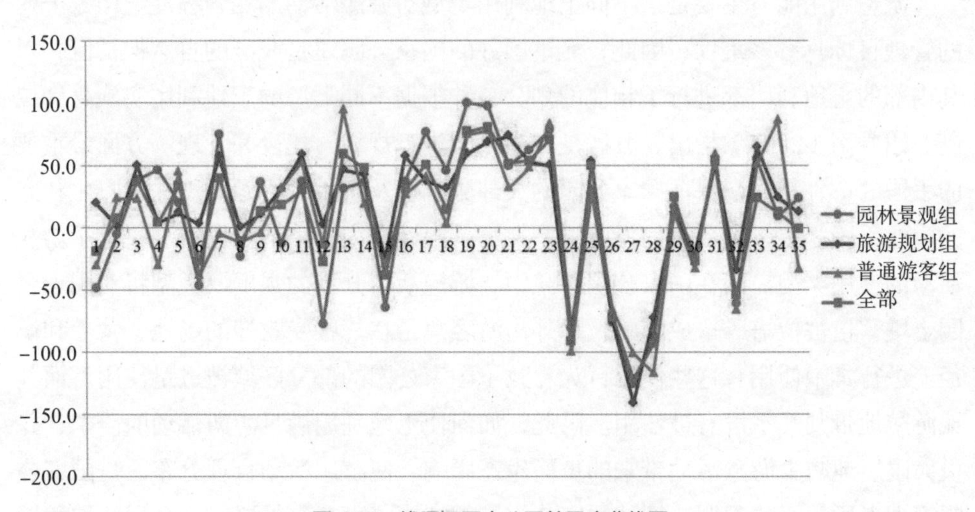

图 4-7　钱江源国家公园美景度曲线图

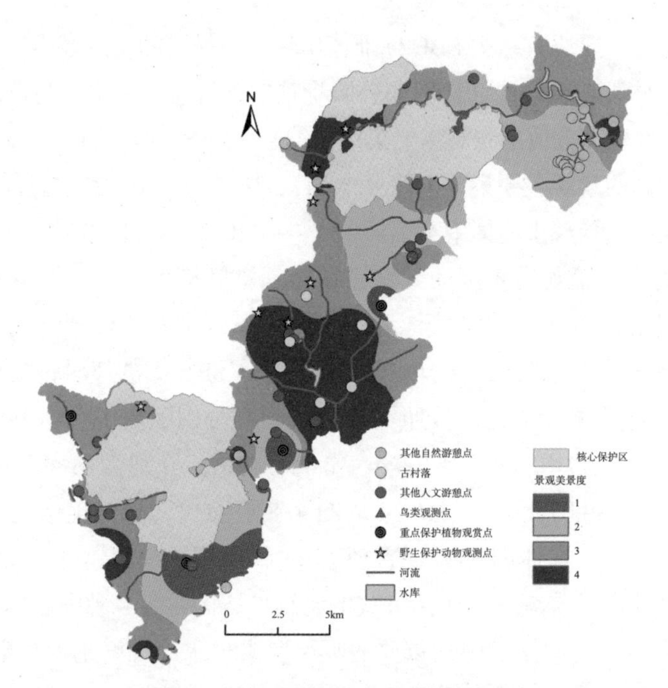

图 4-8　钱江源国家公园景观美景度评价

四、游憩利用能力适宜性评价

游憩利用能力主要是指不同土地利用类型对游憩活动的相容程度。国家公园的管理目标具有多重性，因此，无论国外的国家公园还是我国的自然保护区，对其内部的土地利用都进行了相应的划分，并根据不同类型的土地利用实施分区控制。谢凝高（2005）指出，分区是国家公园进行规划、建设和管理等方面最重要的手段之一，是用以保证国家公园的大部分土地及其生物资源得以保存野生状态的重要手段之一，把人为的设施限制在最低限度以内。土地利用类型决定了游憩活动的使用类型。而在国家公园游憩中，游憩活动开展的强度及类型将对国家公园土壤、植被覆盖等造成影响。另外，游客总是在一些受欢迎的场地、营地和游径上进行集中使用，这些使用行为导致了国家公园的部分区域被过量使用，而其他游憩地带则几乎没有被使用。因此，如何使土地利用满足游憩活动的需求，并最大限度地减少游憩活动带来的负面生态影响，使游憩活动合理分布，是国家公园管理者所关心的问题。评估国家公园游憩利用能力，一是要定义合理的游憩活

动类型，二是明确土地利用格局。

在国外户外游憩发展100多年历史中，户外游憩活动已经成为人们的一种生活方式，同时也是社会经济的重要组成部分。根据美国户外产业联盟（Outdoor Industry Association）（2012）的统计，每年超过1.4亿美国人参与到户外游憩活动中，户外游憩消费额达6460亿美元。强大的游憩需求使人们追求多样化的游憩活动和设施，但是受荒野思想和对自然空间需求的影响，国外大多数户外游憩活动是在森林区域或荒野区进行，包括陆地、水上、空中或地下的游憩活动，其中美国户外游憩活动主要类型如表4–9所示。中国的游憩活动自古有之，受“天人合一”思想的影响，中国人的游憩活动不仅仅强调“形游”，更追求达到物我两忘、天人合一的境界，即所谓的“神游”（王钰，2009），这一特征从古代诸多文学作品中可见一斑。古代文学作品中也体现了古人的诸多精华的游憩方式，诸如庙会、观鱼、打拳、啜茗、戏曲等。随着时代的发展，游憩活动的种类不断丰富，远足、漂流、潜水、蹦极、滑雪等现代游憩活动得到快速发展。但总体而言，中国的游憩活动类型人文特征仍然比较明显。

表4–9　美国户外游憩活动主要类型

类型	陆地上	水上	空中或地下
运动型	远足、攀岩、滑行、跑步、定向、射击距离比赛、泥鸽射击、骑马、滑翔、滑草、摩托越野、雪地摩托、四轮越野、越野	滑水、竹筏、泛舟、摩托艇	滑翔
休闲型	露营、野餐、自然小径、徒步、摄影、写生、遛狗、放风筝、烤肉	游泳、捕鱼、挖泥、钓鱼	空中索道
观光型	森林、历史遗迹	湿地	星象、洞穴
科普型	观鸟、自然学习、森林调查、环境教育、野生动物观察	放生、环境教育	环境教育

资料来源：段诗乐和李倞（2015）。

游憩活动的开展受制于土地利用供给，土地利用类型及分布与游憩活动的类型密切相关。自20世纪30年代麦克默里发表《游憩活动与土地利用的关系》一文以来，学者们从不同空间尺度研究了游憩活动与土地利用的关系。左冰

（2005）认为，游客在特定的时间和地点所消费的资源要素不同，活动类型和强度也有所差别，因此所要求的旅游设施的性质和功能也不尽相同，所需土地利用种类、性质和范围也随之发生变化。游憩活动与土地利用的关系受交通距离、政策等一系列因素的影响。通常情况下，距离住所较远的区域，人们更趋向于对娱乐性资源的需求；距离住所较远，人们的活动方式取决于特定的资源类型，如登山、漂流、探险等，土地利用呈资源导向性；距离在两者之间范围内人们的旅游需求与土地利用属于中间型。因此，明确土地利用类型及分布对游憩利用及管理具有重要意义。

根据开化县国土资源局提供的第二次全国土地调查数据和全国土地利用遥感数据分析，钱江源国家公园区域内土地利用类型包括林地、耕地、园地、水域及水利设施用地和居民点用地等，各类用地面积共25215.68公顷（见表4–10）。

表4–10　钱江源国家公园土地利用类型现状

一级类	二级类	面积（公顷）
林地	有林地	20462.78
	灌木林地	19.43
	其他林地	610.31
耕地	水田	1381.33
	旱地	732.27
园地	茶园	586.97
	果园	43.78
	其他园地	735.96
水域及水利设施用地	水库水面	183.32
	河流水面	191.13
水域及水利设施用地	内陆滩涂	27.86
	坑塘水面	3.59
	水工建筑用地	0.84

续表

一级类	二级类	面积（公顷）
居民点用地	村庄	120.9
	建制镇	3.81
草地	其他草地	88.67
交通运输用地	公路用地	11.04
公共管理与公共服务用地	风景名胜及特殊用地	10.7
其他用地	裸地	0.99

注：土地利用类型根据国家土地利用现状分类标准 GB/T 21010—2007 划分。

国家公园游憩活动开展和土地利用受分区管理技术的制约，土地资源的保护程度和游憩开展利用强度需有所区别。因此，本书根据钱江源国家公园功能分区统计了各区的土地利用类型面积（见图 4–9）。其中，生态保育区土地利用以有林地、水田、其他林地、茶园、其他园地（中草药、油菜等）和水库水面为主，分别占生态保育区面积的 82.1%、4.6%、2.3%、3.0%、3.1%、1.2%，这一区域可开展轻度的游憩利用，主要以自然环境教育为主；游憩展示区土地利用以水田、旱地、有林地、村庄、茶园、其他园地为主，占该功能区面积 32.2%、12.3%、9.8%、5.7%、5.3%、9.6%；核心保护区土地利用以有林地（亚热带常绿阔叶林）、水田和茶园为主，分别占核心保护区面积的 89.8%、3.9% 和 1.0%，这一区域中的林地是国家公园的核心保护对象，不开展任何游憩活动；传统利用区土地利用类型以有林地、水田、旱地、茶园为主，分别占该功能区面积的 76.7%、5.5%、10.3%、1.7%。

基于上述分析，本书认为，游憩利用能力体现的是土地利用与游憩活动开展的匹配程度，也是游憩容量控制和设施配置的基础。游憩利用能力分析数据来源于钱江源国家公园土地利用类型图层，结合前述国家公园游憩活动开展类型定义，对于能开展某一特定游憩活动的土地利用图层赋值 1，不能开展该活动的图层赋值 0（见表 4–11）。每类土地利用类型获得的游憩活动值总和就是其游憩利用的值，通过加权计算，得出钱江源国家公园游憩利用能力分布，根据能力等级对其进行数值标准化，从低到高分别赋值 1、2、3、4（见图 4–10）。

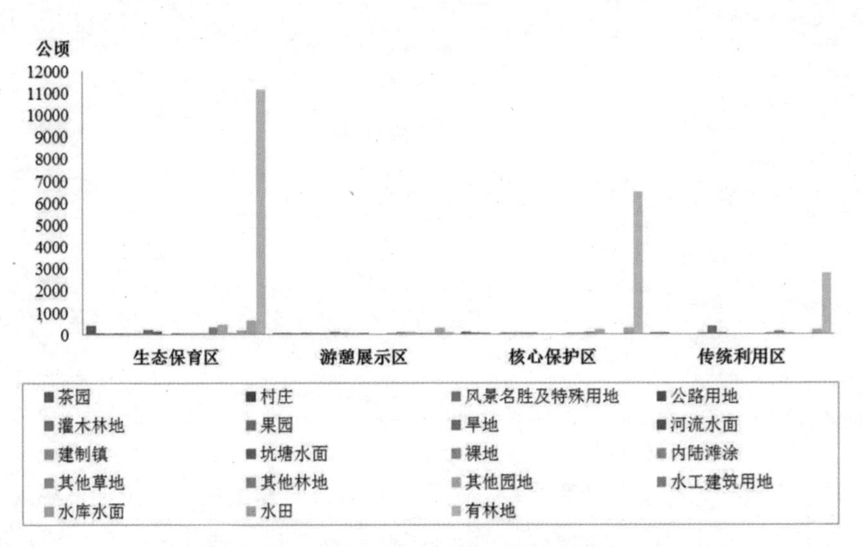

图 4-9　钱江源国家公园各功能区土地利用类型面积

表 4-11　土地利用与游憩活动匹配度

	赏花	文化体验	骑行	爬山	科考	观鸟	垂钓	露营	农事体验	摄影	总计
有林地	0	0	0	1	1	1	0	0	0	1	4
灌木林地	0	0	1	0	1	0	0	1	0	1	4
其他林地	0	0	1	1	1	1	0	0	0	1	5
园地	1	1	1	0	0	0	0	1	1	1	6
村庄	1	1	1	0	0	0	0	0	1	1	5
水田	1	1	0	0	0	0	0	0	1	1	4
旱地	1	1	1	0	0	0	0	0	1	1	5
水库 / 坑塘	0	0	0	0	1	0	1	1	0	1	4
河流	0	0	0	0	1	0	0	0	0	1	2
草地	0	0	1	0	0	0	0	1	0	1	3
裸地	0	0	1	0	0	0	0	1	0	0	2

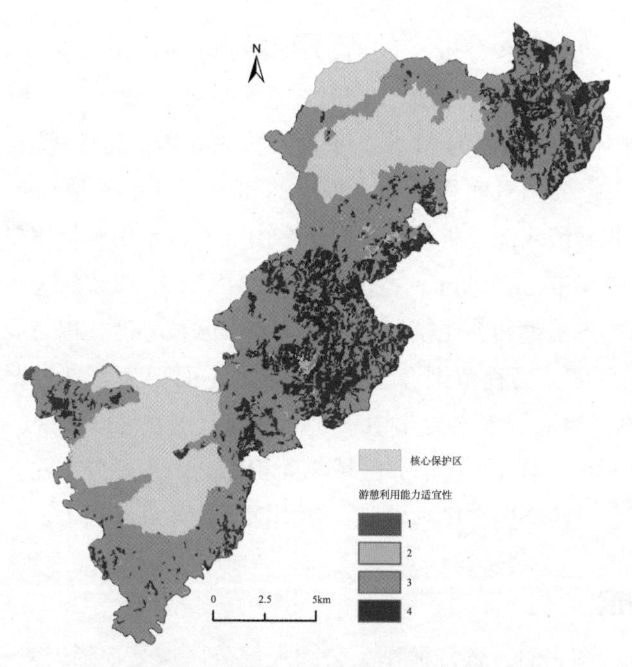

图 4–10　钱江源国家公园游憩利用能力适宜性评价

图 4–10 显示钱江源国家公园游憩利用能力为 3 级的面积最大，面积为 131.88km^2，占国家公园总面积的 52.33%，有林地、灌木林地、水田、水库 / 坑塘四类土地利用类型的能力处于这一水平。游憩利用能力为 4 级的区域面积为 44.81km^2，占国家公园总面积的 17.78%，主要集中在四类土地利用类型：园地、其他林地、村庄、旱地。其中，园地的游憩利用能力值最高，适合开展 6 类游憩活动；其他林地、村庄、旱地则适合开展 5 类游憩活动。河流、裸地和草地的游憩利用能力值较低，游憩能力值分别为 2、2、3。低游憩利用能力（1 级、2 级）的区域面积为 3.29km^2，占国家公园总面积的 1.31%。从游憩活动类型来看，摄影活动与土地利用类型的相容度较高，能在 10 类土地利用中开展，其他与土地利用相容度较高的游憩活动包括骑行、科考、露营。

五、环境承载力适宜性评价

（一）高程

高程数据源于 30 米分辨率数字高程数据，在 ArcGIS10.2 中截取钱江源国家公园的范围后，进行高程分析。通过高程图的分析可看出（见图 4-11），钱江源国家公园地形以低中丘陵、山地，同时零散分布小面积河谷平原，区域内最高海拔为 1241 米，最低海拔为 71 米，平均海拔 656 米。高程范围在 86~442 米有 67.49km²，占国家公园总面积的 26.78%，这部分平缓的平原和丘陵主要分布在苏庄镇南部、齐溪镇北部、长虹乡和何田乡中部，以水田和梯田景观为主；高程范围在 443~619 米有 58.79km²，占国家公园总面积 23.33%，这部分区域的低山景观主要分布在齐溪镇和苏庄镇范围内的国家公园核心区，以及介于两块核心区之间的生态保育区；高程范围介于 620~819 米（面积为 40.16km²，占国家公园总面积 15.94%）的区域也主要集中于此；高程范围在 820~1239 米有 13.64km²，占国家公园总面积 5.41%，这部分区域小面积的高山主要分布在齐溪镇和苏庄镇范围内的国家公园核心区，山地陡峭，切割深度在 400 米以上。

（二）坡度

从坡度分析图来看，钱江源国家公园大部分区域受地形因素影响坡度较大，坡度介于 0° 和 10° 的平缓区域面积为 35.53km²，占国家公园总面积的 14.10%，主

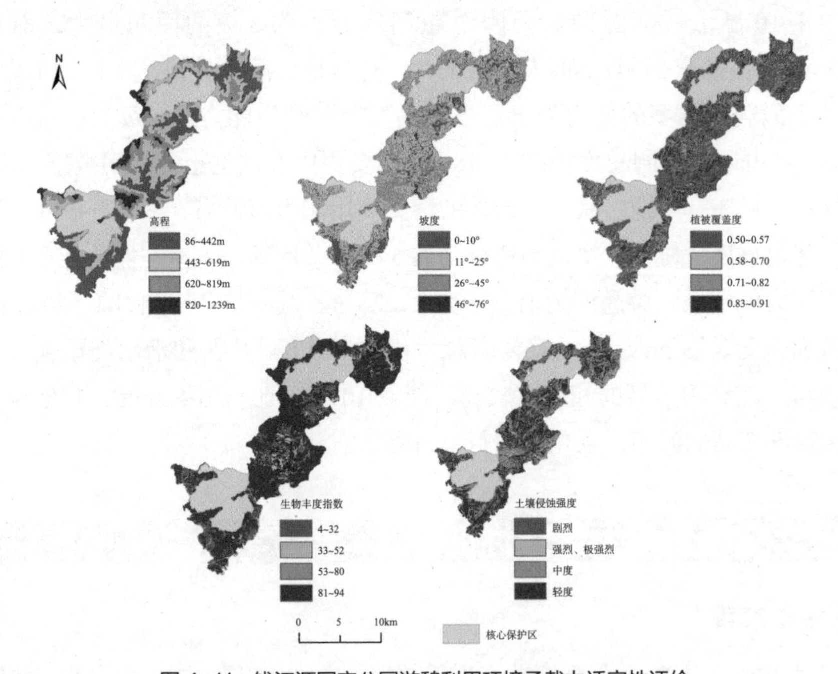

图 4-11 钱江源国家公园游憩利用环境承载力适宜性评价

要零散分布于河谷地带，受河流冲击形成的河谷平原，地形较平缓；坡度介于11°和25°的缓坡地带面积为88.78km^2，占国家公园总面积的35.23%，这部分低缓丘陵散落在钱江源国家公园区域，以各类耕地为主，形成较大面积梯田景观；坡度介于26°和45°的陡坡面积为52.48km^2，占国家公园总面积的20.83%，以山地为主，这部分区域主要以疏林地、灌木林地为主；坡度介于46°和76°的区域面积为3.19km^2，占国家公园总面积1.27%，坡度较陡，形成花岗岩山体以及各种类型的断层、河流阶地、峡谷等典型景观，但山坡上冲沟崩塌、滑坡现象较严重，容易引起土壤侵蚀，限制游憩活动的开展（见图4-11）。

（三）植被覆盖度

植被覆盖度（Fractional Vegetation Coverage，FVC）是指植被在地面的垂直投影面积占统计区总面积的百分比（穆少杰等，2012），是国家公园生态系统环境质量的重要指标，同时也为游憩活动的合理开展提供参考。本书的卫星遥感资料选取Landsat8 OLI影像数据、土地覆盖类型数据以及钱江源国家公园边界矢量数据为数据源。Landsat8 OLI从地理空间数据云下载获得，空间分辨率为30米，成像时间为2015年7月。植被覆盖度的计算采用混合像元分解模型中常用的线性像元二分模型，模型假设一个像元由土壤和植被两部分组成，混合像元的植被指数（Normalized Difference Vegetation Index，NDVI）为两部分植被指数值的加权平均和，权重为各部分在像元中的面积比例，公式为：

$$FVC=(NDVI-NDVI_{min})/(NDVI_{max}-NDVI_{min}) \quad \text{（式4-4）}$$

NDVI在Landsat8 OLI影像数据通过大气校正后计算得出，在NDVI最大值图像频率累积表上取累积频率为0.5%的NDVI值为$NDVI_{min}$，取累积频率为99.5%的NDVI值为$NDVI_{max}$。

根据植被覆盖度划分标准0.10~0.30为低覆盖，0.31~0.45为中低覆盖，0.46~0.60为中高覆盖，大于0.60为高覆盖。根据植被覆盖度分类结果来看，钱江源国家公园植被覆盖度较高，其中，植被覆盖度为0.50~0.57的面积为78.04km^2，占国家公园总面积的30.97%，主要包括一些零散分布的草地、交通及建筑用地周围的植被分布；覆盖度为0.58~0.70的面积为31.18km^2，占国家公园总面积的12.37%，主要包括灌木、耕地以及其他中等密度分布的森林；覆盖度为 0.71~0.82 的面积为 36.32km^2，占国家公园总面积的 14.41%，主要集中于大片亚热带常绿落叶针叶林、混交林以及疏林地；覆盖度为 0.83~0.91 的面积为 34.60km^2，占国家公园总面积的 13.73%，主要分布在核心区大片亚热带常绿落叶阔叶林（见图 4-11）。

（四）生物丰度指数

生物丰度指数主要通过单位面积上不同生态系统类型在生物物种数量上的差异，是生物资源丰富多彩的标志，构成国家公园游憩吸引力，也是区域生态环境状况的体现，是人类赖以生存的基础，具有重要的生态价值。游憩活动的开展不可避免地对国家公园生态环境及生物多样性带来负面的影响，加剧了生态系统的退化。因此，评估区域生物丰度，在保证游憩利用与生态保护之间寻求平衡，是制定国家公园游憩管理策略的重要依据。基于开化县 1∶25 万土地利用矢量数据，构建 30 米 ×30 米网格计算单位面积不同生态系统类型所占的比重，并转化为 30 米栅格土地覆被数据，利用 ArcGIS 栅格计算器计算生物丰度指数。根据式 3-1 和式 3-2，当生物多样性指数没有动态更新数据时，生物丰度指数变化等于生境质量指数的变化，故生物丰度指数的计算公式为：

生物丰度指数 $=A_{bio}\times$（0.35× 林地 +0.21× 草地 +0.28× 水域湿地 +0.11× 耕地 +0.04× 建设用地 +0.01× 未利用地）/ 区域面积　（式 4-5）

其中，根据中华人民共和国环境保护行业标准《生态环境状况评价技术》，A_{bio} 取值为 511.2642131067。

将各类生态系统类型数据在 ArcGIS 中进行加权叠加分析，得到生物丰度指数栅格图。从钱江源国家公园生物丰度指数图可看出（见图 4-11），总体而言该区域的生物丰度指数较高，主要原因在于其平均海拔较低，森林、湿地等生物多样性较高的生态系统占的面积较大。从生物丰度指数分级的情况来看，生物丰度指数为 4~32 的区域面积为 20.91km^2，占国家公园总面积的 8.30%；生物丰度指数为 33~52 的区域面积为 15.17km^2，占国家公园总面积的 6.02%；生物丰度指数为 53~80 的区域面积为 9.29km^2，占国家公园总面积的 3.69%；生物丰度指数为 81~94 的区域面积为 134.78km^2，占国家公园总面积的 53.48%。由此可见，生物丰度指数与植被覆盖度、海拔息息相关，生物丰度指数较低的区域主要集中在钱

江源国家公园中部，这些区域生态系统类型较为单一，多为农田、村庄、草地等生态系统，生物生产力较低；指数较高的区域则主要集中在国家公园的南部和北部核心保护区，以常绿阔叶林、落叶林、针叶林、混交林等为主，生态系统类型丰富，因而植物丰富度较高。

（五）土壤侵蚀强度

土壤是对干扰反应最敏感的自然环境因子之一，是生态系统的重要组成部分。土壤条件决定了游憩景观本身的特色与风格，是游憩资源价值形成的先决条件；土壤的质地、土壤侵蚀也影响着游憩设施的建设与维护。由于土壤条件的不同，游憩活动过程中的可进入性、线路组织、活动类型均有不同的特点，同时，在土壤侵蚀等外力的作用下，游憩设施建设和游憩活动的开展也常常会形成一定的安全隐患。在其他条件相对稳定的前提下，本书选取土壤侵蚀强度来评估土壤条件对钱江源国家公园游憩利用适宜性的影响。水利行业标准《土壤侵蚀分类分级标准》把土壤侵蚀强度分为 5 级，即轻度、中度、强烈、极强烈和剧烈，分级依据采用土壤面蚀（片蚀）分级标准（见表 4–12）。

表 4–12　土壤面蚀（片蚀）分级标准

地面坡度（°）	非耕地不同林草盖度下的分级（%）				坡耕地分级
	61~75	46~60	30~45	< 30	
5~8	轻度	轻度	轻度	中度	轻度
9~15	轻度	轻度	中度	中度	中度
16~25	轻度	中度	中度	强烈	强烈
26~35	中度	中度	强烈	极强烈	极强烈
>35	中度	强烈	极强烈	剧烈	剧烈

在 ArcGIS 栅格计算器中将钱江源国家公园土地利用类型、地面坡度和非耕地林草盖度 3 个图层进行叠加，获取每个栅格上的土壤侵蚀强度等级。钱江源国家公园地处低山丘陵区，海拔相对较低，因此，评价区内的土壤侵蚀度以轻

度和中度侵蚀为主。根据钱江源国家公园游憩利用需求，将其土壤侵蚀度分为4个等级，轻度侵蚀为程度最轻的等级，面积为84.41km²，占国家公园总面积的33.50%；中度侵蚀度面积为81.16 km²，占国家公园总面积的32.21%；强烈、极强烈侵蚀度的面积为13.94 km²，占国家公园总面积的5.53%；剧烈侵蚀度的面积为0.67km²，占国家公园总面积的0.27%（见图4-12）。钱江源国家公园土壤侵蚀度空间分布与土地利用类型相关度较大，其中，原古田山国家自然保护区和钱江源森林公园以大片的常绿落叶阔叶林以及针阔混交林为主，使得其土壤保持量较大，土壤侵蚀度以轻度为主。土壤侵蚀度为极其强烈和剧烈的区域主要分布在一些坡度较大的耕地、植被较稀疏的灌木林地和疏林地，这些区域由于蓄渗水分、调节水量等方面存在问题，土壤侵蚀度相对较强，不适宜开展游憩活动。

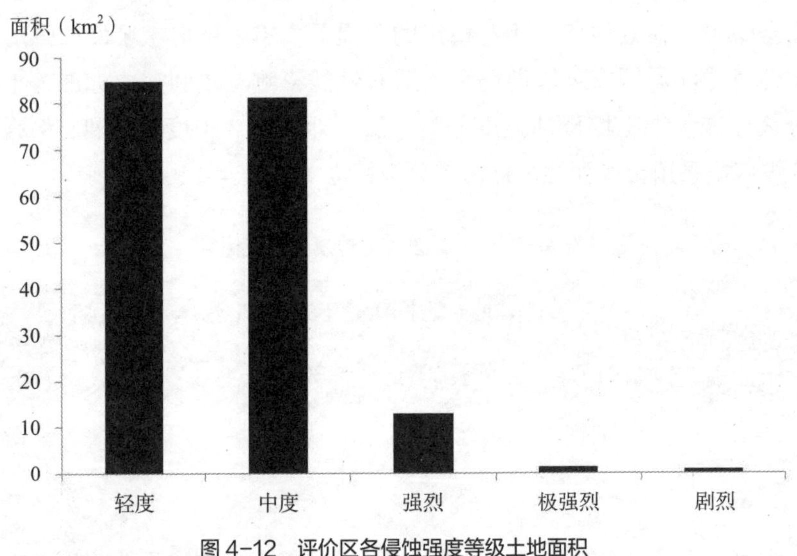

图4-12　评价区各侵蚀强度等级土地面积

（六）环境承载力适宜性评价

综合上述，自然环境承载力五个因子加权综合评价，将钱江源国家公园游憩利用环境承载力适宜性分为4个等级，并对各等级得分标准化，从低到高依次赋值1、2、3、4（见表4-13、图4-13）。各等级区域的面积分别为13.54km²、72.94km²、47.63km²和46.11km²，各占国家公园总面积5.37%、28.94%、18.90%和18.30%。

表 4-13　钱江源国家公园游憩利用环境承载力适宜性评价结果

环境承载力适宜性得分	评价因子指数值		面积（km^2）	所占比重（%）
	评价因子	指数值		
1	高程（m）	86~442	13.54	5.37
	坡度（°）	0~10		
	植被覆盖度	0.50~0.57		
	生物丰度指数	4~32		
	土壤侵蚀强度	轻度		
2	高程（m）	443~619	72.94	28.94
	坡度（°）	11~25		
	植被覆盖度	0.58~0.70		
	生物丰度指数	33~52		
	土壤侵蚀强度	中度		
3	高程（m）	620~819	47.63	18.90
	坡度（°）	26~45		
	植被覆盖度	0.71~0.82		
	生物丰度指数	53~80		
	土壤侵蚀强度	强烈、极强烈		
4	高程（m）	820~1239	46.11	18.30
	坡度（°）	46~76		
	植被覆盖度	0.83~0.91		
	生物丰度指数	81~94		
	土壤侵蚀强度	剧烈		

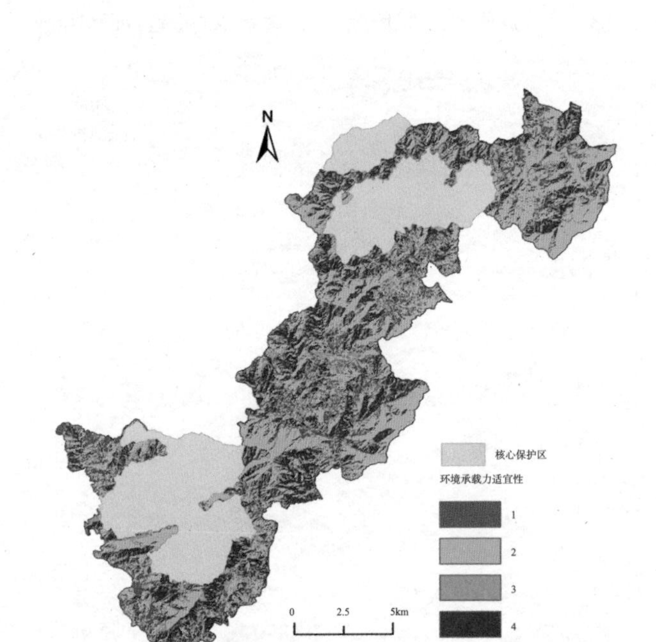

图 4-13　钱江源国家公园游憩利用环境承载力适宜性评价

六、社会条件适宜性评价

（一）交通通达度

交通通达度用主要交通干道的距离来反映。钱江源国家公园区域内以国道 G205、高速公路 G3、县道和乡道作为乡镇村落联系的交通线路，无铁路穿过。本书从全国道路交通网矢量数据提取县乡道以上等级公路的矢量数据，以 500 米为半径进行缓冲区分析，生成 4 级缓冲，并转成栅格数据。距离主干道 500 米以内的区域交通便利性最好，面积为 77.03km^2，占总面积的 30.57%；距离主干道 500~1000 米的区域面积为 54.08km^2，占总面积的 21.46%；距离主干道 1001~1500 米的区域面积为 27.88km^2，占总面积 11.06%；距离主干道 1500 米以外的区域面积为 21.17km^2，占总面积的 8.40%。这部分区域主要受地形因素影响，大部分处于较偏远的山区，远离交通干线。

（二）道路密度

以山地和丘陵为主要地形的钱江源国家公园游憩利用较易受到交通的制约，因此，本书进一步通过计算道路密度来探究交通对游憩利用的支持度。道路密度计算时提取县乡道以上主干道，忽略道路等级和车道数的差异，用道路总长度除以区域面积。由于钱江源国家公园片区道路网较稀疏，难以采用公里网格计算，因此，采用公园片区所覆盖的四个乡镇部分行政区作为评价单元计算道路密度，计算公式为：

$$D_i=\frac{L_i}{A_i},\ i\in(1,\ 2,\ 3,\ \cdots,\ n) \qquad \text{（式 4-6）}$$

式中，D_i表示镇域i的道路密度；L_i表示镇域i各等级道路（包括国道、省道、县道和乡道）里程；A_i表示研究区的面积；密度越大，道路越密集，说明交通条件对游憩利用的支撑能力越高。

为更直观表达不同区域的道路密度在空间分布的差异，利用 GIS 空间分析工具对计算出的道路密度采用反距离加权（IDW）进行插值，得到道路密度分布图（见图 4-14）。从道路网密度空间分布可看出，道路密度最高的区

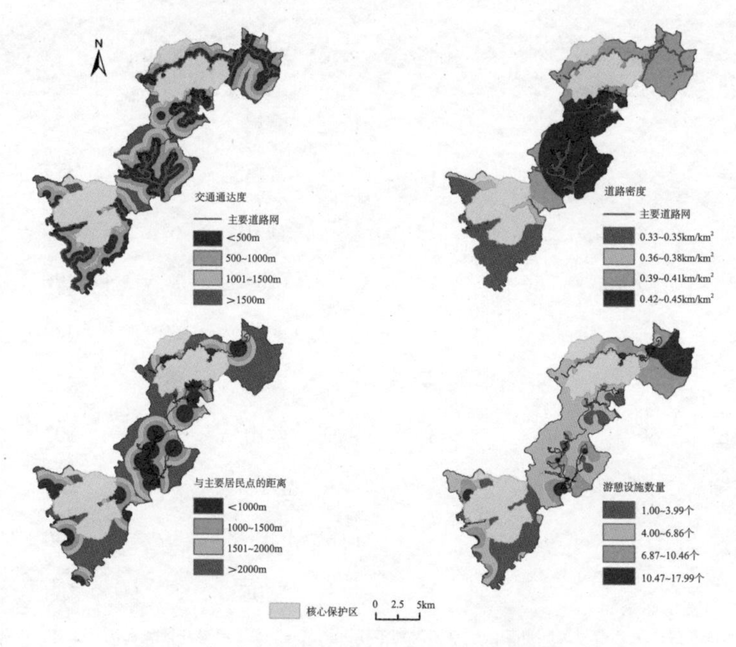

图 4-14 钱江源国家公园游憩利用社会条件适宜性

域集中在地形较平坦和游憩利用较为成熟的区域，其中长虹片区的道路密度为 0.4353km/km^2，何田片区的道路密度为 0.4505km/km^2；南部和北部受地形因素的影响道路密度相对较低，其中苏庄片区的道路密度为 0.3388km/km^2，齐溪镇的道路密度为 0.4048km/km^2。

（三）与主要居民点的距离

钱江源国家公园区域内包括苏庄站、长虹乡、何田乡、齐溪镇内的 20 个行政村、75 个自然村，由于大部分自然村村镇规模不大，基础设施较差，难以为游憩利用提供相关的设施支撑。因此，本书根据人口规模、经济发展、基础设施的条件从中筛选了 19 个主要的居民点（见表 4–14），与主要居民点的距离远近决定了居民点为国家公园游憩提供服务的辐射力度和范围。在居民点分布点图层的基础上，以 1000 米为距离生成 4 级缓冲区，得到与主要居民点的距离图。

距离主要居民点 1000 米以内的区域面积为 39.97km^2，占国家公园总面积 15.86%；距主要居民点 1000~1500 米的区域面积为 32.56km^2，占国家公园总面

表 4–14　钱江源国家公园主要居民点

乡镇	自然村	农户（户）	人口数（人）	功能区	乡镇	自然村	农户（户）	人口数（人）	功能区
苏庄	罗家	55	178	1*	长虹	霞坞	73	242	2*
苏庄	汪畈	58	215	1*	长虹	坑口	91	313	2*
	宋坑	44	143	1*		台回山	61	239	3*
	洪源	75	236	1*		高田坑	81	296	3*
	唐头	—	—	—		西坑	89	389	3*
	毛坦	—	—	—		库坑	102	403	3*
齐溪	里秧田	69	133	3*		西山	28	103	3*
	仁宗坑	134	431	3*	何田	里源头	67	203	3*
	左溪村	119	612	3*		上田岭	39	140	3*
						龙坑	173	684	2*

注：1* 表示生态保育区；2* 表示传统利用区；3* 表示游憩展示区；“—”表示有部分区域在试点区内，部分在试点区外，未计算人口数。

积 12.92%；距主要居民点 1501~2000 米的区域面积为 31.99km²，占国家公园总面积 12.69%；居民点在 2000 米以外的面积最大，为 75.65km²，占国家公园总面积的 30.02%（见图 4–14）。从距离图反映的情况来看，钱江源国家公园有相当部分区域都在距离主要居民点 2000 米以内，能较充分利用现有居民点的设施设备，实现游憩服务供给和社区自我发展的双重效果；那些距离居民点较远的区域，则可根据游憩利用需要充分利用周边设施或合理新建设施。

（四）游憩设施数量

钱江源国家公园距离中心城市较远，且现阶段游憩活动开展较少，因此游憩设施的数量较少、种类较单一。由于无法获取各类游憩设施的详细信息，本书根据开化县文化旅游委员会、各乡镇提供的统计数据以及实地调研的数据进行汇总整理，对各自然村的游憩设施点（由于绿道数量较少且长度较短，因此也作为点一并处理）进行空间可视化，并采用 ArcGIS10.2 进行空间插值得到游憩设施数量的栅格数据。为在计算中避免 0 值，在游憩设施数量统计为 0 的村落都计为 1。从统计情况来看，钱江源国家公园区域内主要的游憩设施包括以民宿和农家乐为主体的餐饮和住宿设施（见表 4–15）。

表 4–15　钱江源国家公园主要游憩设施情况

乡镇	村落	民宿（家）	厕所（间）	绿道（条）	停车场（个）
齐溪	仁宗坑	19	3	1	1
	里秧田	7	4	1	2
	左溪	18	3	1	1
	齐溪	21	2	0	1
	上村	11	0	0	0
长虹	台回山	12	1	3	1
	霞川	14	2	1	0
	真子坑	18	1	0	1
	库坑	25	2	0	1

续表

乡镇	村落	民宿（家）	厕所（间）	绿道（条）	停车场（个）
苏庄	古田村	14	2	2	2
	唐头	26	3	1	1
	横中	2	1	0	0
何田	田畈	15	3	1	0
	陆联	13	2	0	0

注：为简化内容，表中仅显示主要行政村和旅游接待村落的游憩设施情况，自然村设施情况在GIS中可视化。

从表4–15可看出，钱江源国家公园范围内游憩设施数量较少、类型单一，集中分布在齐溪镇和长虹乡片区内。在国家公园建立以前，钱江源国家森林公园已然具有一定知名度，吸引游客前往；而长虹境内的台回山、高田坑等凭借优质的自然和文化资源成为衢州市重要的乡村旅游目的地，因此，游憩需求推动了设施的建设和完善，苏庄和何田片区游憩设施则数量较少。

（五）社会条件适宜性评价结果

综合上述社会条件四个因子加权综合评价，将钱江源国家公园游憩利用社会条件适宜性分为4个等级（见表4–16、图4–15），并对各等级进行数据标准化，按照适宜性等级从低到高依次赋值为1、2、3、4，各等级的面积分别为14.52km^2、69.67km^2、75.29km^{2}和20.68km^2，各占国家公园总面积的5.76%、27.65%、29.88%、8.21%。

表4–16　钱江源国家公园游憩利用社会条件适宜性评价

社会条件适宜性得分	评价因子指数值		面积（km^2）	所占比重（%）
	评价因子	指数值		
1	交通通达度（m）	>1500	14.52	5.76
	道路密度（km/km^2）	0.33~0.35		
	与主要居民点距离（m）	>2000		
	游憩设施数量（个）	1.00~3.99		
2	交通通达度（m）	1001~1500	69.67	27.65

续表

社会条件适宜性得分	评价因子指数值		面积（km^2）	所占比重（%）
	评价因子	指数值		
2	道路密度（km/km^2）	0.36~0.38	69.67	27.65
	与主要居民点距离（m）	1501~2000		
	游憩设施数量（个）	4.00~6.86		
3	交通通达度（m）	500~1000	75.29	29.88
	道路密度（km/km^2）	0.39~0.41		
	与主要居民点距离（m）	1001~1500		
	游憩设施数量（个）	6.87~10.46		
4	交通通达度（m）	<500	20.68	8.21
	道路密度（km/km^2）	0.42~0.45		
	与主要居民点距离（m）	<1000		
	游憩设施数量（个）	10.47~17.99		

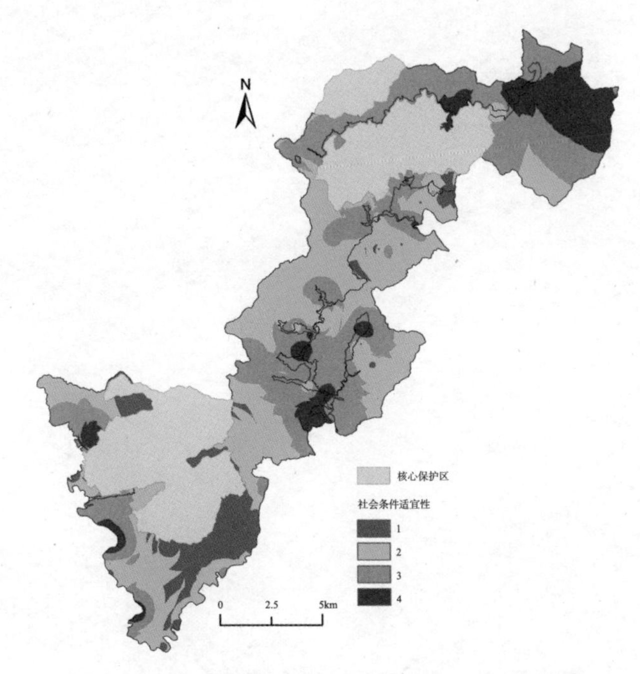

图 4-15　钱江源国家公园游憩利用社会条件适宜性分析

七、本章结论

本章主要从影响国家公园游憩利用的环境因子入手，根据第三章构建的游憩利用环境适宜性评价指标进行因子叠加分析，结果表明：从自然游憩资源利用角度来看，水体资源和森林资源是游憩利用适宜性较高的资源类型；从人文游憩资源角度来看，游憩利用适宜性较高的区域主要集中于传统农业生产文化较为丰富的长虹乡和何田乡；从景观美景度的角度来看，钱江源国家公园适宜游憩利用的区域主要集中在古村落区域、亲水区域以及野生动植物栖息地，这些区域对景观美景度的贡献很大；从游憩利用能力来看，有林地、灌木林地、水田和水库与游憩活动的相容度较高，适宜游憩利用；从环境承载力来看，游憩利用适宜性等级较高的区域主要集中在长虹乡和何田乡的农业生产面积较大的区域；从社会条件来看，适宜性较高的区域主要集中在基础设施较完善、游憩利用发展较早的唐头村、高田坑、台回山、齐溪水库、左溪村等区域。

第五章

钱江源国家公园游客对国家公园生态系统的社会价值评估及行为特征分析

一、问卷的设计与发放

根据前述相关理论分析，国家公园游憩利用不仅考虑其自身环境属性，也应考虑游客需求和行为特征，实现供需的平衡。实证问卷主要内容包括四个部分：个人基本信息、游憩行为信息、游览路径和活动信息、游憩体验质量信息。同时为受访者提供游憩点提示图纸，辅助受访者回想游憩点相关信息。

根据开化县旅游局和钱江源国家公园管理局提供的信息，4 月至 10 月是钱江源国家公园各片区的旅游旺季，前往该地区从事游憩活动的游客较多。为了保证问卷的代表性，问卷调查的时间定于 2017 年 6 月 1 日至 8 月 15 日，避开法定节假日。

关于问卷发放的地点选择问题，本书作者与钱江源国家公园管理人员、片区内四个乡镇旅游主管部门工作人员进行了非正式访谈，获取各片区游客流量信息，并确定古田山游客中心、钱江源游客中心、长虹乡高田坑、苏庄镇唐头村、齐溪镇左溪村、何田乡田畈村为问卷发放的地点（见图 5-1）。

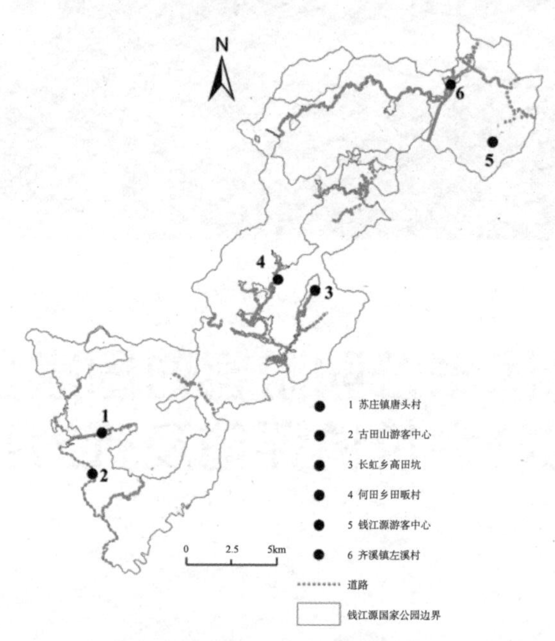

图 5-1 钱江源国家公园游客调研点

参与调研的人员包括本书作者、钱江源国家公园总体规划课题组、钱江源国家公园各片区工作人员、各乡镇旅游主管部门工作人员共计 15 人。调研人员在上述调研点共发放调查问卷 650 份，回收 647 份，回收率 99.5%，其中有效问卷 631 份，有效率 97.1%。具体每个调研点和问卷发放情况统计详见表 5-1。

表 5-1 问卷发放与回收情况

发放地点	古田山游客中心	钱江源游客中心	长虹乡高田坑	苏庄镇唐头村	齐溪镇左溪村	何田乡田畈村	总计
发放问卷	110	90	115	110	100	125	650
有效问卷	105	86	114	105	98	123	631

资料来源：作者根据调研实际情况整理。

二、样本基本概况

（一）样本基本信息概况

通过对 631 份有效问卷进行分析，得到受访者的性别、年龄、学历、职业、月收入等基本信息，具体如表 5-2 所示。

表 5-2　样本个人基本信息统计情况

变量名称		占比（%）	变量名称		占比（%）
性别	男	53.8	职业	军人	3.0
	女	46.2		公司职员	24.4
年龄	18 岁及以上	13.8		教师 / 研究人员	13.2
	19~25 岁	20.3		自由职业者	15.2
	26~35 岁	26.9		无工作（如家庭主妇、离退休等）	11.6
	36~50 岁	25.8		公务员 / 事业单位人员	6.8
	51~65 岁	10.2		其他	1.6
	66 岁及以上	3.0	月收入	1000 元及以下	24.6
学历	初中及以下	24.0		1001~3000 元	16.8
	高中 / 中专	36.1		3001~5000 元	25.1
	本科 / 专科	32.3		5001~7000 元	18.5
	硕士及以上	7.6		7001~9000 元	8.2
职业	学生	24.2		9001 元及以上	6.8

资料来源：作者根据问卷描述统计结果整理。

1. 性别

男性占 53.8%，女性占 46.2%，男性比例略高，性别构成的离散程度一般。

2. 年龄

主要集中在中青年群体，其中 26~35 岁、36~50 岁年龄段居主导地位，分别占 26.9%、25.8%，19~25 岁的年轻人占 20.3%，18 岁及以下年龄段人群占

13.8%，51~65 岁年龄段人群占 10.2%，66 岁及以上年龄段占 3.0%。18 岁及以下人群占比也较大，大多数是假期时间观赏自然、参与自然教育活动而来。

3. 学历

高中 / 中专学历的群体最多，占 36.1%，其次是本科 / 专科学历水平，占 32.3%。初中及以下学历的人群也较多，占 24.0%，这主要因为前往钱江源国家公园的游憩人群中青少年较多。

4. 职业

受访者职业构成比较零散，其中比例最大的是公司职员，占比 24.4%，这类人群对接触自然、缓解工作压力的需求较强，且具有较固定的休闲时间；其次是学生群体，占比 24.2%，这主要因为调研期间正值夏秋季节，学生拥有较长假期，因此，以放松、学习为目的前往钱江源国家公园的学生团体较多。此外，自由职业者、教师 / 研究人员、无工作群体也是钱江源国家公园游客的主要群体（见图 5–2）。

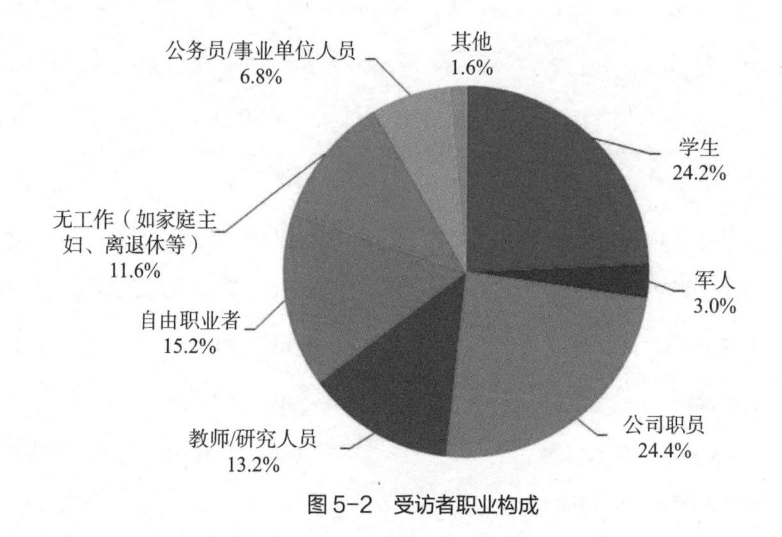

图 5–2　受访者职业构成

5. 月收入

月收入在 3001~5000 元的人群最多，占 25.1%；其次是月收入在 1000 元及以下的群体，占 24.6%，这部分以青少年学生群体为主；7001~9000 元、9001 元及以上的群体比重较少，且落差较大（见图 5–3）。

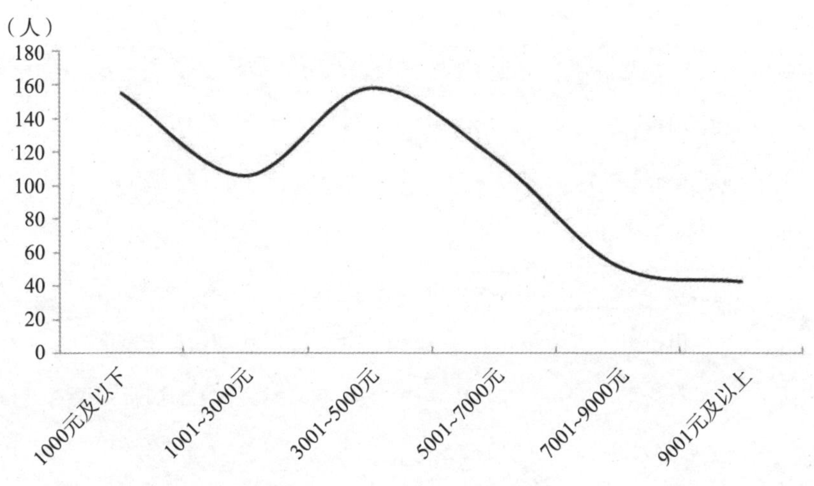

图 5-3　受访者月收入信息统计

（二）样本游憩信息概况

通过对 631 份有效问卷进行统计分析，可以得到受访者的结伴方式、游客来源、交通工具、逗留时间、关注项目等游憩信息（见表 5-3），这些数据是了解游憩行为特征的基础数据。

表 5-3　样本游憩信息统计情况

变量名称		占比（%）	变量名称		占比（%）
结伴方式（多选）	家人	33.3	逗留时间	少于 3 小时	2.1
	朋友	30.7		3~5 小时	13.5
	同学	21.2		半天	28.5
	同事	13.0		1 天	29.0
	单独	4.0		1 天以上	26.9
	旅游团	8.5	关注项目（多选）	空气质量	58.6
	情侣	14.1		环境卫生	58.8
游客来源	周边村镇	4.8		安全可达性	33.0
	开化县城	26.6		门票费用	17.3
	衢州市	22.3		游客数量	6.2

续表

变量名称		占比（%）	变量名称		占比（%）
游客来源	浙江省其他市	23.5	关注项目（多选）	讲解服务	6.0
	周边省份 / 市	14.7		服务设施	22.0
	其他省 / 市	8.1		自然景观	72.3
交通工具	公共交通	17.6		人文景观	32.6
	出租车	3.3		游憩活动丰富度	20.0
	自驾车	44.9		服务态度	14.7
	旅游大巴	33.2		安静程度	10.0
	步行 / 骑车	1.0			

1. 结伴方式

在钱江源国家公园游客结伴方式调查方面，采用多项选择的方式。其中，通过家人陪伴的受访者人数最多，共 210 人，占样本总数的 33.3%；选择朋友的次之，共 194 人，占样本总数的 30.7%。同学陪伴前往的人数也占相当比重，共有 134 人，占样本总数的 21.2%。在开放选项中，有相当部分填写了“情侣”，占样本总数的 14.1%，这说明前往钱江源国家公园的游客中，年轻的游客占有相当大的比重。与同事、旅游团结伴和单独出行的样本数共 161 个，占样本总量的 25.5%。从受访者选择来看，一般选择多类型同伴，其中以“家庭 +”“朋友 +”的组合结伴方式较多，不同同伴角色对游客的游憩行为具有影响和制约作用。

2. 游客来源

从问卷统计来看，钱江源国家公园的游客主要来源于浙江省内，其中来自国家公园周边村镇的受访者有 30 人，开化县城 168 人，衢州市 141 人，浙江省其他市 148 人，共占样本总数的 77.2%。被调查游客中，93 人来自周边省份 / 市（江西、安徽、上海、江苏、福建），占样本总数的 14.7%。其他游客来自北京、山东、广东等区域，占样本总数 8.1%。这符合游憩资源的距离衰减规律，同时也反映钱江源国家公园游客以近程和周边市场为主，吸引力具有一定程度的区域性。

3. 交通工具

钱江源国家公园远离城区，距主要的机场、火车站较远，自驾车是受访者首选的交通工具，样本量为 283 人，占总数的 44.9%。通过旅游大巴到达的受访者有 209 人，占样本总数的 33.2%，选择旅游大巴的游客大多跟随旅游团、家人出行。公共交通也占相当部分比例，共有 111 人，占样本总数的 17.6%，选择公共交通的受访者一般采用“火车 + 客车”的方式到达。选择出租车和步行 / 骑车到国家公园的人数较少，分别为 21 人和 6 人，占有效样本量的 3.3% 和 1.0%，这部分受访者主要来自国家公园周边村镇或开化县城，距离较近，采用这两种交通方式主要解决前往国家公园的“最后一公里”的问题。

4. 逗留时间

在钱江源国家公园片区逗留时间半天和 1 天的受访者最多，分别有 180 人和 183 人，各占样本总量的 28.5%、29.0%，这主要因为受访者大多来自周边市域，交通的便利性为一日内的往返提供了条件；1 天以上的受访者也有 170 个人，占样本总量的 26.9%。停留时间少于 5 小时的受访者有 98 人，占样本总量的 15.6%（见图 5–4）。

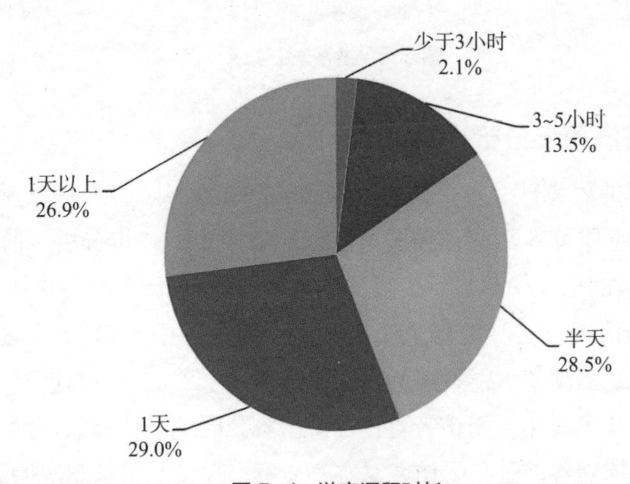

图 5–4　游客逗留时长

5. 关注项目

受访者关注项目统计结果表明，受访者关注度最高的是自然景观，共有 456 人，占样本总量的 72.3%；其次是环境卫生和空气质量，各有 371 人、370 人，分别占样本总数的58.8%和58.6%。这表明良好的自然环境是维持国家公园吸引力的重要路径。人文景观质量作为游憩的核心吸引物也受到关注，共有206人，占样本总量的32.6%；安全可达性和服务设施也是人们关注的重要内容，共有347人，占样本总量的55.0%。此外，门票费用、游客数量、讲解服务、游憩活动丰富度、服务态度等不同程度受到受访者关注（见图5-5）。

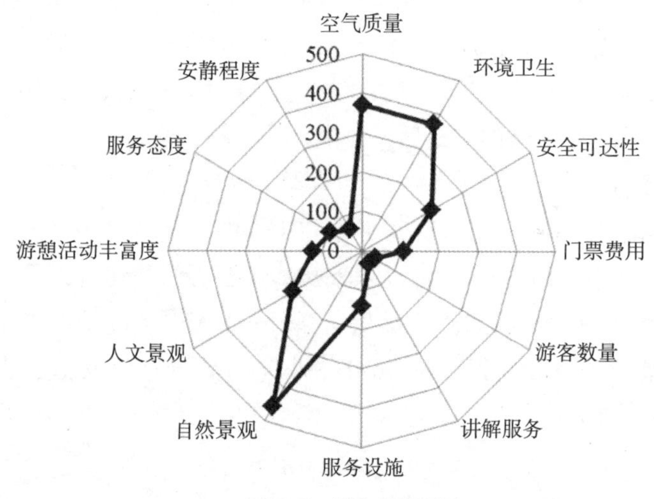

图5-5　游客关注项目

（三）游客满意度分析

为确保数据的可靠性，本书采用Cronhbach's值对满意度量表进行信度检查，当值大于0.700时即可判断调查数据可靠，能够用于下一步分析。通过对影响满意度的10个变量的信度检验显示，因子的总体Cronhbach's值为0.813，表明研究量表具有较高的信度。在形式上，对满意度各因子采用李克特5点量法，将很满意、满意、一般、不满意、很不满意分别赋值5、4、3、2、1，让受访者对各个因子打分。从表5-4可看出，受访者对钱江源国家公园的总体满意度约为中等水平，均值为3.93。具体到各因子，受访者对空气质量、风景与植被状况的满意度较高，均值分别为4.48、4.23，这客观上反映了游客对钱江源国家公园自然环境满意水平较高，同时也印证了国家公园生态环境保护的重要性。满意度较低的因子为解说系统布局、线路合理性和游憩活动丰富度，均值分别为3.48、3.72、3.62，客观反映了钱江源国家公园在软性环境供给方面的不足。

表 5-4　钱江源国家公园游客满意度状况

满意度因子	均值	标准差
空气质量	4.48 ± 0.02	0.71
解说系统布局	3.48 ± 0.03	0.97
环境安静程度	4.19 ± 0.03	0.80
游览设施	3.75 ± 0.03	0.85
线路合理性	3.72 ± 0.03	0.85
游憩活动丰富度	3.62 ± 0.04	0.94
休息设施	3.77 ± 0.04	0.89
风景与植被状况	4.23 ± 0.03	0.78
工作人员服务态度	4.19 ± 0.03	0.80
总体满意度	3.93 ± 0.03	0.82

为进一步测定各评价因子对游客满意度的影响程度，在 SPSS19.0 中采用 Pearson 相关系数作为判定标准。其中，相关系数在 0.8~1.0 表示极强相关，0.6~0.8 表示强相关，0.4~0.6 表示中等程度相关，0.2~0.4 表示弱相关，0.0~0.2 表示极弱相关或无相关。统计结果显示，游客总体满意度与游览设施、游憩活动丰富度 2 个因子的相关强度介于 0.6~0.8，为强相关；与解说系统布局、环境安静程度、线路合理性、休息设施、风景与植被状况、工作人员服务态度 6 个因子的相关强度介于 0.4~0.6，为中等程度相关；与空气质量因子的相关强度介于 0.2~0.4，为弱相关（见表 5-5）。这表明对于前往钱江源国家公园的游客而言，与游憩活动相关的活动内容及其支撑环境等显性要素是影响游客主观感受（满意度）的关键因素。

表 5-5　各因子与游客总体满意度的相关性

指标因子	与满意度的 Pearson 相关数值
空气质量	0.366**
解说系统布局	0.540**
环境安静程度	0.513**

续表

指标因子	与满意度的 Pearson 相关数值
游览设施	0.605**
线路合理性	0.590**
游憩活动丰富度	0.631**
休息设施	0.591**
风景与植被状况	0.517**
工作人员服务态度	0.555**

注：** 表示在 0.01 水平（双侧）上显著相关。

三、游客对国家公园生态系统的社会价值评估

国家公园作为多种生态系统的重要服务主体，了解其景观的社会价值对于资源管理和生态保护具有重要意义。但在保护地管理中，由于生态系统的社会价值的复杂性和难以计量性，常常被管理者所忽视。游客对生态系统服务价值感知很大程度上会影响其游憩的空间活动模式和行为决策。随着游客在保护地空间的行为研究的逐渐深入，游客对生态系统服务价值的偏好和认知也逐渐成为研究的重点。研究者通过采用经济、社会学原理和方法，通过问卷、访谈和开发游憩电子系统的方式调查了游客的景观感知，并由此对保护地的价值进行评估。传统的评估主要从经济学评估方法（费用支出法、条件价值法等）和生态模型角度出发，注重其经济价值和生态保护价值，评估结果多以货币形式体现（王兵等，2011；崔峰等，2012；Burkhard 等，2012）。但是，对于国家公园而言，公共性、公益性和国家性的特征使其资源和景观的价值并不仅仅体现在经济层面，甚至更多应体现在其社会服务层面，包括提升公民健康、审美和精神修复。这些价值多以主观感受和体验为基础，仅进行经济价值的量化很难评估准确，且难以反映生态系统服务功能的异质性，使其评估结果对国家公园空间管理的参考意义降低（方瑜等，2011；Sherrouse 等，2014）。近年来，国内外学者尝试从社会和空间层面开展生态系统服务价值的评估，且更注重使用主体的主观感知与生态系统之间的互动。Szücs 等（2015）采用非货币评估方法研究了德国哥根廷 Hainberg 土地利用变化与生态系统文化多样性、教育、游憩等 6 种社会价值的空间演变的趋势；Plieninger 等（2013）、Sherrouse 等（2011）采用问卷和 GIS 技术结合的方法研

究了游客对森林公园的美学、教育、精神等社会文化功能的感知及其空间分布状况，并分析了这些价值与自然资源之间的关系。总体而言，生态系统价值评估的方法和内容都更加综合化，更加重视人文社会价值的评估。

我国的国家公园建设着眼于提升生态系统服务功能，为公众提供游憩福利，彰显国家形象，因此，生态系统的非经济价值对于游憩者和资源管理者而言更为重要。本书以游客对国家公园的生态系统服务价值感知为切入点，采用问卷调查与 GIS 技术结合的方法，利用生态系统服务社会价值评估工具（Social Values for Ecosystem Services，SoIVES）研究游客对国家公园生态系统非经济服务价值的认知及其与生态环境的关系，识别国家公园生态系统服务价值的空间差异，为国家公园游憩管理提供空间视角。SoIVES 是美国地质调查局和科罗拉多州立大学联合开发的一款基于 ArcGIS 平台的生态系统服务价值评估模型。该模型基于公众的态度和偏好等社会调查手段，评估美学、生物多样性、游憩等难以用经济价值评估的服务，结果以转换的非货币价值指数显示在地图上。该模型由三个子系统组成，分别是生态系统服务社会价值模型、价值制图模型和价值转换制图模型（Sherrouse 等，2012）。该模型结合 GIS 和 Maxent 软件的优势，Maxent 被用来模拟物种的地理分布，其模型结构为绘制生态系统社会价值提供了借鉴。通过采用 PPGIS 的游客问卷数据导入 Maxent，可以有效评估生态系统服务功能的社会价值，同时体现每类价值属性与自然资源条件之间的关系（见图 5-6）。

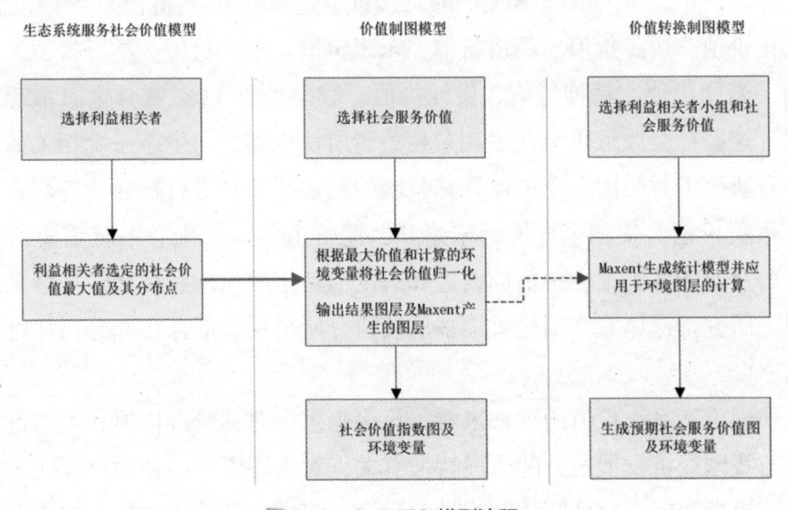

图 5-6　SoIVES 模型流程

（一）钱江源国家公园生态系统社会价值评估指标选取

国家公园涵盖了范围广阔、生态系统多样的生态敏感和脆弱区，同时，基于公共游憩福祉提升和周边社区发展的需求，国家公园也为公众提供多种社会服务和活动，如户外运动、森林观光、探险等。因此，了解公众对生态系统社会价值的偏好和态度是国家公园资源和活动管理计划制订的重要依据。传统的管理理念强调从技术层面对国家公园生态条件和属性的分析，20 世纪 80 年代起，美国林务局逐渐关注公众的社会价值取向和偏好，并将其纳入森林管理规划过程，启动了一系列有关公众对自然资源的价值偏好和态度的社会调查。结果显示，大多数美国公众对自然资源持“生物中心主义”价值观，更倾向于保护生态系统，而非利用资源获取经济利益。研究还表明，公众与国家森林公园的“场地”情感和价值感知是复杂、多层次的，包含高度个人化、主观化的亲密关系以及工具性和象征性的联系（Williams 和 Stewart，1998）。在理论研究领域，Rolston 和 Coufal（1991）基于森林资源利用演化及森林伦理视角，提出森林资源利用的多重价值模型。多重价值模型寻求如何最大限度展示森林的生产工具价值及其内隐价值，这些价值包括生命支持价值、经济价值、科学价值、游憩价值、美学价值、野生动物价值、生物多样性价值、博物学价值、精神价值以及内在价值 10 种类型。在此基础上，诸多研究对该价值模型进行了修正，整合为生态系统价值、环境价值、景观价值和野生动物价值（Brown 和 Reed，2000；Brown 和 Alessa，2005；Alessa 等，2008）。Clement 和 Cheng（2011）选取了审美价值、生物多样性价值、文化价值、历史价值、经济价值、未来价值、内在价值、学习价值、生命持续价值、游憩价值、精神价值、生计价值、健康价值 13 类森林生态系统社会服务指标，这些社会服务价值代表利益相关者所认识到的与生态系统相关的非经济价值；有研究者对美国三个国家森林公园的利益相关者进行社会调查研究，结果显示，审美价值、生物多样性、未来和游憩价值是森林生态系统重要的社会价值，且公众对于各类社会价值的偏好和态度与特定的地理和社会经济背景产生交互。这一研究指标体系和结论被诸多后续研究所采用，但存在部分指标难以理解的缺陷。

从我国生态系统价值的评估来看，更多侧重于对其经济价值和生态价值的评估，这与我国经济发展所处的阶段特征有关，对生态资源的利用更倾向于开展经济活动。根据我国国家公园体制建设的理念，国家公园的建设与管理更多强调生

态系统保存完整性，形成自然生态系统保护的新体制新模式，在此基础上，提升生态系统服务功能，为公众提供亲近自然、体验自然、了解自然以及作为国民福利的游憩机会。由此可看出，非经济价值在现阶段我国国家公园生态系统服务价值中得到更多强调和重视。基于此，本书对上述社会价值指标进行改进，选取审美价值、生物多样性价值、文化价值、历史价值、学习价值、游憩价值、精神价值、健康价值 8 类与钱江源国家公园生态系统相关、较易于理解且可通过主观评估的因子作为评价游客对生态系统社会价值取向的指标（见表 5–6）。

表 5–6　钱江源国家公园生态系统社会价值指标体系描述

社会价值类型	描述
审美价值	风景宜人，生态系统能提供令人愉悦的景观、声音、气味等
生物多样性价值	生态系统能提供丰富的野生动植物，物种繁多
文化价值	文化丰富，能激发灵感、获取知识
历史价值	具有重要的自然、人类发展历史意义
学习价值	生态系统提供了科学观察或实验的场所，获得环境学习的机会
游憩价值	提供户外游憩活动的场所和机会
精神价值	具有神圣和特殊性，激发对自然的尊重，陶冶情操
健康价值	使人身心得到舒缓，锻炼身体

（二）研究数据

1. 社会调查数据

结合生态系统社会价值指标体系及 PPGIS 问卷调查方法，为受访者提供一份附带钱江源国家公园游憩点地图的问卷，其中问卷的第 9 部分是涉及生态系统社会价值评估的核心部分，受访者基于对钱江源国家公园的游憩活动参与的感受选择钱江源国家公园所具有的社会价值类型，并将假定的 100 分价值总分按梯度分配给这些社会价值，同时，受访者需在地图上标注每一类社会价值对应的代表性游憩点，即社会价值点（每种社会价值类型 1~4 个点，以保证社会价值点的代表性）。获取的 631 份有效问卷中，共获得 2933 个社会价值点样本。

2. 空间数据

空间数据导入 SoIVES 模型能有效反映社会价值点与国家公园空间环境的关系。本书选取分辨率为 30 米的海拔（ELEV）、坡度（SLOP）、土地利用（LULC）、与道路的距离（DTR）、与水体的距离（DTW）5 类环境图层代表钱江源国家公园环境属性。

（三）研究方法

1. 核密度分析

将钱江源国家公园各游憩点的社会价值均值导入 GIS 平台，利用核密度分析工具对游客所赋值的游憩点的社会价值进行核密度分析，确定社会价值点的总体空间分布密度。

2.SoIVES 模型处理

利用 SoIVES 模型分析国家公园生态系统的社会价值与空间环境之间的关系，其步骤如下：①将 GIS 软件中的平均最近邻工具嵌入模型内部，对各社会价值类型标注点分别进行平均紧邻分析，通过反馈的平均近邻比率（R 值）及其标准差（Z 值）来判断各社会价值类型的空间分布模式；②对各游憩点的社会价值进行归一化处理，得到十分制的价值指数（Value Index，VI），各社会价值类型中价值指数最高值为该类型的重要程度；③以是否参与某类游憩活动为标准对游客分组，SoIVES 模型选择对应的社会调查数据和空间数据图层，以价值指数作为对应社会价值点的权重，对数据进行分析模拟，以确定各社会价值类型的空间分布状况及其与环境属性的关系。

（四）结果与分析

1. 钱江源国家公园生态系统社会价值总体空间分布密度

生态系统社会价值的空间分布密度一定程度可以反映游客对国家公园内景观的偏好程度，可用于识别游憩活动的热点区域。根据对获取的 2933 个社会价值点均值的核密度分析表明，社会价值较高的区域为枫楼坑、大峡谷瀑布群、田畈村、高田坑古村落、中共闽浙赣省委旧址、台回山梯田、罗家坞瀑布等。其中，以枫楼坑、大峡谷瀑布群和台回山梯田最为密集（见图 5-7）。

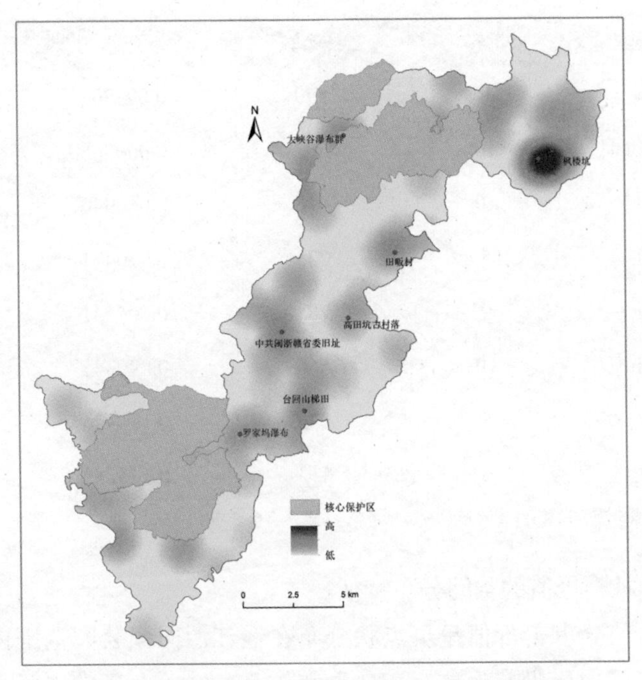

图 5-7　钱江源国家公园生态系统社会价值核密度分析

2. 钱江源国家公园生态系统服务社会价值评估

（1）各类社会价值得分及空间集聚性。

从平均最邻近结果可看出，8 种社会价值类型在钱江源国家公园呈集聚模式（R 值均小于 1）。从各社会价值类型的最大价值指数（Maximum Value Index，M–VI）和样本数可看出，游客对国家公园的审美价值、游憩价值、生物多样性价值和文化价值表现出较高程度的偏好。Z 值是反映点集聚程度的指数，值越小代表越聚集，从表 5–7 中可看出，审美价值和游憩价值的集聚程度最高。8 种社会价值类型的重要性排序为：审美价值 > 游憩价值 > 生物多样性价值 > 文化价值 > 学习价值 > 精神价值 > 历史价值 > 健康价值。由于生态系统的精神价值和健康价值短期内难以明显感受到，因此得分较低。此外，历史价值主要集中在几处革命和文化遗迹，与自然生态系统联系不甚密切，得分也较低。因此，本书选取得分较高的 5 类社会价值类型做进一步分析，即审美价值、游憩价值、生物多样性价值、文化价值、学习价值。

表 5-7　钱江源国家公园各类社会价值的最大价值指数及空间聚集性

社会价值类型	M-VI	样本数	R 值	Z 值
审美价值	9	590	0.092702	−42.160584
生物多样性价值	10	502	0.006868	−39.919401
文化价值	10	416	0.066940	−36.407180
历史价值	5	225	0.070471	−26.673821
学习价值	9	288	0.109641	−28.906286
游憩价值	10	566	0.099345	−40.991863
精神价值	5	233	0.164926	−24.385609
健康价值	4	113	0.145282	−17.381720

注：R 值 <1 表示集聚分布，R 值 =1 表示随机分布，R 值 >1 表示离散分布。

（2）各类社会价值的空间分布特征。

①审美价值。审美价值呈斑点状分布在钱江源国家公园范围内，这主要因为国家公园范围内尚没有形成完善的游憩体系，缺乏合理的串联线路，景点分散。从审美价值的空间分布看，台回山梯田、高田坑古村落、霞川古村落、田畈村、齐溪水库等游憩点的审美价值较高。通过审美价值与钱江源国家公园环境属性相关性分析可看出，审美价值与距离道路远近虽然没有显著的线性关系，但当 800m ＜ DTR ＜ 950m 时，审美价值指数显著较高，这主要由于处于这个道路距离范围内存在较多的村庄，农业生产和生活形成的独特村落文化和农业景观，视觉美学效果较好。这一结论与土地利用的影响相近，水田、村庄、亚热带常绿阔叶林等土地利用类型的审美价值较高（见图 5-8）。从审美价值指数与距水体的距离可看出，当 800m ＜ DTW ＜ 1000m 的时候，审美价值指数达到最高，大于或小于该距离时审美价值较低，这说明水体景观对钱江源国家公园的审美价值联系不甚密切。从海拔和坡度来看，海拔越高，审美价值越低，且海拔在 450m 时审美价值最高；坡度与审美价值呈现不规律波动关系，当坡度介于 14°~18° 时审美价值出现两个高值，这说明钱江源国家公园审美价值较高的区域主要集中于坡度较缓的丘陵和平原地带，由亚热带落叶阔叶林和农业生产相互融合形成的景观具有较高的审美价值。

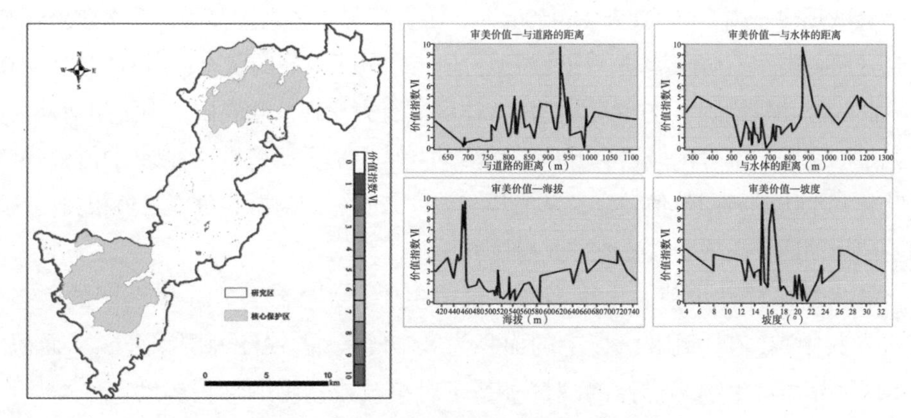

图 5-8　钱江源国家公园审美价值空间分布

②游憩价值。总体而言，钱江源国家公园的游憩价值相对较高，大多数前往该区域的游客除了观光式的游览，还进行了多种游憩活动。游憩价值指数达到 7 级以上的区域面积为 12.28km^2，占钱江源国家公园总面积的 4.87%，主要分布在中山堂茶园、台回山梯田、高田坑古村落、田畈村、三省界碑、大峡谷瀑布群、左溪村、齐溪水库、枫楼坑。0 < DTR ≤ 900m 时，游憩价值虽然出现多个高值点，但总体呈现波动下降的趋势，当 DTR > 900m 时，游憩价值呈平滑下降的趋势，由此可看出，与道路的远近与游憩价值成负相关（见图 5-9）。自驾游客占钱江源国家公园游

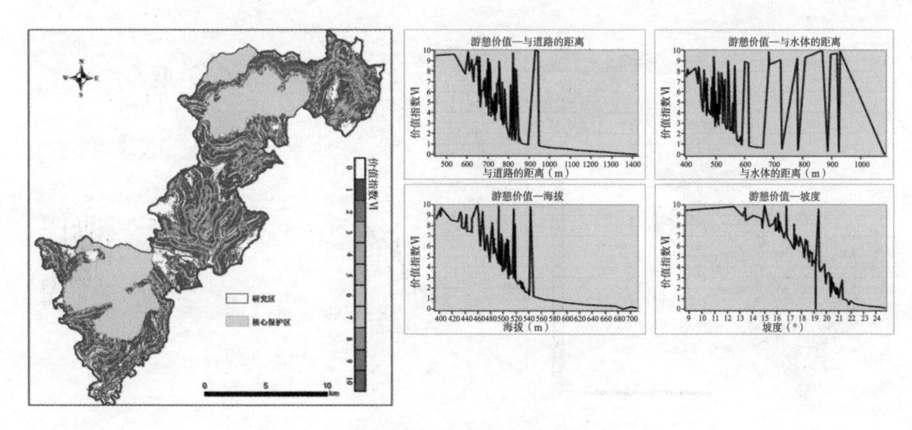

图 5-9　钱江源国家公园游憩价值空间分布

客总数相当大的比重，游客大多选择距离道路较近的区域开展游憩活动，这也符合距离衰减规律。当 0 < DTW ≤ 450m 时，游客能与水体直接接触，亲水效果较好，适合开展各类水上游憩活动，因此游憩价值指数处于较高的状态；当 DTW > 450m 时，曲线波动较剧烈，主要因为远离水体区域有大片森林和农田，为游憩活动提供了充足的空间，部分区域适合开展游憩活动。从用地类型来看，常绿阔叶林、常绿针叶林和水田的游憩价值较高；从海拔和坡度来看，均与游憩价值成负相关，这说明游憩活动适宜在缓坡丘陵地带或森林中开展。

③生物多样性价值。生物多样性价值主要分布在钱江源国家公园的生态保育区，其中 VI 值达到 8 级以上的面积为 8.77km^2，占钱江源国家公园总面积的 3.48%。游客对生物多样性的理解多基于对植被或动物的珍稀程度、种类数量，因此，生物多样性价值的分布也较广。从图 5-10 可看出，生物多样性价值与道路具有较显著的负相关关系，当 DTR > 1000m 时，生物多样性价值指数在波动中呈现上升的趋势；当 DTR 等于 600m 的时候，生物多样性价值指数也出现一个高值，这主要由于在古田山和钱江源片区都有道路前往，距离森林较近。水体对生物多样性价值的影响较大，呈波动负相关的关系，距离水体越近，生物多样性价值越大。河流、水库、瀑布等水体生态系统被认为具有蓄水、涵养、净化环境的功能，从而为植物生长和动物栖息提供良好的环境。SoIVES 模拟显示大峡谷瀑布、罗家坞瀑布、齐溪水库的生物多样性的价值指数均比较高，印证了这一关系。从土地利用类型来看，与生物多样性价值密切相关的是大面积的亚热带常

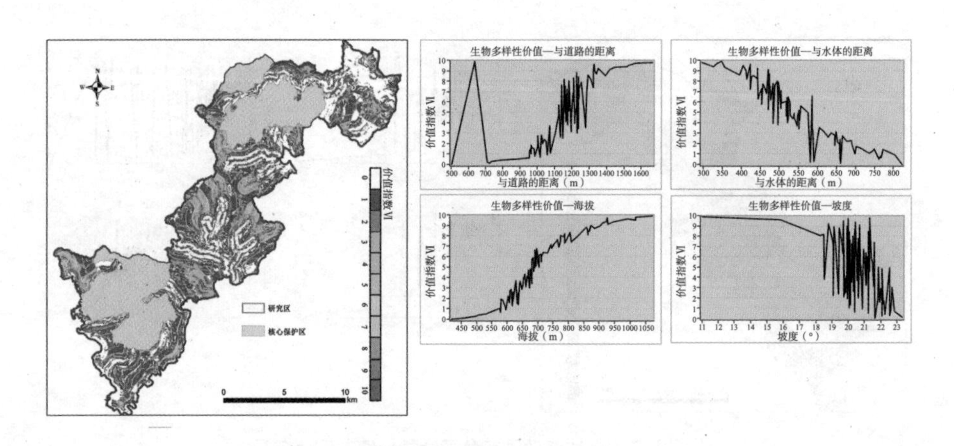

图 5-10　钱江源国家公园生物多样性价值空间分布

绿阔叶林、落叶阔叶林和常绿针叶林，这也是钱江源国家公园生物多样性存在的基石。生物多样性价值与海拔成正比关系，与坡度则反之。这主要因为钱江源国家公园地处中亚热带，起点海拔较低的前提下，最高海拔越高，动植物垂直分布差异变化就越丰富；坡度越大，越不利于水土保持，而水土是生物多样性的最重要的前提条件之一，因而生物多样性价值指数降低。

④文化价值。文化价值指数较高的区域包括苏庄村、余村、高田坑古村落、中共闽浙赣省委旧址、霞川古村落、田畈村、左溪村、枫楼坑等，面积为 7km^2，占国家公园总面积的 2.78%。当 0 < DTR < 500m 时，文化价值指数呈现密集波动的趋势，但指数的极差较小，均值较高，这主要由于村庄和农田主要沿道路分布，是文化产生的主要空间，当 DTR > 500m 时，虽然文化价值呈稀疏波动态势，但与道路距离对文化价值的影响较小。当 0 < DTW < 600m 时，文化价值呈密集波动，出现多个高值，这主要由于钱江源国家公园传承了清水鱼养殖文化，营建了清水鱼古法养殖大观园，具有较高的文化价值，DTW > 600m 时对文化价值的影响作用较小。从用地类型来看，文化价值较高的用地类型主要是村庄、水田、灌木园地和针阔混交林。从海拔和坡度来看，当海拔小于 400m 时，文化价值指数在 5 级以上，且呈现波动下降的趋势，海拔大于 400m 时，总体文化价值指数较低，呈稀疏波动，出现个别高值，但海拔对文化价值的影响较小；当坡度小于 16° 时，文化价值处于高值，大于 16° 时出现剧烈波动，大于 23° 时则出现平滑的低值（见图 5-11）。

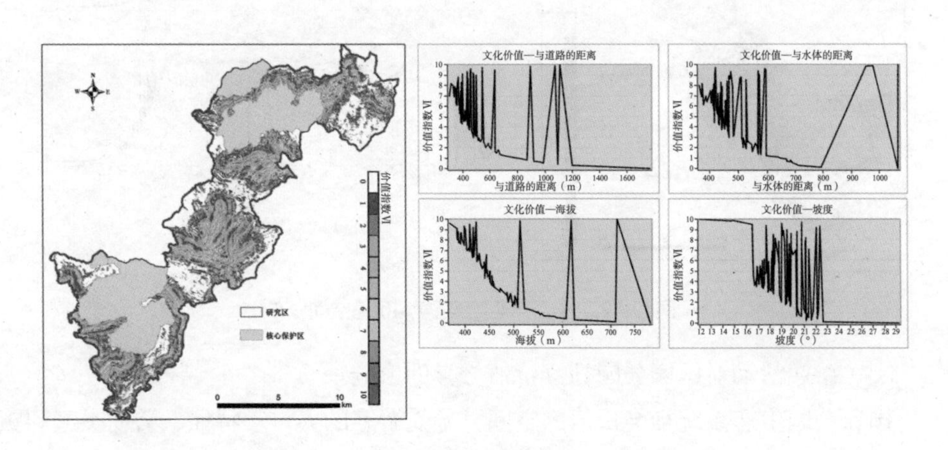

图 5-11　钱江源国家公园文化价值空间分布

⑤学习价值。学习价值在 7 级以上的区域面积为 8km²，占钱江源国家公园总面积的 3.17%，主要分布在各类动植物栖息地、高田坑村、三省界碑、枫楼坑、齐溪水库等区域。从图 5-12 可看出，当 0 ＜ DTR ＜ 1300m 时，学习价值指数呈剧烈波动，并在 1030m、1100m、1300m 处达到峰值，这主要因为距离道路较近的区域人类生产生活频繁，产生的传统农业生产文化和景观拥有较高的学习价值；当 DTR ＞ 1350m 时，学习价值指数构成一条上升的折线，维持在较高的价值指数趋势。这说明，与道路距离越远的区域主要是落叶阔叶林、针叶林、混交林以及各类灌木林地，生态系统受人为干预较少，生物多样性较丰富，因此自然学习的价值较高，这一结论与各类土地利用类型的价值指数结果相一致。从学习价值与距离水体远近的关系图可看出，学习价值与水体密切相关，呈现波动下降的趋势，距离水体越近，学习价值越高，当 0 ＜ DTW ＜ 400m 时，学习价值达到最大值，这主要是因为水资源能满足生物生长的需求，因此，距离水体越近，生物资源越丰富，自然学习的价值越高。从学习价值与海拔和坡度的关系来看，学习价值与海拔成正比关系，即山地和丘陵地带的学习价值相对较高；坡度则与学习价值成负相关关系，当坡度小于 15° 时，学习价值维持较高水平，大于 15° 时学习价值呈现剧烈波动下降的趋势，此时，坡度对学习价值的影响较小。

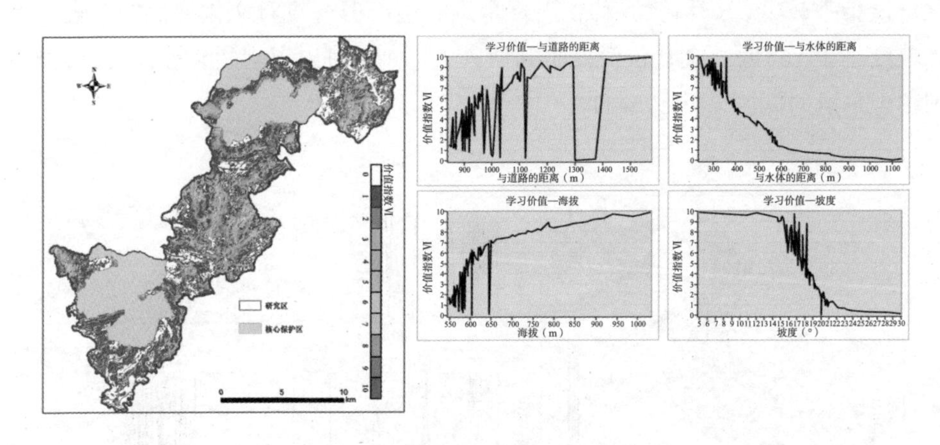

图 5-12　钱江源国家公园学习价值空间分布

（3）游憩活动对国家公园社会价值分异的影响。

国家公园生态系统社会价值的空间分异受游客的人口学特征、活动类型和频率等多种因素的影响。Clement 等（2011）的研究表明，不同游憩活动和场地使

用表明了游客对国家公园游憩兴趣的不同，从而产生社会价值偏好的差异。了解不同活动对国家公园社会价值差异的影响，有利于合理发挥生态系统的效能，为游憩活动设计和场地管理提供参考价值。

问卷的分析结果表明，观景、美食品尝、赏花、摄影/写生、古村落体验是较受游客欢迎的游憩活动。为了进一步分析游憩活动对国家公园社会价值的影响，本书以游憩活动类型为基准分析了各类社会价值的空间分布。从图5-13可看出，参加观景活动的游客对钱江源国家公园的美学价值评价相对较低，为5级或6级，主要分布在高田坑古村落和台回山梯田；参加摄影/写生活动的游客对钱江源国家公园的美学价值评价高（能达到9级或10级）的区域多于观景活动者，散落在国家公园各区域，价值较高的区域包括西溪村、台回山梯田、高田坑古村落、霞川古村落、田畈村、大横村，两类活动参与者都比较偏好传统农业生产活动形成的景观。

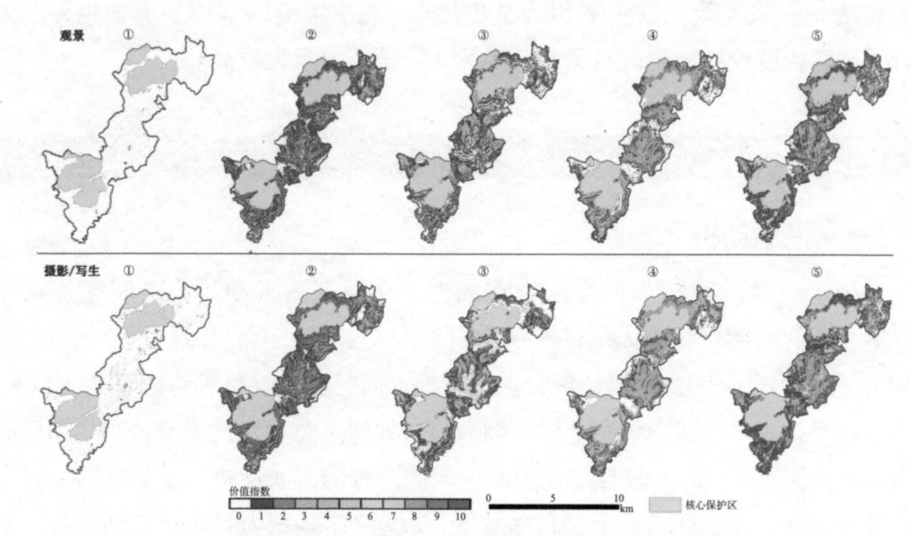

图5-13　不同游憩活动类型的社会价值空间差异

①=审美价值；②=游憩价值；③=生物多样性价值；④=文化价值；⑤=学习价值。

两类游憩活动者对钱江源国家公园生物多样性价值指数均较高，达到9或10级，说明两类活动参与者对生物多样性价值的认可度较高。观景活动参与者对生物多样性价值的高评价区域多于摄影/写生活动者，包括近水域、森林以及动物栖息地，如白颈长尾雉观赏区、重点植物保护区、三省界碑区、钱江源大峡

谷、齐溪水库、黑熊保护区等；摄影/写生活动参与者对生物多样性价值评价较高的区域则远离水面区域，集中在重点植物保护区、白颈长尾雉观赏区、三省界碑区、黑熊保护区等。

两类游憩活动者对钱江源国家公园的文化价值评价区域较为一致，主要集中在高田坑古村落、霞川古村落、田畈村、唐头、仁宗坑、左溪村等区域，这些区域拥有历史悠久的农业生产传统，形成了特色的文化景观，但摄影/写生活动者对钱江源国家公园的文化价值评价指数比观景活动参与者的评价指数更高。两类游憩活动参与者对钱江源国家公园游憩价值的评价较为一致，高值区域主要集中在临水区域、古村落区域以及森林区域，这主要因为随着智能手机的普及，观景和摄影/写生两类活动常常相伴在一起，成为游憩活动的重要组成部分，两类活动的开展对景观的价值要求大致相同。对于钱江源国家公园的学习价值，摄影/写生活动者的评价指数比观景活动者较高，前者最高等级达9级，后者则为7级或8级。这主要因为从事摄影/写生活动的群体多为学生，总体而言受教育程度较高，因此对国家公园的学习价值要求也较高。

四、游憩行为特征

（一）游憩动机

游憩动机是游憩行为产生的内在动力，在游客需求和行为之间起连接作用。诸多研究表明，识别人们的游憩动机是定义游憩机会的有效方式（Beh等，2007），能为国家公园游客群体细分提供依据，同时也为游憩活动管理提供参考。本书通过受访者选择各项游憩动机的频数与有效样本总数之比来反映游憩动机的倾向度（见图5-14）。大多数前往国家公园的游客的游憩动机不是单一的，具有复合性的特征。在游憩动机上，自然欣赏、放松/缓解压力是受访者到访钱江源国家公园最重要的两个动机。其中，以“自然欣赏”为动机的受访者最多，有461人，倾向度为73.06%；其次，是以“放松/缓解压力”为游憩动机的受访者，有291人，倾向度为46.12%。以“锻炼身体”“古村落文化体验”“与家人相处”“赏花”“避暑”“社交/建立关系”等为游憩动机的人数相对均衡，样本量都集中在150~200人。以“体育运动”“健康/医疗”“其他”为游憩动机的人数较少，游憩倾向度在10%以下。

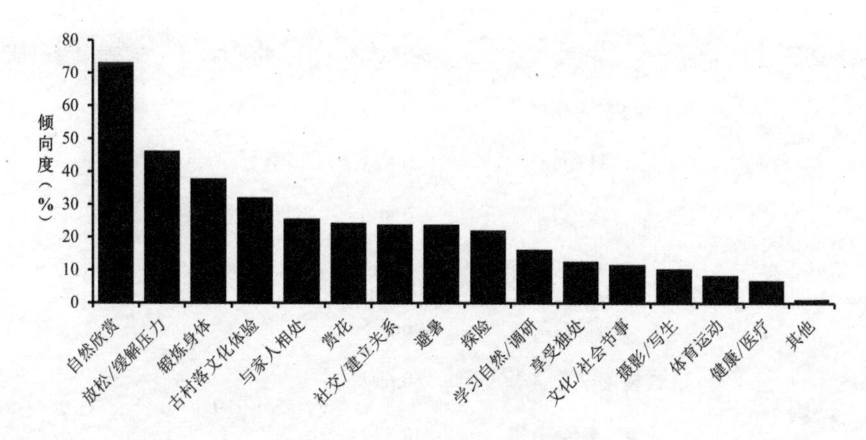

图 5-14　受访者游憩动机倾向度

为进一步分析钱江源国家公园游憩动机内部因子关联结构，本书采用探索性因子分析提取游憩动机的主要影响因子。从输出的 KMO 和 Bartlett 球形检验来看，KMO=0.537 ＞ 0.5，Bartlett 球形检验近似卡方值为 332.574，df=120，P=0.000 ＜ 0.05，这表明变量间具有公共因子存在，变量适合进行因子分析。因子分析过程中采用特征根大于 1 的标准提取公因子，并利用最大方差法对所抽取的公因子通过直交转轴进行公因子解释。经过两次因子分析，从 16 个题项中剔除了相关度不高的选项，保留了 13 个，并组成了回归与学习自然、逃避现实、建立关系、特殊兴趣、文化体验 5 个公因子构面（见表 5-8）。

表 5-8　游憩动机因子分析结果

因子	题项	因子载荷	特征根	方差贡献率（%）
回归与学习自然	欣赏自然	0.813	4.465	29.917
	锻炼身体	0.742		
	避暑	0.575		
	学习自然	0.695		
逃避现实	放松	0.749	2.198	13.739
	享受独处	0.501		

续表

因子	题项	因子载荷	特征根	方差贡献率（%）
建立关系	与家人相处	0.749	2.867	15.798
	社交	0.675		
特殊兴趣	探险	0.500	2.657	16.609
	赏花	0.578		
	体育运动	0.575		
文化体验	古村落文化体验	0.694	1.919	11.946
	文化 / 社会节事	0.539		

从表 5-8 的最终因子分析结果来看，所有提取选项的因子载荷均大于 0.50，且 5 个公因子的累积解释方差达到 88.00%，超过 50% 的最低要求，表明公因子能对原始选项的解释率高。其中，第 1 个公因子解释总方差的 29.917%，解释了前往国家公园的游客具有回归自然、欣赏自然并学习自然的动机；第 2 个公因子解释总方差的 13.739%，解释了游客通过观赏国家公园独特的景观、文化获得独处空间、逃避现实和释放生活压力的动机；第 3 个公因子解释总方差的 15.798%，解释了游客前往国家公园具有获得亲密交流、改善关系的动机；第 4 个公因子解释总方差的 16.609%，解释了游客前往国家公园因其特殊的自然景观或生态环境，出于某种特殊兴趣，寻求新奇的动机；第 5 个公因子解释总方差的 11.946%，解释了游客前往国家公园具有体验独特地域文化的动机。

根据各公因子所包含选题的调查均值，可得出钱江源国家公园受访者各方面游憩动机的相对重要性排序为：回归与学习自然＞文化体验＞逃避现实＞特殊兴趣＞建立关系。

（二）游憩行为空间模式

国家公园游客的空间活动不仅是游憩线路设计者关注的内容，同时由于游客活动空间频率及模式的差别，对于国家公园不同分区生态环境带来不同程度的影响，是国家公园管理的关键要素。

本书通过对游客问卷调查的数据进行处理以描述游客的空间活动热点区域。

首先，给受访者对到访区域进行赋值（未到访 =0，到访 =1），采用 SPSS19.0 进行各区域到访频率统计。通过 ArcGIS10.2 核密度估计方法对游客到访区域进行聚类以反映游客活动的空间格局特征（见图 5–15）。从总体上看，游客活动频率高的空间区域集中分布在大峡谷瀑布群、齐溪水库、台回山、高田坑片区，超过半数的受访者均到达上述区域；次高区域主要集中在田畈、枫楼坑、西坑、库坑、中山堂茶园、古田山区域。

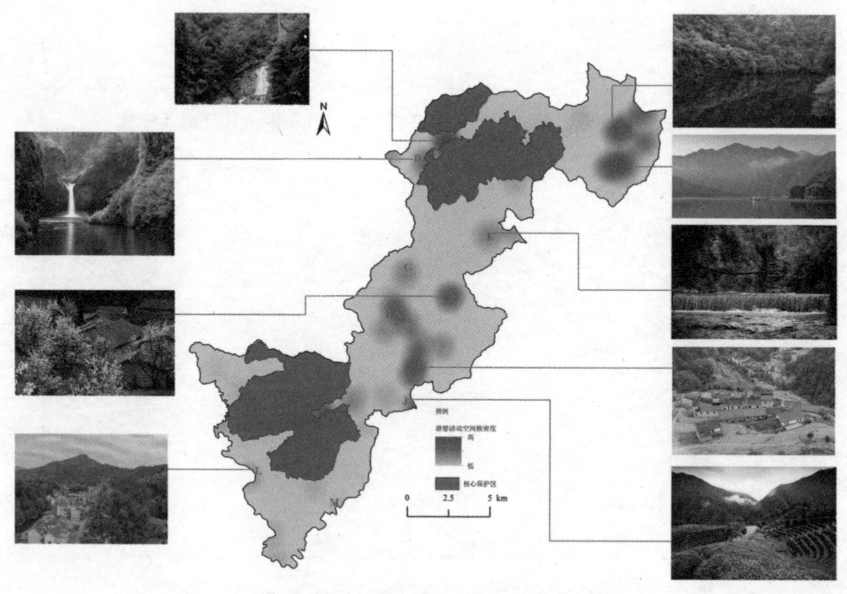

图 5–15　游客活动核密度估计[①]

上述核密度估计仅能粗略估计游客对国家公园空间利用的集聚特征，却无法精确反映游客活动轨迹。为了进一步准确描述游客空间活动模式，本书为游客提供了一张参与式地图，邀请游客对其到访的区域按照时间先后顺序进行排序。通过问卷整理，对问卷中游客填写的到访地点顺序进行归类，并绘出其活动线路（见图 5–16 至图 5–18）。图 5–15 中，区域代码 A–M 是根据游客活动空间核密度聚集区的编码，其中，A 区为国道 205 进入国家公园的门户区；E 区、I 区、

① 图中代码说明：A 为齐溪水库；B 为枫楼坑；C 为大峡谷瀑布群；D 为莲花塘；E 为田畈村；F 为高田坑古村落；G 为西坑古村落；H 为库坑村中共闽浙赣省委旧址；I 为台回山梯田；J 为中山堂茶园；K 为古田山；L 为唐头村；M 为溪西村。

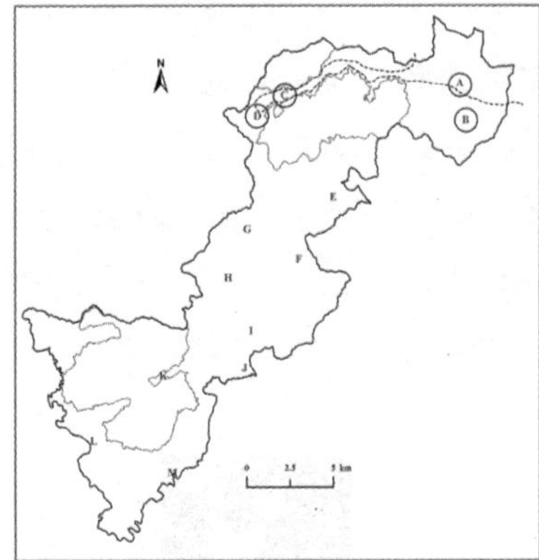

图 5-16　游客活动模式：①途经模式；②“几”形绕钱江源头模式

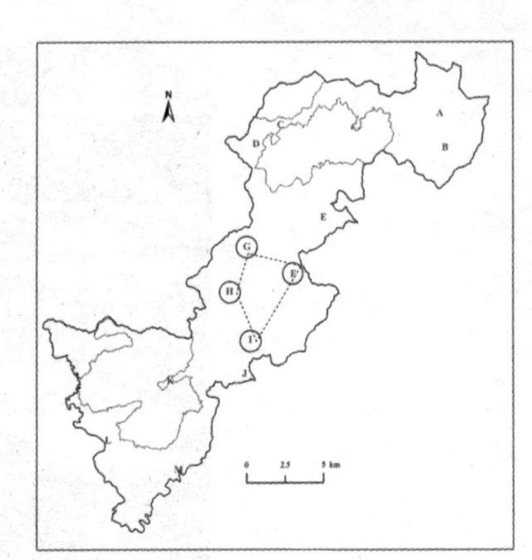

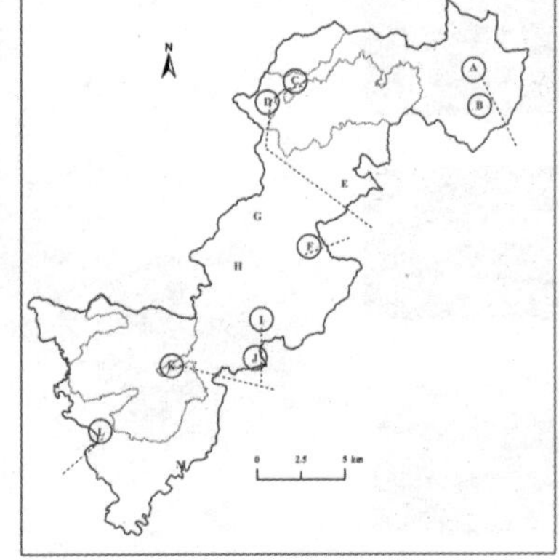

图 5-17　游客活动模式：③古村落环线模式；④单线折返模式

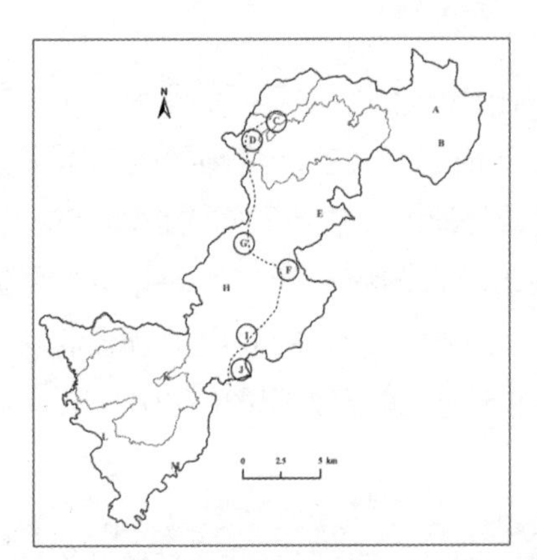

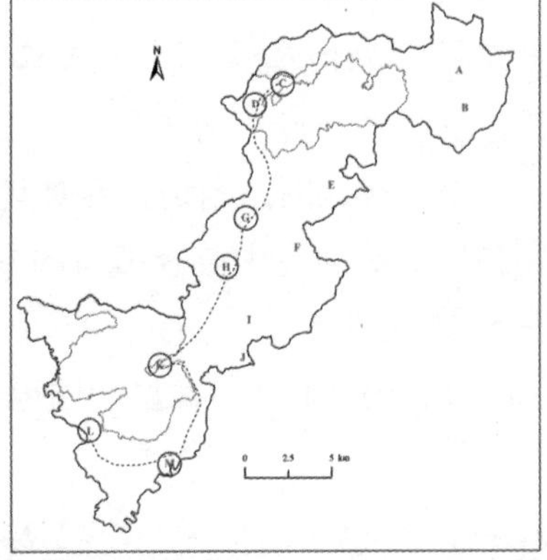

图 5-18　游客活动模式：⑤“S”形穿行模式；⑥环核心保护区绕行模式

J 区、L 区、M 区分别为乡道进入国家公园的门户区，其他区域为国家公园游憩点。圆圈圈定的区域为游客实际到访的区域，虚线仅表示活动线路，并不标明活动方向。根据统计分析，钱江源国家公园游客活动模式分为六类，具体如下。

①途经模式：这一模式主要经过 A 区和 B 区，这一类型的游客目的地并非钱江源国家公园，多为前往黄山、歙县等旅游景点，因国道 205 穿过钱江源国家公园，因此，部分游客选择顺路停留进行游憩活动。这类游客到访的区域主要集中在国道 205 附近的游憩点，包括齐溪水库、枫楼坑，一般停留时间较短。

②“几”形绕钱江源头模式：这一模式的目的地主要是钱江源头片区，经过 A 区、B 区、C 区、D 区，其活动线路主要从安徽方向国道 205 进入，到访的游憩点包括三省界碑、钱江源头碑、大峡谷瀑布群、里秧田、左溪村、齐溪水库、枫楼坑等，停留时间较短。

③古村落环线模式：这一模式途经的区域包括 G 区、F 区、H 区、I 区，到访的游憩点包括台回山、高田坑村、库坑村、西坑古村落，这些区域是钱江源国家公园到访率较高的区域之一，因此，选择这一线路的受访者较多，且停留时间较长。

④单线折返模式：这一活动模式一般为单目的地模式，即游客到达某一游憩点后停留一段时间便原路返回。这类游客一般依托乡道进入各游憩点，对前往的游憩点信息掌握较充分，且目标明确，停留时间则因各游憩点的活动丰富度而异。单线折返的区域包括 A 区、C 区、D 区、F 区、I 区、J 区、K 区、L 区。

⑤“S”形穿行模式：这一模式到访 6 个区域（即 C 区、D 区、F 区、G 区、I 区、J 区），停留的游憩点主要包括传统农业生产区、古村落区域和钱江源头区，采取这一行为模式的游客样本也相当可观，停留时间也较长。受地形和交通的影响，这一模式难以形成闭合环路，因此，大多采取折返的方式。

⑥环核心保护区绕行模式：这一模式到访 7 个区域（即 C 区、D 区、G 区、H 区、K 区、L 区、M 区）。受国家公园功能区划分的影响较大，由于核心保护区禁止游客活动，因此只能通过绕行完成活动。采取这一活动模式的游客数量相对较少，到访的区域主要集中在核心保护区及其连接地带。

从统计样本来看，六类活动模式中，采取古村落环线模式的样本量最多，其次是“几”形绕钱江源头模式和单线折返模式，样本量最少的是环核心保护区绕行模式。由于钱江源国家公园游憩点相对分散，且受交通的制约，难以在国家公园范围内形成完整的闭合环线，大部分游客采取穿行或折返的方式。其中，古村落环线模式和“S”形穿行模式经过了钱江源国家公园的最热门游憩点，是团队游憩者的主要活动模式，途经模式、“几”形绕钱江源头模式、单线折返模式则多为散客，且通常采用自驾的交通方式。采取环核心保护区绕行模式的多为具有特殊兴趣或特殊目的的游客，通常通过组队方式前往。

（三）游憩活动及其影响因素分析

1. 国家公园空间与游憩活动的关系

国家公园的资源本底、空间分区、线路设计都将对游憩活动带来影响，这些因素的叠加形成了为游客提供游憩活动的机会，从而影响游憩活动的决策。为准确了解游客在钱江源国家公园的游憩活动类型，在参与式问卷中，设计了 10 种游憩活动类型选项，共获取 2435 个选项样本（见表 5-9）。其中，参与观景活动的样本数最多，为 486 个，占样本总数的 19.96%，这体现了风景观赏仍是人们在国家公园中的主要活动，同时也对国家公园生态和环境资源保护提出了更高的要求。参与品尝美食、摄影 / 写生、古村落体验活动的样本数量也较多，分别为 406 人、311 人、287 人，占样本 16.67%、12.77%、11.79%。由于调研期正值暑假，前往钱江源国家公园的学生群体较多，因此，学习 / 调研、户外运动等适合青年群体的活动参与人数也较多。此外，问卷设置了“其中”选项供游客填写除上述 10 类活动以外的类型，共获得 36 个活动类型，包括观星、探亲、参加节庆活动等。这说明了具有特殊兴趣或特殊目的的游客占有一定的比重。

表 5-9　游客游憩活动状况

活动类型	参与样本数（个）	占比（%）
学习 / 调研	179	7.35
赏花	193	7.93
品尝美食	406	16.67
摄影 / 写生	311	12.77
户外运动	160	6.57

续表

活动类型	参与样本数（个）	占比（%）
观景	486	19.96
文化遗址游览	117	4.80
古村落体验	287	11.79
垂钓	61	2.51
农事体验	199	8.17
其他	36	1.48
总计	2435	100.00

资料来源：作者根据 SPSS 统计结果整理。

但是，在游客个人属性和国家公园空间特征的双重作用下，游客在国家公园内的游客决策也多元化，表现为游客根据自身需求和对环境的认知到匹配的空间环境中从事相应的游憩活动，这对于国家公园空间和活动设计具有重要的启示意义。根据国家公园空间与游憩活动相关性分析的结果（见表 5-10），并非所有的区域都适合同一种游憩活动。以“摄影 / 写生”活动为例，与其相关性较显著的区域是库坑革命遗址、高田坑古村、中山堂茶园、台回山、西坑、霞川古镇等，而鸟类栖息地、重要动物栖息地、亚热带重要植物分布区、陆联、田畈村、仁宗坑等区域则与这一活动成负相关关系。结合携程、驴妈妈、马蜂窝等网站中关于游记及照片分享的情况来看，多数游客的摄影偏好农业生产和生活中形成的各类文化遗产、大地景观艺术，因此，上述人类活动较频繁的区域成为“摄影 / 写生”活动开展的主要区域。与“垂钓”活动成正相关的区域包括里秧田、高田坑古村、中山堂茶园、田畈村、陆联、大横村，其他区域则与之成负相关。由分析结果可看出，“垂钓”活动并未发生在国家公园主要水面区域，而发生在一些乡村居民点，这主要是因为清水鱼养殖作为钱江源国家公园特色物产和传统生产方式具有区域特色，钱江源国家公园出于生态保护和传统生产保留的双重考虑，在一些生态敏感区、脆弱区采取了禁止垂钓措施，而选择在一些典型村落开展清水鱼养殖、观赏以及相关的活动项目，因此，与“垂钓”活动成正相关的区域具有局部集聚的特征。

表 5-10　国家公园空间与游憩活动相关性分析

	学习 / 调研	赏花	品尝美食	摄影 / 写生	户外运动	观景	文化遗址游览	古村落体验	垂钓	农事体验	其他
钱江源大峡谷	0.118**	−0.010	0.104**	0.000	0.045	0.129**	0.035	0.029	−0.062*	0.023	−0.067*
钱江源头碑	0.039	0.024	0.081**	0.056	0.075*	0.158**	0.029	0.024	−0.016	0.035	−0.063
三省界碑	−0.039	−0.026	0.105**	0.096**	0.118**	0.088**	−0.176**	0.227**	−0.079*	0.078*	−0.039
枫楼坑	0.043	0.008	0.095**	0.044	0.018	0.123**	−0.023	0.050	−0.054	0.078*	−0.029
库坑革命遗址	−0.058	0.143**	−0.002	0.129**	0.051	−0.071*	0.202**	0.073*	0.010	0.095**	0.094**
齐溪水库	−0.008	−0.020	0.065*	0.029	0.042	0.041	0.008	0.068*	−0.028	0.041	−0.035
西山古村落	0.066*	0.150**	0.038	0.051	0.027	0.087**	0.104	0.056	−0.049	0.103**	−0.009
唐头	0.054	0.015	−0.001	0.065*	0.023	0.026	−0.070*	−0.096**	−0.053	0.024	−0.087**
里秧田	0.020	0.036	0.121**	−0.061*	0.012	0.088**	0.035	−0.022	0.012	0.018	−0.038
古田山庄	0.067*	0.085**	0.074*	−0.001	0.021	0.103**	−0.005	−0.073*	−0.016	0.039	−0.096**
高田坑古村	0.032	0.095**	0.062*	0.14**	0.022	0.016	0.006	0.088**	0.015	0.059	0.033
古田山	0.016	−0.114**	−0.054	0.016	0.056	0.059	0.043	−0.146**	−0.092**	−0.057	−0.069*
中山堂茶园	−0.004	0.079*	0.046	0.172**	0.028	0.045	0.023	0.022	0.033	0.084**	−0.400**
台回山	0.033	0.205	0.102**	0.180**	0.035	0.307**	−0.002	0.036	−0.028	0.096**	−0.014
田畈村	0.009	0.014	0.068*	−0.069*	−0.111**	0.024	−0.036	0.018	0.170**	0.051	0.081**
陆联	−0.048	−0.012	0.019	−0.075*	−0.122**	0.125**	−0.024	0.050	0.351**	0.057	0.026

续表

	学习/调研	赏花	品尝美食	摄影/写生	户外运动	观景	文化遗址游览	古村落体验	垂钓	农事体验	其他
大横村	0.042	0.024	0.071*	−0.022	−0.071*	−0.118**	−0.057	0.014	0.020	0.055	0.034
西坑	−0.038	0.165**	−0.016	0.161**	0.018	−0.013	0.097**	0.101**	−0.036	0.085**	0.025
左溪村	0.046	−0.026	0.054	0.012	−0.029	0.029	−0.037	0.019	−0.041	0.048	−0.051
仁宗坑	0.600*	0.000	0.101**	−0.016	0.034	0.058	−0.020	−0.028	−0.031	0.045	−0.046
霞川古镇	−0.020	0.081**	0.042	0.092**	0.017	0.033	−0.004	0.229	0.121**	0.054	0.052
白颈长尾雉观鸟区 2	0.027	0.027	0.042	−0.053	0.032	0.027	−0.027	−0.052	−0.018	0.023	−0.014
白颈长尾雉观鸟区 3	0.092**	0.060*	0.022	−0.039	−0.010	0.020	0.033	−0.031	−0.038	0.101**	0.053
国家重点保护植物分布点 2	0.008	0.109**	0.003	−0.065*	0.066*	−0.017	−0.033	−0.063	−0.023	0.102**	−0.017
国家重点保护植物分布点 3	−0.025	−0.025	0.030	−0.038	0.068*	0.019	−0.019	−0.036	−0.013	−0.027	−0.010
国家重点保护植物分布点 4	0.063	−0.025	0.030	−0.038	0.068*	0.019	0.084**	−0.036	−0.013	−0.027	−0.010
黑熊栖息区 1	0.104**	0.024	0.026	−0.065*	0.010	0.050	0.016	0.000	−0.029	0.116**	0.034
黑熊栖息区 2	0.054	−0.009	0.034	−0.055	−0.039	0.043	−0.012	0.044	0.037	0.020	0.077*
云豹栖息区 1	0.103**	0.008	0.039	−0.099**	0.003	0.073*	0.016	0.009	−0.035	0.068*	0.062*
云豹栖息区 2	0.015	−0.032	0.015	−0.015	0.008	0.043	−0.003	−0.017	−0.004	0.001	−0.010

资料来源：作者根据 SPSS 统计结果整理。
注：* 表示在 0.05 水平显著相关，** 表示在 0.01 水平显著相关。

结合前述游憩点到访率统计结果可发现，到访率较高的区域能提供的游憩活动机会也相对较多。例如，钱江源大峡谷、高田坑古村、中山堂茶园、台回山、古田山、霞川古镇等到访率排名靠前，同时也能提供5种以上的游憩机会。这些区域构成了钱江源国家公园的核心游憩吸引力。相比较而言，鸟类栖息地、重要动物栖息地、亚热带重要植物分布区则因其功能的特殊性对游客到访和活动均有限制，能提供的活动机会相对较少，主要为学习/调研、观景和摄影/写生。

2. 游憩动机对游憩活动的影响

游憩动机是影响游客参与活动的内在因素，以往的研究表明，游憩动机与游客参与活动具有显著相关关系。根据前文对游憩动机的主成分分析结果，对五类游憩动机与参与活动类型做相关分析，结果如下（见表5-11）：①以“回归与学习自然”为动机的游客较多参与学习/调研、赏花、摄影/写生、户外运动和观景活动，对文化遗址游览、垂钓等活动的参与较少；②以“逃避现实”为动机的游客较倾向参与赏花、品尝美食、观景、古村落体验等活动，对摄影/写生和垂钓活动则较为排斥；③以“建立关系”为动机的游客对品尝美食、观景、古村落体验、农事体验活动的参与率较高，对学习/调研、摄影/写生、户外运动、文化遗址游览、垂钓、其他活动的参与较排斥；④以“特殊兴趣”为动机的游客对赏花、品尝美食、摄影/写生、文化遗址游览、古村落体验、垂钓、其他活动有强烈的参与意愿，对学习/调研、户外运动、观景的参与意愿较弱；⑤以“文化体验”为动机的游客对摄影/写生、户外运动、观景、文化遗址游览、古村落体验活动的参与度较强，对学习/调研、品尝美食、垂钓、其他活动的参与较为排斥。

表5-11 游憩动机与游憩活动的相关性分析

	回归与学习自然	逃避现实	建立关系	特殊兴趣	文化体验
学习/调研	0.108**	0.003	−0.026	−0.025	−0.002
赏花	0.075*	0.067*	0.002	0.021	0.006
品尝美食	0.600*	0.046	0.015	0.015	−0.015
摄影/写生	0.085**	−0.006	−0.005	0.053	0.016
户外运动	0.600**	0.009	−0.035	−0.005	0.094**

续表

	回归与学习自然	逃避现实	建立关系	特殊兴趣	文化体验
观景	0.139**	0.063	0.054	–0.004	0.052
文化遗址游览	–0.140	0.019	–0.054	0.047	0.026
古村落体验	0.036	0.112**	0.027	0.063	0.620**
垂钓	0.019	–0.028	–0.001	0.040	–0.043
农事体验	0.034	0.012	0.061	0.008	0.063
其他	–0.710	0.034	–0.025	0.032	–0.020

注：* 表示在 0.05 水平显著相关，** 表示在 0.01 水平显著相关。

五、本章结论

（1）对钱江源国家公园的问卷调查表明，前往钱江源国家公园的人群以中青年、中学以上学历为主；在结伴方面，以家庭、朋友和情侣结伴方式出游为主，通过自驾车出游的人居多。钱江源国家公园的游客以近程和周边市场为主，最受游客关注的是钱江源国家公园的自然景观、环境卫生和空气质量；游客满意度与游览设施、游憩丰富度、解说布局、环境安静程度、线路合理性等要素相关。

（2）人们对国家公园的使用对生态系统服务将带来压力，因此，充分评估生态系统服务的社会价值能为国家公园管理者提供有效的决策参考。本书从游客角度出发，定义生态系统的社会服务价值为游客所认识到的非经济价值，并选取了审美价值、生物多样性价值、文化价值、历史价值、学习价值、游憩价值、精神价值、健康价值 8 类社会服务价值指标，通过“问卷 +PPGIS”的方式调查游客对钱江源国家公园生态系统社会服务价值的感知。结果表明，游客对钱江源国家公园社会价值的重要性排序为：审美价值 > 游憩价值 > 生物多样性价值 > 文化价值 > 学习价值 > 精神价值 > 历史价值 > 健康价值。本书着重分析了前五类与游客关系较密切的五类社会价值。国家公园生态系统的社会价值与其环境属性息息相关。其中，生物多样性价值与 DTR 成正相关，游憩价值与 DTR 成负相关，审美价值、文化价值、学习价值与 DTR 成波动相关；生物多样性价值、学习价值与 DTW 成负相关，审美价值、文化价值、游憩价值与 DTW 成波动相关；生物多样性价值、文化价值、游憩价值、学习价值与坡度成负相关，审美价值与坡度成波动相关；审美价值、文化价值与海拔成波动相关，生物多样性价值、学习价值与海拔成正相关，游憩价值与海拔成负相关；从土地利用类型来看，常绿阔叶林的生物多样性价值和学习价值指数较高，农田、针阔叶混交林的审美价值指数较高，农田和村庄的文化价值指数较高，农田和灌木的游憩价值较高。此外，游憩活动对社会价值的感知也有影响。

（3）回归与学习自然、逃避现实、建立关系、特殊兴趣和文化体验是游客前往钱江源国家公园的主要动机，在此动机影响下，游客活动的区域也呈现冷热不均的状态，从总体上看，游客活动频率高的空间区域集中分布在钱江源头、齐溪水库、台回山、高田坑片区。钱江源国家公园游客的活动模式也呈现不同特征，包括途经模式、“几”形绕钱江源头模式、古村落环线模式、单线折返模式、“S”形穿行模式以及环核心保护区绕行模式。

（4）游客在钱江源国家公园参与的游憩活动类型较为丰富，其中较受欢迎的包括观景、品尝美食、摄影 / 写生、古村落体验、农事体验等。国家公园的环境是游憩行为发生的支撑条件，特定的游憩行为需要国家公园的场所支持，这些场所环境不仅仅包括自然和人文资源，还包括环境允许的最大活动强度、管理水平等。问卷分析结果显示，游客不同活动对地点的选择具有一定的倾向性，如参与学习 / 调研活动的偏好去钱江源大峡谷、古田山、仁宗坑、白颈长尾雉观鸟区等，参与观景活动的则偏好去钱江源大峡谷、三省界碑、台回山、里秧田等区域。因此，分析研究国家公园的游憩行为特征，总结引发各类游憩行为的条件，对国家公园的资源与环境进行梳理，并对线路和设施进行合理规划与设计，提出适宜开展各类活动的场所，做好解说与引导工作，使游客能在适宜的场所开展期望的活动，那么游客的行为将会更加理性，游憩体验质量能得到充分的保证。

第六章

基于环境—社会价值的钱江源国家公园游憩利用适宜性综合评价

一、基于环境—社会价值的国家公园游憩利用综合性评价的必要性

国家公园游憩管理不应仅仅单方面考虑对生态系统的保护，同时应该从发挥生态系统价值、实现生态系统的可持续性角度出发，统筹考虑利益相关者与生态系统交互过程中产生的微妙关系。构建科学合理的游憩利用适宜性评价体系，对国家公园内环境资源、游客活动、场地设施的合理规划与管理，能有效提升国家公园环境质量，提高游客的游憩满意度。在过去的各类保护地游憩管理中，引进美国的游憩机会谱理论（ROS）是用以评价游憩适宜性、构建游憩机会谱较普遍的做法。ROS 理论在考虑环境属性、兼顾游客活动体验以及可操作性方面具有良好的借鉴作用。随着我国国家公园体制建设的逐步推进，对生态系统的完整性和原真性提出了更严格的保护，对于国家公园游憩活动的开展显得更为谨慎，因此，统筹考虑国家公园自身环境及其服务对象的偏好与需求对于游憩管理具有重要的引导作用。

（1）游憩环境及其活动的多样性。国家公园的每一片区域都有其自身独特的属性和资源特征，是其整体环境中不可替代的部分，各区域相互依存共同组成游憩机会谱。一般而言，国家公园范围内的某一块功能区拥有独立的空间，具有自身的特色和功能定位，能提供某一类活动供应以满足游客需求。而游客需求因性别特征、家庭构成、教育水平、经济条件、距离等内外因素的作用存在差异，决定了国家公园游憩活动具有多样性。游憩机会谱的建立，能综合考虑国家公园环境、游客需求与活动，将三者对应起来，实现游憩供给与需求的匹配。

（2）生态系统的价值决定了游憩机会供给的数量和质量。生态系统服务被认为是生态系统通过为人类提供支持、供应、规制和文化服务，使人类直接或间接受益的方式。大量的研究表明，生态系统在环境与社会变化的互动中具有重要的作用，这些作用表现为栖息地的退化、气候变化、资源过度开发以及物种入侵等。因此，将生态因素与社会因素统筹考虑，有利于缓解资源利用与保护之间的矛盾。但是，在服务供给中，有关生态系统的生态和社会贡献仍难以精准计量。Daily 等（2009）指出，在资源管理与保护规划中，生态系统价值信息应该被纳入有效决策的框架内。对于国家公园游憩管理而言，生态系统的非经济价值，如审美价值、精神愉悦价值、健康价值、游憩价值等是游憩机会供给的数量和质量的重要决定因素。利用空间分析技术绘制各类生态系统社会价值的空间特征能有效地反映不同景观在游憩福祉方面的供给和效益，使国家公园游憩机会谱更完善和全面。

（3）保障公民游憩权是国家公园本质要求。随着经济社会的发展，世界各国逐渐将“游憩”作为社会公民权的一部分纳入社会公共福利体系。大多数国家公园的建设和管理基于这一福利主义理念开展，并通过法律框架和资金支持作为重要支撑，以体现国家公园的公益性和国家主导性。在这种理念的指导下，公共游憩的性质并非个人消费活动，而是游憩权利的一种追求。因此，作为重要的公共空间，满足公众的多元化游憩需求，同时保证在这个空间里人人享有均等的游憩机会是国家公园的本质要求。构建科学合理的游憩机会谱，能实现游憩活动与环境的合理互动和配置，为公众提供更合理、适宜的游憩服务。

二、基于环境—社会价值的钱江源国家公园游憩利用适宜性序列构建

（一）不同空间游憩机会序列的构建方法

游憩机会序列构建的目标是确定不同的游憩环境类型，使游客能根据自己的偏好参与活动并获得满意游憩体验的机会，其实质是架构游客体验与环境属性的桥梁。游憩机会序列中的环境由三部分组成：物理环境、社会环境和管理条件，这三个环境因子的相互作用决定国家公园能提供的服务功能的差异。20 世纪 70 年代美国林务局初次提出游憩机会谱的概念后，这一理念被视为不仅仅是一个概念，同时也是一个规划管理的框架，针对不同类型的游憩空间，衍生出了不同类型的游憩机会类型（见表 6–1）。

表 6–1　不同游憩地游憩机会序列评价指标及分类

场所类型	分类方法	分类标准	机会谱系构成	应用范畴
荒野类户外游憩地	五标六类法，美国林务局采用	偏远程度、区域规模、人类迹象、使用密度和管理力度 5 组指标	原始区域、半原始且无机动车辆使用的区域、半原始且有机动车辆使用的区域、通道路的自然区域、乡村区域、城市区域	国家公园、自然保护区、荒野保留地
城市公园	三标五类法，吴承照等（2011）提出	自然环境质量、游憩使用质量、管理条件	高密度、较高密度、中密度、较低密度、低密度	城市公园、社区公园
水域	七标六类法，美国水务局提出	可达性、远隔性、自然性、游客相遇频率、游客冲击、场所管理、游客管理	原始区域、半原始区域、自然乡村区域、开发的乡村区域、城郊区域和城市区域	自然河道流域
生态旅游游憩机会	六标四类法，黄向等（2006）提出	资源、与社会的联系、管理因素、对环境影响的可接受程度、对可持续性的要求	高等级生态旅游产品、中等级旅游产品、低等级生态旅游产品和大众生态旅游产品	生态旅游者偏好的环境
滨海游憩机会	七标四类法，邹开敏（2014）提出	可达性、环境人工化程度、游憩设施水平、服务水平、游客密度、对环境的影响、对游客的管理强度	滨海都市区、沿海岸线区、近海（海岛）区和深海区	滨海或海洋游憩区域

资料来源：作者根据文献整理而得。

尽管不同游憩空间的机会序列的核心评价指标主要围绕自然、环境和管理因素来进行序列类型或等级的划分，但不同资源本底使其对原始的游憩机会谱理论有所修正。荒野类户外游憩地的主体用于生态保护，只有少部分空间用于游憩活动，因此，游憩机会谱多从生态敏感程度、使用强度等角度考虑；城市公园的主要功能是为公众提供一个绿色空间，因此可用于游憩活动开展的空间较多，游憩活动支持程度的差异主要取决于各景观单元的环境条件，因此游憩机会谱更多考量的是与游憩活动相关的环境质量；生态旅游更多考虑的是旅游设施对旅游活动的承载力，以及游客的知识和技术水平，这凸显了生态旅游的特点，强调原始自然的生态环境，同时对游客的知识技能提出要求，最大限度地降低对生态环境的干扰。可以看出，游憩机会谱理论的分类框架基本是从原始未开发区域到近城或城市区域逐渐变化的数个环境类型或等级，只是在环境类型的名称、数量以及等级分界点略有差异；而其他经改进的游憩机会谱理论多根据应用区域服务对象的特点进行进一步的细化，但基本上还是对用地的使用性质做出分类。

游憩机会谱理论能够在资源的保护与开发中找到平衡点，是一种有效的资源清查和管理工具。这种对土地进行空间连续分类的方法最早适用于美国西部大面积人烟稀少的土地，而在公共土地面积相对较小、整体较靠近城市的地区则并不适用。游憩机会谱理论虽然被我国很多学者引入并针对不同游憩地类型做了相应的改进和修正，但其在实际应用中仍存在一定的缺陷：①标准模糊、不明确，参数难以测量；②游憩设施的选择标准与指南缺乏，游憩机会谱理论的应用主要取决于是否有道路，但对一些道路较少或者特定类型的道路在游憩机会谱理论中没有具体的指南；③游憩机会谱理论的出发点虽然是基于环境与游憩活动的匹配，但是在游憩机会谱理论实践中，与公众的交流互动较少，从而导致诸多不明确的机会设置，无法满足使用者的期望，造成管理者与公众之间的冲突；④随着科技的发展，游憩者活动所依托的工具和管理者的管理工具和方法都发生了很大改变，游憩机会谱理论在这方面并未进行相应的改进，导致其对游憩地的机会评价和分区不能精确地反映游憩者需求。

鉴于此，众多的土地和森林管理机构近年来对游憩机会谱进行了编制和修订工作。新西兰应用 ArcGIS 技术进行游憩机会谱的编制，可根据区域环境数据的变化动态更新游憩机会的分布，实现游憩机会的可视化、监测游憩资源的改变，以帮助管理者进行决策（Joyce 和 Sutton，2009）。美国林务局则在逐渐关注公众

对森林规划的态度、偏好以及社会价值取向，采取从国家到各州层面的公开公众会议、征求书面或口头意见、小组讨论等方式鼓励公众参与游憩规划与管理。诸多与公众参与有关的研究和实践表明，公众对于游憩地的“地方”属性和价值较为敏感、复杂和多层次，对生态系统的保护倾向大于物质索取。因此，更多关于公众需求和偏好的因素纳入游憩机会谱的修正中，如美国林务局于 2015 年发布的森林服务战略规划中将景观管理系统纳入游憩机会谱理论，对游憩资源分类分级，保护生态环境，提供更多开放空间。

国家公园是具有保护生态系统、公众游憩、社区发展等多重功能的保护地类型；生态系统是保持国家公园生态健康和功能完好，为人类提供各类产品和服务，直接作用于人类福祉。对于游憩者而言，国家公园提供的审美、健康、学习等服务是生态系统提供的重要服务。近年来，随着生态系统管理意识被国家公园及其他保护地类型管理者逐渐接纳，有关游憩适宜性评估及机会谱的制定不再是传统的生物物理环境导向。通过吸引公众参与，了解公众对国家公园生态系统的社会价值的感知和倾向，将公众的利益和价值观纳入国家公园游憩机会的绘制与管理框架中，使游憩机会谱不仅能反映国家公园环境对游憩活动的支持度，同时能使生态系统的功能得到最大限度发挥，为公众提供最大游憩效益。

（二）基于环境—社会价值的钱江源国家公园游憩利用适宜性综合评价

国家公园游憩利用适宜性综合评价的目标是实现生态系统完整性、社会效用和社区发展关系的平衡，既充分考虑国家公园环境对游憩活动的支持力的差异，也考虑公众对国家公园生态系统社会价值的倾向和感知。因此，本书将环境适宜性评价模型及生态系统社会价值感知模型（SoIVES）纳入钱江源国家公园游憩利用综合评价框架中。图 6–1 说明了钱江源国家公园游憩利用适宜性综合评价的绘制流程，其目的在于通过对国家公园环境适宜性和生态系统社会价值感知的数据叠加，确定游憩利用优先级。根据第四章关于钱江源国家公园环境适宜性评价，分别生成自然游憩资源适宜性等 6 张适宜性评价图，通过权重叠加获得环境适宜性评价总图；根据第五章问卷结果得到的数据生成 5 个生态系统社会价值感知图，输入两类评价图，通过对两类评价值进行对比，进行游憩机会的优先级划分。这种比较的结果能为管理者的游憩活动和场地管理提供信息，并进一步分析相互冲突的活动和社会价值事项。

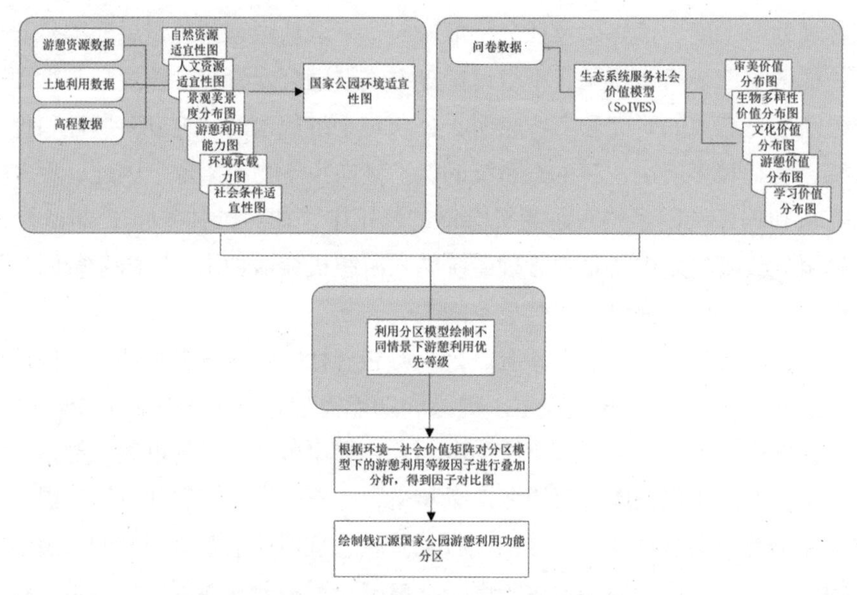

图 6-1　钱江源国家公园游憩利用适宜性综合评价流程

1. 钱江源国家公园游憩利用适宜性综合评价因子谱系清查

根据上述分析，对钱江源国家公园游憩利用适宜性综合评价因子谱系包括环境适宜性和生态系统社会价值两个一级分值，并在此基础上分别建立二级、三级分支谱系。

（1）环境适宜性。国家公园环境包括物理环境和社会管理环境，其适宜性因子根据游憩环境构成的物质载体，划分为自然游憩资源、人文游憩资源、景观美景度、游憩利用能力、环境承载力、社会条件六个二级类型，各类型所包含的子因子参见第四章环境适宜性评价部分内容。

（2）生态系统社会价值评估。生态系统的社会感知价值评估主要采用 SoIVES 模型来整合和量化生态系统社会价值与国家公园物理环境之间的关系。主要量化五类非货币价值，即审美、生物多样性、文化、游憩和学习价值，各类价值的等级以及空间分布详见第五章相关内容。

2. 钱江源国家公园游憩利用适宜性综合评价谱系拟定

统筹上述“环境适宜性”和“生态系统社会价值”分析结果，建立环境—社会价值矩阵，得到钱江源国家公园游憩机会序列。本书中的环境—社会价值矩阵由社会—生态矩阵改进而来（见表 6-2），该矩阵被用于多目标约束下保护地的区域选择和分区工作中，使决策者明确保护目标与管理战略之间的关系。采用环境—社会价值矩阵评价国家公园游憩利用适宜性的基本思路是将国家公园的生态系统社会价值、环境与游憩使用者之间建立一种联系，来评判在未来一段时间内游憩利用对周边环境的响应，其评价过程如下：①根据钱江源国家公园实际建立基本评价矩阵，包括环境适宜性和生态系统社会价值两大矩阵，矩阵指标根据第四章和第五章的研究内容确定；②根据环境—社会价值矩阵设定的标准，利用分区模型进行游憩利用优先序列的三类情景模拟，并根据前人的研究经验（Bryan和King，2011；Mcphearson等，2013），划分钱江源国家公园游憩利用优先等级，分为高适宜水平游憩利用（优先值为0.9~1）、较高适宜水平游憩利用（优先值为0.8~0.9）、中度适宜水平游憩利用（优先值为0.7~0.8）、低适宜水平游憩利用（低于0.7的优先值）；③根据分区模拟各情景中环境适宜性因子和生态系统因子的标准化值的对比，得出钱江源国家公园游憩利用适宜性的最终计算，并进行游憩利用功能区划。

表6-2　钱江源国家公园游憩利用的环境—社会价值矩阵

	高适宜水平游憩利用	较高适宜水平游憩利用	中度适宜水平游憩利用	低适宜水平游憩利用
1. 环境适宜性				
a. 自然游憩资源		自然游憩资源质量高		自然游憩资源质量低
b. 人文游憩资源		人文资源丰富		人文资源赋存少
c. 景观美景度	观赏性很强	美景度一般		观赏性差
d. 游憩利用能力		土地利用类型与游憩利用匹配度高		土地利用类型与游憩利用匹配度低
e. 环境承载力	环境承载力强		环境承载力弱	
f. 社会条件		设施完善，管理较好		设施较差，管理不力
2. 生态系统社会价值				
a. 审美价值		审美价值高		审美价值较低

续表

	高适宜水平游憩利用	较高适宜水平游憩利用	中度适宜水平游憩利用	低适宜水平游憩利用
b. 生物多样性价值	生物物种丰富 ↔		生物物种较少 ↔	
c. 文化价值	文化资源丰富，品位高 ↔			文化价值较低 ↔
d. 游憩价值	游憩价值较高 ↔			游憩价值较低 ↔
e. 学习价值	学习价值高 ↔		学习价值较低 ↔	

该环境—社会价值矩阵既充分考虑了国家公园环境景观单元构成的质量差异，也充分考虑了游客对国家公园社会价值的感知倾向，使国家公园生态系统价值得到最大限度发挥，保证游客能在国家公园中充分获得游憩效益。不同于传统的游憩机会谱对游憩活动的过分关注，它从环境适宜性和生态系统社会价值角度全局性考虑游憩利用情况，推动国家公园合理利用生态资源，实现国家公园的价值所在。随着城市化的不断扩张，可以预见，未来公众对绿色空间的游憩需求在数量、质量上都将提出更高的要求，统筹国家公园自身属性特征、公众参与分配游憩资源的关系，将促进国家公园各功能区的优化和资源合理利用，协调保护与利用的关系。同时，钱江源国家公园游憩机会谱理论通过 GIS 技术的分析与展示，可随着土地利用、生态系统的变化进行动态更新，使游客能在国家公园环境中找到符合自身需求的体验区，管理机构能及时应对环境变化，调整管理策略。

3. 基于环境—社会价值的钱江源国家公园游憩利用优先等级的确定

（1）分区模型下游憩适宜性情景模拟。国家公园的游憩活动利用兼具提升游憩福祉、保护生态环境、促进与周边区域协同发展等多重目标。国家公园游憩规划一般包括战略规划、重新划分功能区以及发展规划三个阶段。其中，战略规划阶段是进行长期的战略规划，确定区域层面土地利用；重新划分功能区即指定允许和禁止使用的土地分区，以及需要额外授权使用的土地；发展规划阶段则注重对各类尺度和类型的活动进行规划与管理。对于国家公园游憩利用而言，在战略规划的框架下，如何在各类条件约束下实现多重目标是管理者面临的问题。在长期的实践管理中，人们逐渐意识到，作为国家公园各类产品和服务提供者的生态系统应纳入各层次规划中，因此，系统性保护规划理念被保护地管理者广泛接

受。该理念强调采用集成方法以最小的资源支出实现生态保护的目标，统筹考虑不同尺度用地规划对各类生物物种的影响，寻求综合效益的最大化。

基于上述理念，赫尔辛基大学开发了分区模型，该模型最早用于生态资源的空间分布，基于 GIS 的物种空间分布进行栖息地模拟，从而确定保护优先级。根据种群动态原则，分区模型假定生态系统可持续性与生物丰度和关联度相关，通过特殊生物物种的方式将保护优先等级区域相连接（Moilanen 等，2005）。该模型通过向生态保护研究人员和规划人员提供优先保护的区域分析方法，为生态保护规划与管理提供解决方案。分区模型采用反向分段启发式算法，将最小边际损耗的单元格按照顺序迭代从景观图层中移除，试图在栅格移除过程中保留所有研究物种的核心区，同时使保护价值的边际损失最小化，以保证其他区域的保护价值最大化（Gordon 等，2009），并以此确定区域保护 / 开发的优先顺序。根据目标的不同，分区模型的分析模式多样，包括核心区域分区（core-area zonation）、附加效益分区（additive benefit function zonation）、目标分区（target zonation）等。本书借鉴核心区域分区模型进行游憩利用适宜性等级的确定，该模型优先以生态环境为前提，并以此划定优先生态保护或游憩利用区域。该模型对国家公园游憩利用价值的评估通过计算边际损耗来实现，边际损耗的计算公式为（Lin 等，2017）：

$$\delta_i=\sum_j \frac{Q_{ij}\ (S)\ W_j}{c_i}$$

式中，δ_i表示第i个单元格的环境适宜度的边际损耗；W_j表示第j类环境因子的权重（或优先比重）；c_i表示导入图层中第i个单元格的成本；$Q_{ij}\ (S)$ 表示在第i个单元格除去移除部分的剩余单元格面积S中第j类环境因子及生态系统社会价值所占的比重。

在计算过程中，根据单元格的重要程度依次被移除，重要程度更高的单元格被视为具有更高的优先级。通过计算和控制损耗的方式能帮助规划和管理者更好地了解区域的环境质量与生态系统价值间的关联性。本书研究中，对单元格的优先级进行标准化（0~1），其中 0 表示游憩利用优先级最低，1 表示优先级最高。该公式的执行步骤为：①导入钱江源国家公园景观栅格图，设置等级 r=1；②计算单元格的边际损耗 δ_i；③移除边际损耗最小的单元格，并将其等级设定为 r，此时 r=r+1，当景观图层中存在任何单元格时，r 的值为 2。

为了更全面地反映钱江源国家公园的环境与游憩利用的关系，为规划和管理者提供科学的参考依据，本书对 Whitehead 等（2014）的生态—社会情景模拟进行修正，统筹考虑环境适宜性与生态系统社会价值，建立 3 种游憩利用适宜性情景，并划分游憩机会适宜性优先级别（0~1，0 代表最低级别，1 代表最高级别），如表 6–3 所示。

表 6–3　三类游憩利用优先级情景

情景类型	描述
环境适宜性情景	仅从 6 个环境因子的角度考虑游憩利用优先级，按照第三章确定的各环境因子权重确定游憩利用的环境适宜性情景
生态系统社会价值情景	基于钱江源国家公园 5 类主要生态系统社会价值图层进行分区计算以反映公众对国家公园游憩利用的价值取向
环境—生态系统社会价值情景	游憩利用适宜性评价基于综合考量环境和生态系统社会价值因子，每个生态系统社会价值被视为一个附加特征；优先级较高的区域环境因子和社会价值都比较重要

①情景 1：环境适宜性情景。根据第三章、第四章确定的游憩利用环境适宜性因子及权重，采用分区模型进行情景模拟，在这一情景下，仅从自然环境和社会环境角度考虑钱江源国家公园游憩利用的适宜性。根据分区模型分析结果（见图 6–2），游憩利用优先级最高（0.9~1）的区域零散分布于高田坑、台回山梯田、中共浙闽赣省委旧址、西山黑熊和云豹活动区、仁宗坑、枫楼坑；游憩利用优先级次高（0.8~0.9）的区域主要集中于霞川古村、真子坑、西坑古村落、白颈长尾雉活动区、大峡谷瀑布群、左溪村、齐溪水库等区域；游憩利用优先级第三级（0.7~0.8）的区域主要分布于碧家河水库、田畈村、国家重点保护植物分布区、上村等区域。图 6–2 显示的是分区模型中，仅考虑环境适宜性因子时，每移动一个单元格每个图层的平均分布，模型的拟合度较好。从行政区域来看，对游憩利用开展有较强环境支持的区域主要集中在齐溪镇和长虹镇；从土地利用类型来看，较利于游憩利用的主要集中于村庄、河流、水库 / 坑塘以及亚热带常绿阔叶林。

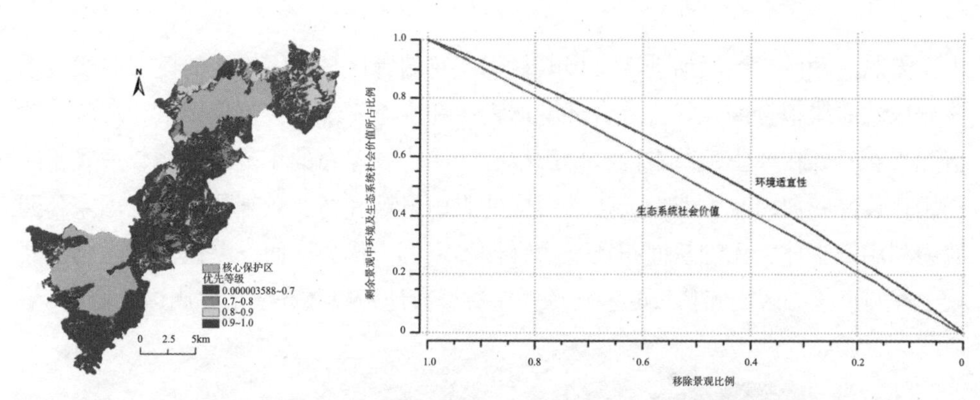

图 6–2　环境适宜性情景下游憩利用优先等级及分区模型曲线拟合

②情景 2：生态系统社会价值情景。本情景根据第五章对钱江源国家公园生态系统社会价值的研究结果进行分区模拟，参数设置参考 Whitehead 等（2014）的研究。根据分区模型分析结果（见图 6–3），游憩利用优先级最高（0.9~1）的区域主要分布在国家重点保护植物分布区、罗家坞瀑布、溪西、台回山梯田、中山堂茶园、云豹活动区、高田坑、三省边界、齐溪水库、枫楼坑等区域；游憩利用优先级次高（0.8~0.9）的区域面积相对较小，零散分布于长虹乡范围内的真子坑、西坑，以及齐溪镇的枫楼坑；游憩利用优先级第三级（0.7~0.8）的区域主要分布于霞川古村、碧家河水库、中共闽浙赣省委旧址、田畈村、左溪等。图 6–3 的模型曲线显示该分区的曲线拟合度较好。从用地类型来看，与人类生产生活密切相关的村落和水田因农业生产带来的优美景观以及文化传统形成的人文生态系统提供了较高的社会价值，因此游憩利用价值较高。此外，河流、亚热带常绿阔叶林则较少受到人类活动干扰，生态环境质量较高，成为人们接触自然、舒缓身心的场所，因而游憩利用的适宜性也较高。

③情景 3：环境—生态系统社会价值情景。本情景统筹考虑钱江源国家公园游憩利用环境适宜性因子和生态系统社会价值因子，利用分区模型将各因子图层导入分析软件，以此得出钱江源国家公园游憩利用综合适宜性优先顺序。根据分区模型分析结果（见图 6–4），在此情景下，游憩利用优先级最高（0.9~1）的区域主要分布古田山庄、国家重点保护植物分布区、高田坑古村、台回山梯田、中共闽浙赣省委旧址、三省界碑、枫楼坑等区域；游憩利用优先级次高（0.8~0.9）的区域主要集中于齐溪水库、左溪、钱江源大峡谷、霞川古村、中山堂茶园等；游憩利用优先级第三级（0.7~0.8）的区域主要分布于罗家坞瀑布、碧家河水库、西

山、云豹活动区、黑熊活动区、田畈村、莲花塘等区域。图 6-4 的模型曲线显示该分区的曲线拟合度较好。综合环境适宜性和生态系统社会价值因素，从各乡镇情况来看，处在苏庄镇范围内古田山核心区周边及瀑布的小范围区域较适宜游憩利用；长虹和何田乡农业生产生活形成的农田景观和村庄景观是钱江源国家公园游憩利用的主体，无论从面积还是适宜性等级都占优势；而齐溪镇范围内则主要集中在两个核心区之间狭长的钱江源大峡谷瀑布地带以及齐溪水库周边区域。

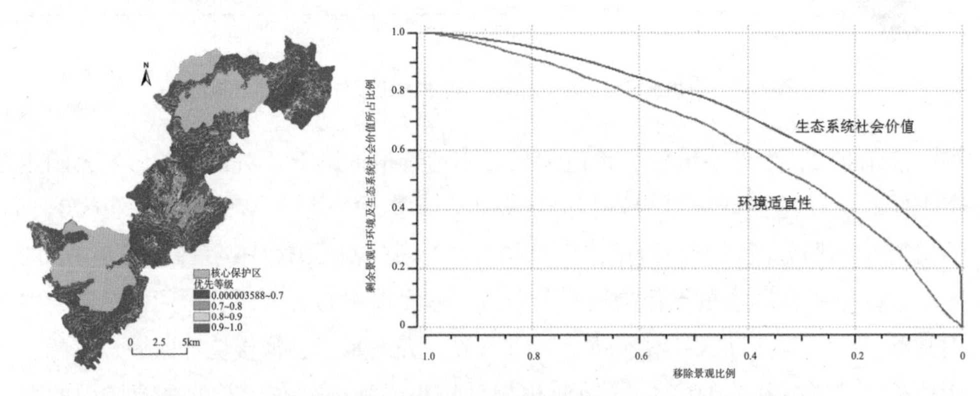

图 6-3　生态系统社会价值情景下游憩利用优先等级及分区模型曲线拟合

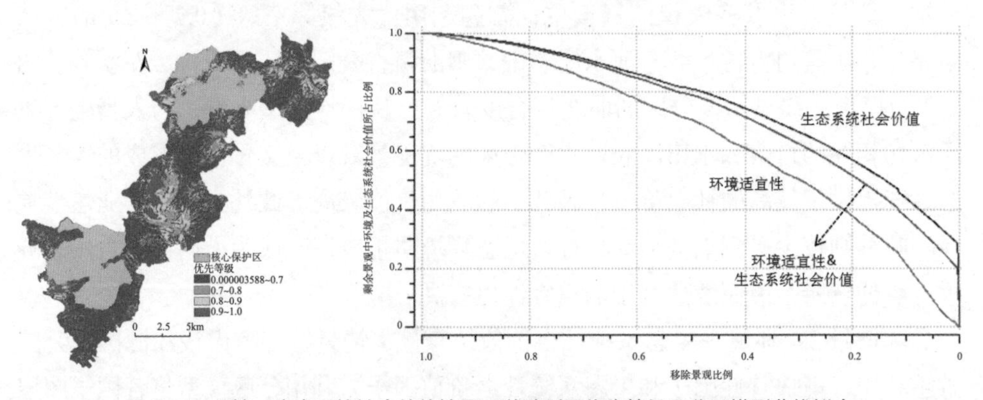

图 6-4　环境—生态系统社会价值情景下游憩利用优先等级及分区模型曲线拟合

（2）基于分区情景模拟的环境—社会价值因子对比分析。如前所述，基于环境—社会价值矩阵和 ArcGIS 空间分析技术的结合能有效地将游憩利用的环境支持度和社会需求进行可视化。环境—社会价值对比分析路径能帮助弥补传统游憩利用仅考虑单一环境因素的缺憾，通过比较环境条件和社会需求，为游憩利用机会优先顺序提供参考。在前文情景分析对游憩利用环境适宜性和生态系统社会价

值标准化处理的基础上，对两者进行高低对比，并划分为四类（高—高、高—低、低—高、低—低）。从国家公园游憩利用的目标出发，两类指标均为高值时游憩利用机会最高，其次是高—低、低—高。两类指标的高低值阈值确定是矩阵对比的关键，Bryan 和 King（2011）在采用生态和社会价值战略路径研究南澳大利亚自然区域的保护战略时，采用分区模型进行优先级别确定，并设定优先等级值 0.8 作为对比因子高低值的临界值进行叠加分析；Whitehead 等（2014）以 0.7 作为生态和社会价值因子的高低临界值进行叠加对比，他们认为高于 0.7 的等级值具有较好的保护和利用优先级；McPhearson 等（2013）设置中位数作为生态、社会价值因子叠加对比的临界值。

本书借鉴 Whitehead 等（2014）的研究方法，设置 0.7 作为环境—社会价值矩阵因子叠加对比的临界值，得出环境—社会价值因子对比图。如图 6-5 所示，并非所有游憩利用环境支持度高的区域生态系统的社会价值也高，环境指数高—社会价值高的区域约占钱江源国家公园总面积的 9.91%，这部分区域主要分布于长虹乡中部的农业生产生活区、苏庄镇国家公园核心区南侧小范围区域、齐溪镇

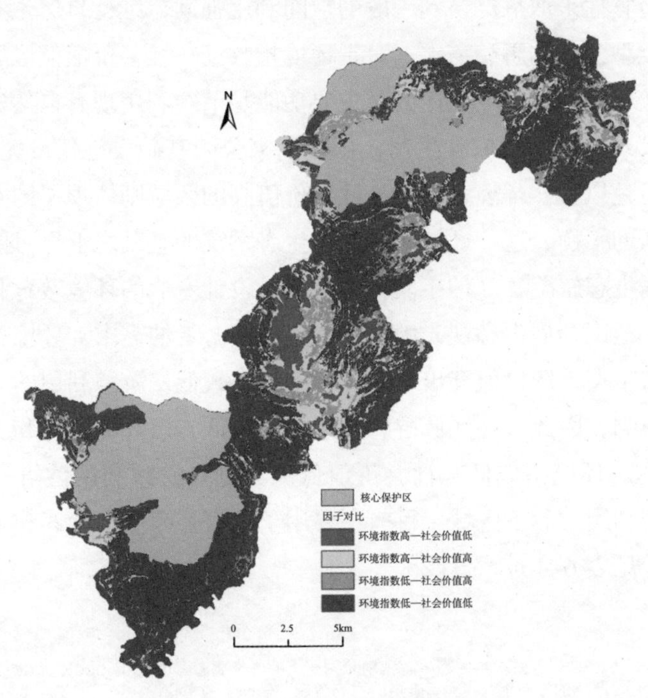

图 6-5　环境—社会价值因子对比

片区内国家公园核心区西侧的黑熊以及珍稀鸟类活动范围区以及齐溪水库，这些区域的游憩利用自然和社会条件较有利，同时公众对其社会价值的感知度也较高，游憩利用能实现多重效益的提升。环境指数高—社会价值低的区域约占钱江源国家公园面积的 8.96%，这一对比区域主要是人类活动较为频繁的区域，如苏庄镇的古田村、长虹乡的库坑村至高田坑村、何田乡的田畈村、大横村等，这些区域由于传统农业生产形成了特色农业景观和村落，基础设施条件较好，因此游憩利用的环境支持度较高。环境指数低—社会价值高的区域约占钱江源国家公园面积的 10.01%，这部分区域主要分布于苏庄镇片区核心区西北侧的云豹活动区、罗家坞瀑布，长虹乡片区的碧家河水库、西坑村黑熊活动区、珍稀植物分布区，何田乡片区田畈村，以及齐溪镇片区的三省界碑、大峡谷瀑布以及齐溪水库，可以看出这些区域以自然区域为主，生态系统的社会价值的公众感知度较高。

环境—社会价值因子对比体现了钱江源国家公园自身环境对游憩利用的支持程度与公众对国家公园生态系统社会价值需求之间的匹配度，即游憩利用供给与需求的匹配。匹配度的差异决定了区域主导功能的差异，促使国家公园游憩利用根据环境的适宜性采取从严格到一般的空间利用强度，维持自然生态原生性，同时满足不同类型公众的游憩需求。对于环境指数高—社会价值低区域，因其自然和社会条件较好，地处农业生产区，主要功能是节约利用现有自然资源，实行水土保持，保持现有的特色农业生产，依托国家公园基础设施建设完善人居环境，保持古村落特色风貌。环境指数高—社会价值高的区域则体现了国家公园游憩利用供给与需求的平衡，这一区域应在保护生态系统的基础之上尽可能满足公众游憩需求，根据生态旅游者[①]的不同行为特征，设计专业的环境教育和低密度科研活动，同时，适度开展生态观光满足一般生态旅游者的需求。环境指数低—社会价值高的区域生态系统价值突出，但环境支持度较低，游憩利用的开展易对环境脆弱性带来影响，因此，该区域游憩利用强度较低，以环境教育和少量专业生态旅游线路为主。环境指数低—社会价值低区域则是游憩利用供给和需求双低区域，作为游憩利用的后备区域，目前主要用于国家公园生态涵养和水土保持，维持生态平衡（见表 6–4）。

① Laarman 和 Durst（1987）首次将生态旅游者划分为严格的生态旅游者（hard ecotourist）和一般的生态旅游者（soft ecotourist），严格的生态旅游者具有强烈的生态意识，信仰生物中心论，一般的生态旅游者则在自觉生态行为方面有一定的差距。

表 6-4　环境—社会价值因子对比区域主要功能

区域	占研究区面积比例	主要功能
环境指数高—社会价值低	8.96%	水土保持、人居保障、农业生产、特色小镇
环境指数高—社会价值高	9.91%	生态观光、环境教育、维持生态平衡
环境指数低—社会价值高	10.01%	环境教育、少量专业生态旅游线路
环境指数低—社会价值低	71.12%	生态涵养、土壤保持

（3）钱江源国家公园游憩利用功能分区。基于上述游憩利用分区模型情景、环境—社会价值因子对比的结果，并根据土地利用和游憩利用目标的要求，结合钱江源国家公园总体功能区范围，对研究区进行游憩利用功能区划，分为六大游憩利用区（见图 6-6）：亲水溯源体验区、野生动物观赏区、特色农业生产体验区、古村落文化体验区、大峡谷探险体验区、亚热带森林观光区。亲水溯源体验区主要涵盖齐溪水库以及沿线的河流区域，目的在于为公众提供学习钱江源头文化、开展亲水活动的场地，由于钱江源头景观生态敏感性突出，易受人类活动影

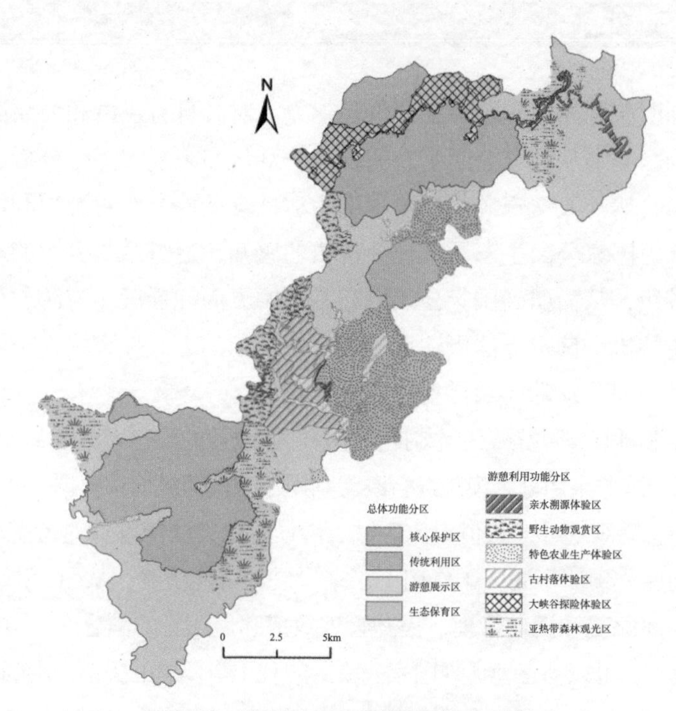

图 6-6　钱江源国家公园游憩利用功能分区

响且自修复能力较弱，因此，亲水溯源体验区仍以保护水质为主，游憩利用上应严格控制强度。野生动物观赏区是在维护野生动物栖息环境的前提下，为公众提供有限的观赏机会。野生动物观赏区大部分区域涵盖环境指数低—社会价值低和环境指数低—社会价值高的区域，环境条件对游憩利用的支持度较低，因此，野生动物观赏活动应以小规模、低密度的形式开展。特色农业生产体验区和古村落文化体验区环境支持度较高，整体的社会价值感知度也较高，适宜依托现有的社区和农业资源开展观光和休闲娱乐活动，将游憩利用与国家公园社区发展相结合，打造特色旅游产业，满足大众游憩需求。大峡谷探险体验区处于环境指数低—社会价值高的区域，在两块核心保护区之间形成狭长的廊道，其游憩利用的整体环境支持度不高，具有生态敏感性、环境脆弱性的特征，但公众对其社会价值的感知度较高，因此，峡谷探险活动应考量该区域环境承载力，尽可能降低对生态环境的干扰。亚热带森林观光区则依托钱江源国家公园亚热带常绿阔叶提供森林观光、科普和休闲的场所，满足一般大众的游憩需求。

三、本章结论

国家公园游憩利用适宜性综合评价是建立在对其自身供给和公众需求差异的分析基础上的。本书从国家公园生态系统与公众认知关系入手，分析国家公园整体环境（包括自然与人文资源、环境承载力、社会条件等）对游憩利用的支持程度，以及公众对国家公园生态系统社会价值的感知，通过两类因子的对比，确定游憩机会的等级，从而明确国家公园游憩利用的方向和强度。与游憩机会谱理论相比，本书游憩机会确定方法更注重通过公众参与的方式探究国家公园生态系统社会价值，从而使公众的游憩活动效益最大化。

本书以寻求国家公园游憩利用与提升公众游憩效益的问题为出发点，尝试构建环境—社会价值矩阵，采用分区模型进行游憩利用适宜性等级情景模拟，并通过叠加分析确定环境与生态系统社会价值对比区域。情景模拟方法能够针对游憩利用中复杂的不确定性问题，预测不同因子作用下未来发展的可能情景，从而为国家公园管理者合理调整空间配置和活动管理，提升管理效率和使用者的满意度。通过多因子的叠加与情景模拟，可以动态地展现国家公园游憩利用与环境的关系，准确地对游憩机会进行评估，进而采取相应的管理措施进行空间优化，实现建立国家公园的目标。

第七章

基于环境—社会价值的钱江源国家公园游憩管理

一、基于环境—社会价值的国家公园管理价值取向

如前文所述，随着科技知识的发展与公众游憩价值观的转变，公众对于国家公园的游憩需求也不断提升，从简单的参与活动的机会需求向实现期望体验需求到实现除了满意体验外的其他效益机会需求转变。国家公园管理的目标和定位也随之改变，从着眼于游憩活动管理向体验管理转变，并逐步关注公众游憩体验之外的生理和心理收益。目前应用最广泛的是活动体验管理，在此理念的指导下，以美国、加拿大为代表的西方国家公园管理部门开发了一系列管理工具。公众的游憩需求与国家公园的游憩供给的互动是逐渐成熟的国家公园管理的出发点，把游憩偏好与活动机会、活动和体验所发生的环境属性或特征联系起来。虽然基于活动或体验的管理关注到了公众游憩活动过程中的心理体验，但总体而言，这种关注是有限的，且主要集中于现场的游憩参与者的心理感受，而缺乏对所有公众游憩需求的考虑。

我国国家公园设置是基于完整的生态系统，为公众提供游憩、科研和教育的国民福利，激发自然保护意识。这充分说明国家公园管理应关注两个层面的内

容：一是大量的公共土地是国家公园游憩活动开展的物质供给和空间载体，其提供的产品或服务构成了游憩空间环境，并涵盖了所有自然和部分人文生态系统，因此，全面可持续的环境系统管理理念应在国家公园游憩管理中得到重视；二是国家公园游憩活动的开展应成为唤起人们精神世界，培养学习自然生态系统的基本模式，这些目标的实现即为生态系统的社会价值所在。Daily 等（2009）、Chan 等（2012）的研究表明，与经济、生态价值相比，生态系统的社会价值（也称非经济价值）早期较少受到研究者和管理者的关注，但随着生态系统管理思想的逐渐被认可，生态系统的社会价值也应被纳入保护地资源管理和保护规划中统筹考虑。本书提出的基于环境—社会价值的国家公园管理正是出于上述背景，其价值取向主要遵循：

（1）国家公园管理者对生态系统提供的游憩机会认识不仅仅停留在经济价值，更应重视其社会服务价值，并清晰地向公众表达这些价值。

（2）基于环境—社会价值的理念要求国家公园规划和管理者鼓励公众参与，并与其他游憩机会提供者协同合作。

（3）基于环境—社会价值的国家公园管理引入可持续的生态系统管理思想，将公众的游憩需求与生态系统的价值进行协调，实现游憩利用的多重效益。

二、基于环境—社会价值的国家公园管理过程

基于环境—社会价值的国家公园管理对象和基础是游憩活动开展所依托的环境与生态系统服务功能，以及其产生的游憩产品和服务，其目标是通过优化游憩输入（环境和生态系统的可持续）实现高质量的游憩输出，即个体、国家公园及社会价值的实现。该管理过程主要包括 6 个步骤（见图 7–1）。

（一）国家公园游憩环境识别与评估

国家公园游憩环境的识别与评估包括自然环境、社会环境和管理环境三个要素，这三个要素相互影响，共同构成了整体游憩环境。国家公园游憩环境评估的关键在于确定可测量的自然和社会变量，选择与国家公园游憩活动开展目标最相关的变量进行检测，如环境承载力、景观质量等。随着地理信息系统的广泛运用，GIS 在国家公园环境评估中的作用日益明显，有助于可视化、动态地展现国

家公园游憩环境变化与适宜性。

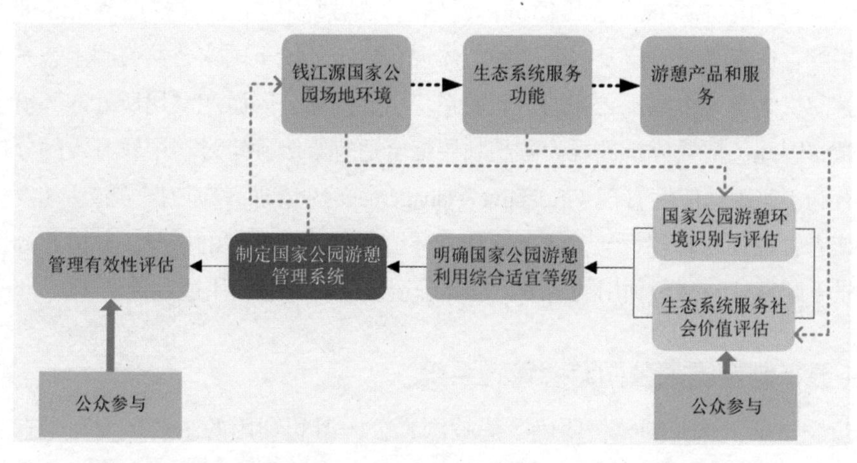

图 7-1　基于环境—社会价值的钱江源国家公园游憩管理过程

（二）生态系统服务社会价值评估

评估生态系统的社会价值有利于管理者更全面地了解建立国家公园的意义。生态系统的社会价值评估包括确定生态系统的关键社会价值类型、各类社会价值的高低以及空间分布。由于价值观、知识和技能等的不同，公众对生态系统的社会价值呈现时间和空间的差异。因此，对生态系统价值的评估有必要吸收不同利益相关者的意见。通过公众参与评估，使管理者更清楚地理解公众对国家公园社会价值的需求、生态系统与社会价值之间的联系，以及国家公园社会价值的“热点区域”，以此优化管理策略，实现国家公园游憩管理的目标。

（三）公众参与

公众参与有利于使国家公园游憩供给更契合社会需求。公众参与可根据游憩利益相关者特征通过抽样调查、小组访谈、现场调查、邮件调查等方式进行。随着网络和手机的普及，通过开发调查系统或提供纸质地图的公众参与地理信息系统（PPGIS）方式成为公众参与的便利方式，部分自然区域的生态系统社会价值评估的实践经验表明，PPGIS 因其较好的交互性和可视化逐步被一些国家公园及其他保护地管理机构用于公众问卷调查，通过纸质地图或开发调查系统多维度地收集公众意见为生态系统社会价值评估提供了有效的工具。

（四）明确国家公园游憩利用综合适宜等级

对环境和生态系统社会价值进行评估后，通过相应的权重叠加及 GIS 进行游憩利用综合适宜等级确定及空间绘制，体现在特定环境下国家公共公园生态系统提供的游憩供给与人类福祉之间的空间关系。由于国家公园游憩利用所处的环境多变和复杂，因此，情景分析被视为游憩利用综合适宜等级确定过程中较有效的分析手段，有利于实现适应性管理（Adaptive Management）。管理者应依据游憩活动发生的环境或者管理者的管理哲学，尽可能预测环境变化可能出现的情况，并由此分析不同情景下国家公园游憩利用的情况，以此确定最终的游憩利用适宜性。

（五）制定国家公园游憩管理系统

步骤 1 至步骤 4 的分析明确了影响国家公园游憩利用的主要环境和生态系统服务社会价值因子，以此可制定游憩管理系统。游憩管理系统应包括明确的管理目标、环境和生态系统约束条件、实施的措施（如步道的管理、环境解说管理等，包括标准、方法和监测 / 评估措施等）。有效的游憩管理系统应能较明确地界定公众对现场环境、游憩设施以及能提供相应社会价值的生态系统的理想特征，这些是满足公众游憩需求所必须的属性。这些属性一旦明确，就必须制定相应的管理措施保证游憩目标的实现。

（六）管理有效性评估

管理效果评估是通过比较游憩管理实践效果与管理目标 / 标准相比较来描述游憩管理的绩效。管理效果的评估可以基于环境、经济、社会和环境等多维度的指标，以监测其对国家公园建设与维护的影响。在这一过程中，公众参与是实现管理效果评估的重要手段。公众参与管理效果评估必须遵循公开透明的程序，充分了解公众的意见，建立互信，以此不断修正管理目标和实践，实现游憩利用价值的最大化。

三、基于环境—社会价值的国家公园游憩管理系统构建

基于环境—社会价值的国家公园管理系统构建的目标是在保证国家公园中生态系统过程可持续的前提下，最大限度地为游客提供高质量的游憩机会，实现生

态系统服务的社会价值。该管理系统从“两侧”来解决国家公园游憩管理中的问题，一是国家公园游憩供给侧，即游憩环境和生态系统的可持续性；二是国家公园需求侧，即游客对国家公园游憩生态系统的社会价值需求及其行为影响。因此，该系统包括游憩前线管理系统和游憩支持管理系统（见图 7–2）。游憩前线管理系统也称为“刚性措施”（hard measures）是建立在对国家公园游憩适宜性评价基础上采用一系列管理技术和方法提供最优游憩环境，减少游憩活动对生态系统的负面冲击。游憩前线管理系统主要目的是优化游憩前线物理环境，通过干预措施维持生态系统的良好状态，降低游憩活动对生态系统的负面影响，促进生态系统的可持续发展，最大限度发挥其社会价值。但是，仅针对“前线”物理环境的管理只是治标不治本，制定游客知识、行为的引导和教育方案是国家公园游憩管理的重要支撑。游憩支持管理系统也可称为“柔性措施”（soft measures），通过信息系统建设与引领、规章制度等对公众的游憩行为加以引导和规制，帮助游客学习科学的游憩过程，最大限度获得游憩效益。游憩支持管理系统的主要目的是通过对游客的教育和行为规制等柔性管理措施提升游客的自我环境意识，建立友好的人与公园关系。为了保障国家公园游憩管理效率的提升，构建适应性管理、协同管理和公众参与机制等为一体的全方位管理机制是钱江源国家公园未来游憩管理面临的重要任务。

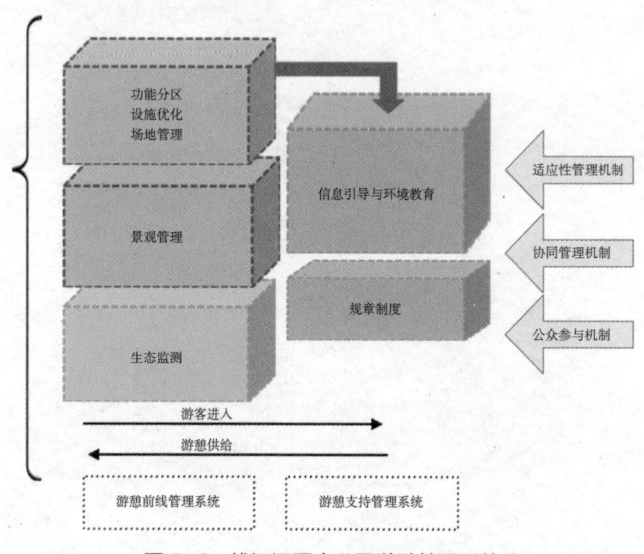

图 7–2 钱江源国家公园游憩管理系统

（一）游憩前线管理系统

1. 功能分区

功能分区是根据国家公园内生态系统的特征及其功能的重要性，对各类要素进行合理布置，使之成为一个有机整体，指导游客根据自身需求寻求匹配的活动场所，从而实现游憩环境的最优配置，实现分区管治。受国家公园总体功能分区的约束，钱江源国家公园游憩利用功能分区呈现斑块状散落分布。

游憩功能分区不仅为不同类型的游憩活动开展提供了方向，同时，考虑到不同游憩活动的强度、生态系统的敏感性，对不同区域的游憩利用强度应加以控制。如图 7–3 所示，钱江源国家公园各游憩利用功能分区的游憩利用强度划分为三级。轻度利用主要集中于生态保育区范围内的大峡谷探险、亲水体验和野生动物观赏活动区，游憩活动的开展对于野生动物、水质的负面影响较易呈现且难以恢复，因此，轻度利用区域属于半开放区域，应尽可能减少人工设施的建设、严格控制游客进入数量。中度利用区域主要指生态保育区范围内的大片亚热带常绿落叶阔叶林，由于该区域紧邻核心保护区，因此也属于半开放区域。中度利用

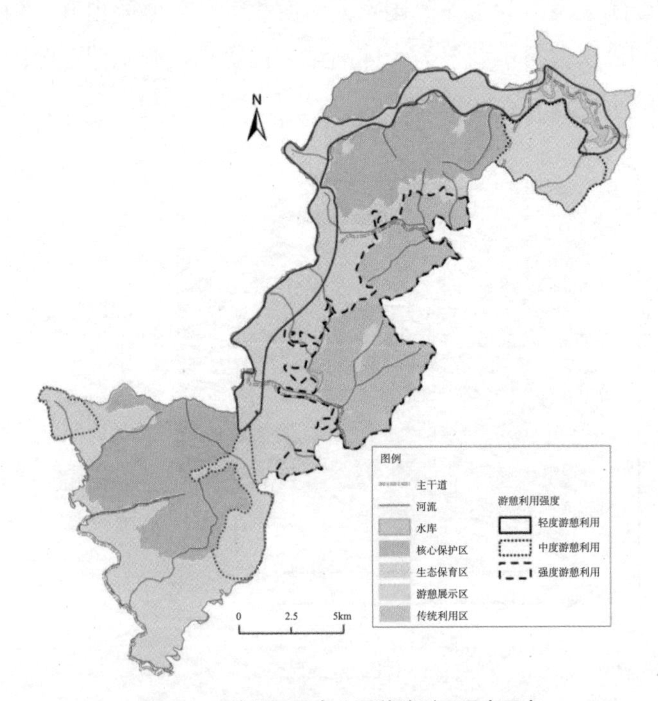

图 7–3　钱江源国家公园游憩利用强度示意

区在不破坏森林生态的前提下，尽可能为游客提供绿色空间。森林作为钱江源国家公园生态系统服务供给的主体，也是吸引游客前往的核心资源，因此，该区域的利用应合理设置游憩线路，引导游客观赏并学习自然知识，在具有较强抵抗力的区域合理布置营地、休息区等游憩设施供游客使用。强度利用区主要集中在传统利用区和游憩展示区，这一带是村庄和农田聚集区，因此土地开发程度较高。这一区域主要为钱江源国家公园游憩利用提供包括餐饮、住宿、停车在内的服务体系，在提供各类服务时应采用低碳能源，实施垃圾可循环利用，严守耕地红线，尽可能降低人类活动对生态系统的干扰。游憩利用强度的控制关键在于建立一套详细的控制指标体系，据此采取相应的管控措施。

2. 设施优化

游憩设施是国家公园设施体系的重要组成部分，包括游憩活动中使用的器具、构筑物、系统等。游憩设施的设计与管理不仅要考虑对游憩需求和行为的人文关怀，也要符合游憩功能区的主题和生态环境要求。游憩设施的点、线、面布局构成国家公园的游憩设施体系，国家公园主要的游憩设施的供给与游憩活动类型和国家公园环境提供的游憩机会息息相关。对钱江源国家公园游客行为和需求的分析表明，观景、摄影 / 写生、赏花、美食品尝、户外运动等排在游客活动的前列，结合钱江源国家公园的用地类型，与之对应的游憩设施管理主要对象应为游憩小径、野营地、观景 / 摄影平台、体育活动场、休息室、停车场等。

（1）游憩小径。游憩小径体系包括游步道、轨道交通、自行车道、绿道等。与高速公路或街道不同，游憩小径是国家公园内供游客游憩或交通使用的小路，既为游客提供各种活动和体验的机会，也是进入国家公园各场所的通道。钱江源国家公园作为以森林生态系统为主体的保护地，游憩小径的设置一方面能为游客提供最佳的观景线路，另一方面通过对小径的特殊材质的设置，为游客提供登山、健身、舒缓压力的场所，同时设置游憩小径也是减少游客对国家公园无序使用的管理方法。

游憩小径的布局应统筹考虑游客的游憩线路、与主要道路的关系、与主要节点的关系、生态环境状况。图 7-4 显示了基于上述要素约束下的钱江源国家公园游憩小径的空间布局，总体上来看，钱江源国家公园的游憩小径设置可分为以下两类。

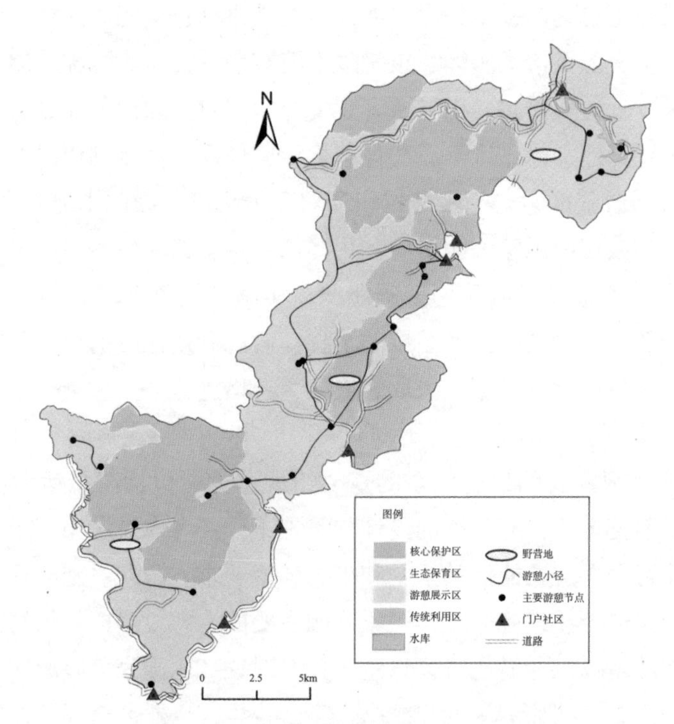

图 7-4　钱江源国家公园游憩小径空间布局

一类是依托现有道路设置，可在拓宽现有道路的基础上设置时速约为 13km/h 的自行车道，自行车道的设置主要集中在高田坑、霞川、库坑等乡村旅游发展较成熟的区域，通过自行车道的设置将上述古村落串点成线，形成骑行车道系统。自行车道材质选择应与周边景观相宜，采用碎石、卵石或水泥对道路进行硬化，建设选取地块坡度应小于 8°。自行车道应穿越一些景观较好的地带，沿途应设置完善的标识系统、休息设施和观景设施，起点和终点应设置在门户社区或游客集散中心，以保证足够的腹地提供服务供给。

另一类则是沿河、沿水库、沿山脊线设置的游步道（见图 7–5），这些游步道的功能是为国家公园游客提供慢步观景、登山、溯源等游憩活动，有节奏、有层次地引导游客到达游憩点，减少分散使用带来的生态冲击。由于游步道深入国家公园内部，穿过大范围生态保育区，因此，选线和布局必须考虑对动植物的干扰及对游客的集中与分散的作用，注重自然性和隐蔽性，尽可能避开动物栖息地。游步道的设置应注重景观的空间表达，铺装材质应因地制宜采用碎石、卵石

等，尽可能与森林生态系统相协调，并结合水体、观景平台、围栏、解说系统等元素结合营造国家公园景观的独特性和层次感，丰富游客的游憩体验。

图 7-5　钱江源国家公园沿河设置的游步道

（2）野营地。野营地是较受欢迎的游憩设施，但目前设计效果并不理想。基于钱江源国家公园游憩活动的多重目标，野营地的布局和设置应考虑两类人的需求：一类是满足自驾车游客的需求，在游憩利用强度区设置大型的露营地；另一类是满足体验荒野与原始自然的游憩需求，在较偏远的地区设置小规模的露营地。不同环境下这些野营地的目标不同，因此，在设施配备、区位选择、使用容量上也有区别。

结合前述有关钱江源国家公园游憩利用适宜性及游客游憩行为的研究，遵循满足游憩需求、减少生态干扰的原则，本书认为钱江源国家公园野营地的设置可分布在三处：高田坑古村、近古田山入口处、近齐溪水库处。其中，高田坑处野营地主要为乡村旅游游客提供户外休闲的场所，考虑到游客的出入方便，该营地布局在公路附近，方便城市自驾车游客的进入。由于该营地距离村庄较近，地势较为平坦开阔，利于为游客提供多样化的设施，包括烧烤设施、吊床、木屋、帐篷、观星设施、运动场、厕所、停车场等。营房的建筑应与整体农业景观相协调，以传统木楞房为原型，合理划分功能区。近古田山和齐溪水库的营地则在于

为游客提供深入学习和了解国家公园的机会，突出国家公园的“野趣”。因此，营地的布局选在稀疏林地且具有草坪的地带，以获得充足的阳光照射，建设材质应选择一些耐踩踏的材料以负荷游客的踩踏。一些辅助器具尽可能使用再生材料和清洁能源，减少对环境的破坏和干扰；禁止在营地取火，以保障森林安全。国家公园管理机构应采用摄像、使用预约等生态冲击监测和容量管理手段保证游客对营地的使用在生态系统的环境承载力范围内。

3. 场地管理

场地是游憩活动发生的物质空间，场地管理是通过管控游憩活动的发生和操控场地本身从而降低游憩活动对生态系统的冲击。场地管理对游客数量、类型和分布会有影响，因此常常与游客管理措施结合使用，这有利于保护那些过度破碎的区域。钱江源国家公园地处我国东部生态脆弱区，区域内森林、农田、村庄交错，土地利用碎片化较严重，游憩利用面临的生态风险较大。场地管理有助于帮助管理者根据场地特征因地制宜确定活动利用的类型和频率，并提供合理的设施使这种活动符合生态保护的要求。

场地管理的关键在于界定场地类型及明确不同场地类型的管理措施。依据游憩功能分区、利用强度以及土壤、植被的抵抗力和恢复力，将钱江源国家公园的游憩场地分为开放场地、半开放场地和暂时性关闭场地（见表 7-1）。

表 7-1　不同场地类型及其管理措施

场地类型	代表区域	管理措施
开放场地	高田坑、霞川、台回山、库坑、中山堂茶园、田畈	1. 选择承受力高的场地使用并建设一些保护资源的设施 2. 设计耐用的游憩线路 3. 确定游憩容量
半开放场地	古田山罗家坞瀑布、重点保护植物观赏区、钱江源大峡谷、江源、齐溪水库	1. 限制使用分布 2. 设置隔离物
暂时性关闭场地	西坑黑熊栖息地、炮台尖云豹栖息地、白桠尖观鸟区、高楼尖黑熊栖息地	1. 实行场地“轮休” 2. 生态修复

开放场地集中于坡度小于 10° 的平地，土壤侵蚀风险较低，土地利用类型以乡村、农田、草地为主，植被以草本和灌木为主，对游憩践踏具有较强的抵抗力，因此适合开放用于游憩利用。开放场地适合作为国家公园游憩服务中心，承接停车、餐饮、餐馆、野营地等服务设施的建设。国家公园管理机构应通过专业人员建立地块对践踏抵抗力的评价标准，选择承受力较高的场地建设相应服务设施，在不占用耕田的基础上，尽可能利用现有生产生活用地、裸露的岩石、砾石滩或者草地开展游憩活动。同时，建设一些保护资源的设施，如在野营地各功能区之间铺设木片、碎石等，以减少游憩设施和活动对地表环境的破坏。设计一条耐用的游憩线路是能提高地表的集中使用，是预防生态破坏的第一道防线。钱江源国家公园开放场地是乡村游憩体验的主要场所，且多为梯田景观，因此，应选择适宜坡度的区域，通过硬化道路的方式建立耐用游憩线路来连接不同的游憩场地，尽可能减少区域被频繁践踏。春夏季节旅游高峰期应合理控制进入场地的游客人数，防止过度拥挤带来的生态干扰。

半开放场地是兼顾游憩需求和生态保护的折中管理方式，一方面，钱江源国家公园作为钱江源发源地，保持水体和森林的观赏质量是吸引游客的关键方法；另一方面，为了避免无序的游憩活动或设施设置给部分脆弱的生态系统带来生态破坏或景观退化。半开放场地主要指古田山罗家坞瀑布、重点保护植物观赏区、钱江源大峡谷、江源、齐溪水库等区域，这些区域既是重点生态保育区也是生态系统社会价值分布较高的区域。为了统筹环境和社会需求，限制使用分布是这些场地有效的管理策略。限制使用分布是指通过限制游客进入的数量或活动范围以达到减少干扰的目的。从目前钱江源国家公园的游客接待量来看，尚不构成对生态系统的过度干扰，但从远期来看，建立访问预约系统、建立游客行为准则、划定游憩范围等方式是半开放场地管理的重要手段。

对于钱江源国家公园一些重要的动植物栖息地，如西坑黑熊栖息地、炮台尖云豹栖息地、白桠尖观鸟区、高楼尖黑熊栖息地等，作为暂时性关闭场地进行相应管理。暂时性关闭场地是给予珍稀动植物区域机会进行生态恢复，防止生态衰退。“轮休”制度是对这类场地的有效管理方式，即将部分场地关闭，开放其他场地供游客使用，直到关闭场地重新开放。“轮休”期间，对这些场地实施生态修复工程，实现生态系统的平衡。

4. 景观管理

景观管理的目标不仅是对国家公园生态系统进行物理上的维护以保持其可持续发展，更关注的是如何通过优化景观以加强游客与国家公园的联系，增强景观的审美、学习、游憩和文化的多功能性，为游客提供高品质的游憩服务，因此，保持景观的美感和生态系统的完整性是景观管理的两大任务。因此，国家公园景观管理应改变传统的生态价值观导向，整合环境—社会价值对景观的需求要素，通过程序化、信息化的手段建立景观管理平台，实现精细化管理。国家公园景观管理与其他规划体系间的关系如图 7-6 所示。

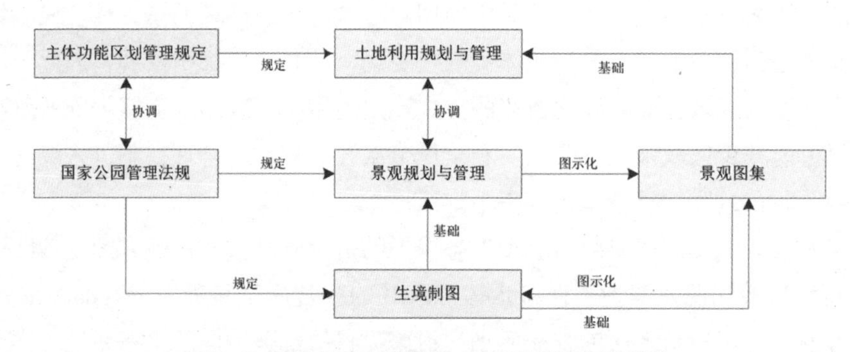

图 7-6　国家公园景观管理与其他规划体系间的关系

（1）建立景观资源数据平台。基于游憩功能，突出景观的美学价值和生态价值并重是建立景观资源数据平台的核心理念。景观管理平台的建立目的在于利用 3S 技术建立空间分层数据库，利用 GIS 技术作为空间分析基础工具，建立景观可视化数据平台，为国家公园景观管理提供技术支撑。该数据平台应包括以下几部分内容：以土地利用类型和生态系统数据为基底建立钱江源国家公园生境分类分层数据集成，建立景观资源分类系统，进行生境制图；建立基于环境—社会价值的景观质量评估体系，对国家公园范围内的景观斑块进行识别、评价，生成景观质量图；根据可预测的环境因子变化与公众偏好建立景观动态模拟，为景观管理决策提供参考；定期更新空间数据库，实现景观数据的动态更新。

（2）强化国家公园景观管理与其他管理规划的衔接。国家公园景观格局受区域土地利用方式和主体功能区划调整的约束，两者的调整将直接影响国家公园的景观塑造。国家公园景观管理必须与区域主体功能区划和国家公园土地利用规划体系相衔接。目前，开化县已经实现了以主体功能区划为底图的综合土地利用管

理，国家公园景观规划与管理也必须基于该底图，在此约束条件下确定国家公园形态，尽可能保持国家公园景观的生态性和自然性，协调好国家公园游憩土地利用与其他土地利用方式的关系。国家公园相关法规明确了国家公园发展的基本方向，景观管理也应在此框架下执行，并与国家公园设施、生态等管理相协调。另外，国家公园土地利用与整体规划管理也应参照景观管理的目标和原则，如有违反，则需调整。

5. 生态监测

生态监测的目的在于对国家公园内的生态类型结构、数量和生物多样性及其功能、人类活动对生态系统的影响等方面进行动态监控和测试，以揭示生态系统的时间和空间变化特征。这既是促进国家公园生态系统可持续发展的重要手段，也是保证国家公园为游客提供高质量的游憩体验，最大限度实现生态系统的社会价值的重要手段。国家公园生态监测要从构建生态监测网络、构建生态监测指标体系、加强生态监测队伍和技术建设三个层面入手。

（1）构建生态监测网络。目前钱江源国家公园的生态监测主要集中在野生动物和气候变化层面，对河流、森林等则监测较少。构建国家公园生态监测网络需进一步扩大监测的对象，实现对亚热带常绿阔叶林资源、野生动物资源、钱江源水质、森林火灾、病虫鼠害等生物要素、生态格局和生态关系的立体生态监测网络，实时掌握生态系统对环境变化的响应。同时，将钱江源国家公园生态监测网络与开化县生态环境监测进行衔接，融入区域生态监测网络。

（2）构建生态监测指标体系。指标体系是否合理直接关系到生态监测能否揭示生态系统的现状、变化和发展趋势，是评价生态系统是否健康的依据。生态监测的指标构建要充分考虑不同生态要素之间的相互作用关系，以及其提供的包括游憩在内的服务功能。生态监测指标体系是一个庞大的系统，应选取一系列能敏感反映生态系统基本特征及发展趋势的项目，不仅仅覆盖森林、农田、水体、草原、动物、微生物等自然指标，同时也应包括与生态系统发展息息相关的人为指标，根据各类指标在生态监测中的作用划分为一般监测指标和应急监测指标，以全方位反映生态系统发展。

（3）加强生态监测队伍和技术建设。依托钱江源国家公园生态保护中心和古田山现有研究站点，组建生态监测队伍。以研究站现有科研人员为主体，对于专业性、时效性较强的生态监测项目，配备相关的专业技术人员。对监测人员进行

常规和专项培训，使其掌握生态监测相关理论和仪器使用方法。

国家公园生态监测应突出对生态系统及其与人类互动过程中的演化特征、态势及存在问题，因此，监测技术的更新与发展尤为重要。应将传统的地面调查与3S监测技术有机结合，实现生态监测的数字化和智能化。

（二）游憩支持管理系统

1. 信息引导与环境教育

国家公园游憩活动实施所涉及的很多知识和技能因游客不同程度的理解和执行方式存在差异，直接影响其游憩体验和对生态环境的影响。因此，为游客提供必要的信息引导和教育项目是提高国家公园游憩管理效率的支持手段，也是实现环境和社会价值双重效益的柔性措施。

（1）信息引导。信息引导主要依托完善的解说系统来完成，包括向导式解说和自导式解说系统。由于国家公园游客多为散客群体，且游憩活动的类型和涉入程度有较强的个人主观性，因此，自导式解说系统成为信息引导的主要媒介。自导式解说系统的建立应以游客为中心，成为鼓励人与国家公园互动、功能互补、开放型的解说系统。该解说系统由现场实景展示、非现场虚拟展示和可分离型展示三部分构成，各部分相互对接、互补（见图7-7）。

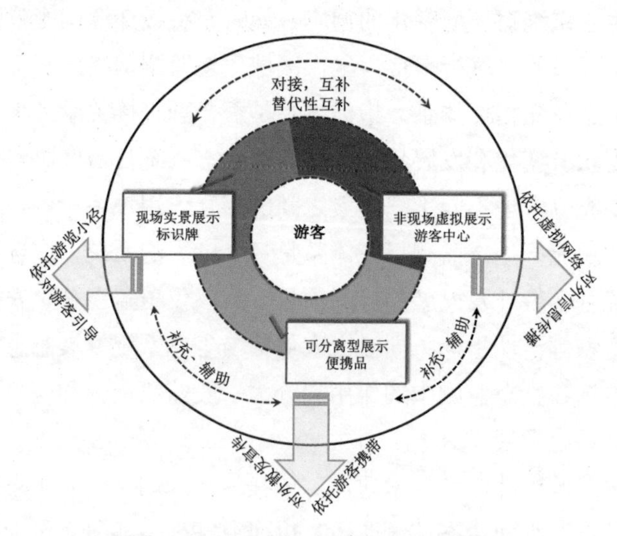

图7-7 自导式解说系统的功能、要素

资料来源：根据唐鸣镝（2006）修正。

现场实景展示主要依托国家公园内游憩小径布置小尺度的景观小品解说、路径信息以及国家公园外交通节点的全景地图和形象标识系统，实现国家公园内外分级扩散、随线展示的空间信息引导网络。钱江源国家公园目前的现场实景展示建设主要集中在对珍稀动植物信息的提供（见图 7–8），呈现类型单一、散落分布的特征。现场展示型信息引导应进一步完善解说标识牌的建设，包括国家公园形象标识、全景地图、景观说明、警示、服务等不同功能的解说要素。应尽可能充分利用森林中的枯木、石头等作为解说系统建设的材质，与国家公园的整体环境相协调。此外，钱江源国家公园范围内还存在大片古村落，特色的农耕文化也是国家公园重要的游憩要素，因此，解说系统不能仅围绕生态要素，还应通过实物展出、互动参与等方式为游客提供动态、深入的信息，使国家公园文化得到传播。

图 7–8　钱江源国家公园解说标识牌

非现场虚拟展示主要依托国家公园科普展览中心或访客中心，通过提供室内展览、主题讲座、讨论、虚拟演示等方式展示国家公园环境，并对钱江源国家公园亚热带森林及其各类要素进行系统的信息传递。钱江源国家公园目前在古田山片区设有访客服务中心，但在实地调研中发现，访客中心提供的服务有限，仅有少量国家公园宣传手册、国家公园沙盘和休息设施，且设施的使用率较低（见图 7–9）。建设信息引导系统应进一步拓展和完善访客中心的功能，将游客中心和科普展览馆统筹利用，进行合理分工。在信息供给方面，应采用展品、虚拟信息系统和可分离型展示信息（便携产品）相结合的方式为游客提供立体化的信息。便携品应根据不同年龄、性别的游客进行设计，以符合不同群体的需求，根据钱江源国家公园主题形象，开发具有国家公园特色的纪念品和商品，提升游客对国家公园的认同和感知。

图 7-9　钱江源国家公园访客中心

（2）环境教育。环境教育的目的不仅仅是使游客接受生态的游憩方式降低游憩冲击，同时教育游客正确使用国家公园游憩资源，根据自身对国家公园的价值需求合理选择线路和活动，最大限度实现生态系统的社会服务价值。国家公园环境教育的主要内容包括对游客进行减少其游憩活动对生态环境的负面冲击的知识和技巧的普及教育，提高游客对国家公园的审美能力，以及提高游客户外道德和判断力。环境教育项目的实施者不仅包括国家公园管理机构，也包括林业主管部门、国土部门、游客、社区等。借鉴美国国家公园的“不留痕迹”（Leave No Trace，LNT）和“打包代入，打包带出”项目的经验，编写场地使用手册、活动指南、国家公园知识刊物，为游客提供适量垃圾处理设备，指导游客对国家公园场地，尤其是野营地和游憩小径的使用。联合环保公益机构，针对青少年提供教育规划项目，激发环保意识，了解国家公园的发展历史和价值；推行国家公园志愿者制度，鼓励社会公众参与到国家公园管理中，提升公众对钱江源国家公园的了解和认可。

2. 规章制度

规章制度是通过制定国家公园游憩活动的规则和制度使游客清楚哪些行为在国家公园是被提倡或禁止的，提升游客对国家公园的使用质量。完善的国家公园游憩规章制度主要如下。

（1）弹性费用制度。虽然国家公园实行公益门票制度，但适量的弹性费用制度会影响游客到访的频率及其选择的特定场所和活动类型。应在响应公众意见的基础上，针对钱江源国家公园部分生态脆弱区的使用征收一定费用，或对某些不被提倡的游憩行为收费，能有效调节游客行为。

（2）活动许可制度。国家公园对特定区域的游憩活动应建立活动许可制度，

如规定在野生动物栖息地开展的活动种类、设置允许游泳的场所、列出允许携带进入国家公园内的物品等。活动许可制度的有效执行能有力地规范游客行为，减少不合规的游憩行为。

（3）进入预约制度。进入预约制度是基于国家公园游憩容量评价基础之上、依托大数据平台对游客流量进行管控的工具。进入预约制度应与国家公园的智慧管理平台建设、弹性费用制度协同使用，使游客分流，保障国家公园生态系统质量。

四、基于环境—社会价值的国家公园管理机制

（一）适应性管理机制

国家公园生态系统具有动态性和敏感性的特征，建立适应环境变化的管理机制是降低生态风险、提高国家公园游憩资源质量的重要保障。同时，国家公园游憩的主体——游客的偏好和感知也随着个体和社会条件的变化发生变化，因此，国家公园游憩管理应随着环境的变化进行动态适应。适应性管理强调从管理过程和结果中学习各种变化，从而动态、反复地调整和优化最优决策的过程。适应性管理机制的建立要求钱江源国家公园管理机构明确其管理目标体系的多重性，并根据管理目标的重要程度划分为长期目标和细化的近期目标；选取影响国家公园游憩的关键因子，构建游憩利用适宜性评价体系，并采用通过情景模拟的方式预估不同环境情境下国家公园游憩的动态变化，据此制定相应的管理策略和行动；对国家公园生态系统和游客活动实施长期的动态监测，并根据反馈信息及时调整管理目标和策略。

（二）协同管理机制

国家公园的游憩资源供给包括各类政府机构、社区和私营企业，他们之间通常存在竞争或互惠的关系，但也存在职责交叉重叠、管理权属不清、标准不统一等问题，影响管理效率的提升。协同管理是解决和管理国家公园各类问题的新方式，其目的在于构建各类游憩供给方之间的互信桥梁，解决矛盾冲突。协同管理应建立在共同的价值观、利益和目标基础之上，在制定国家公园游憩管理战略前期，应尽可能采取会议、建议等方式采纳各方的意见，实现管理战略和目标的协

同；整合现有国家公园管理机构职能，优化部门设置，协调国家公园各类游憩设施和资源的分配与管理活动；建立政府—社区—企业互动机制，由不同供给代表参与沟通与管理，使决策执行过程更顺畅；建立协同管理信息平台，利用网络平台，对国家公园游憩供给各方实现信息共享与决策交流，协调各方的工作。

（三）公众参与机制

公众参与既是了解游客对国家公园价值偏好、行为特征，提升国家公园游憩产品和服务的重要渠道，也是反馈国家公园管理效率的重要手段。公众参与的对象既包括国家公园的游憩供给者（这类公众主要通过协同管理机制进行协调，因此，公众参与也是协同管理机制的一部分），也包括其服务对象——游客，还包括相关的监督和服务机构，如媒体、科研机构等。公众参与机制的建立首先应明确不同类型的公众参与国家公园游憩管理的内容，界定不同公众类型的权利与义务，如鼓励科研机构与钱江源国家公园建立科研合作站，完善有关钱江源国家公园的游憩资源和生态系统的资料库，为游憩管理提供管理依据。建立常态沟通渠道是公众参与的关键内容，依托互联网技术和 3S 技术开发公众参与系统是当前背景下公众参与国家公园管理的新型方式，大大降低了参与的时间成本，消除了参与的空间限制，其他渠道如专家咨询会、座谈会、问卷调查也可作为公众参与的补充渠道。建立科学的公众参与程序是公众参与国家公园管理的保证，应遵循以下基本程序：预先告知目标公众并提前进行相关的征询、采取预定的参与方式收集和处理公众意见、公众意见或建议执行情况反馈、形成最终成果供公众监督。公众参与是国家公园公益性、国家性特征的体现，是国家公园游憩管理有效性的重要保障，是应该不断完善的管理机制。

五、本章结论

在国家公园游憩环境适宜性、游客对国家公园生态系统社会服务价值感知和行为特征分析的基础上，本书提出了基于环境—社会价值的国家公园游憩管理系统，并系统阐述了该系统构建的价值取向、管理过程和系统内容。基于环境—社会价值的国家公园游憩管理系统包括游憩前线管理系统和游憩支持管理系统，两个管理系统兼顾了作为国家公园游憩供给载体的空间环境的可持续性以及为游客

提供最优游憩效益，最大限度发挥国家公园生态系统社会服务价值的目标。

基于环境—社会价值的国家公园游憩管理系统是一个相对复杂的系统，游憩前线管理系统主要通过一些“刚性措施”为游客提供一个良好的国家公园游憩环境，降低游憩活动的负面效应，促进生态系统的可持续发展，解决游客在国家公园内“去哪里玩”“玩什么”的问题。它把影响国家公园游憩质量的环境要素的特征、功能、生态敏感性进行叠加，并通过功能分区、设施优化、场地管理、景观管理、生态监测等手段为游客提供一个“理想的游憩环境”。游憩支持管理系统则解决游客“怎么玩”的问题，即从采用“柔性措施”对游客行为进行引导和规制，使游客学习如何使用国家公园游憩资源，达到游憩效益的最大化。国家公园游憩利用管理系统是一个开放和动态的系统，它在国家公园游憩供给环境和服务对象之间建立联系并存在各种互动关系，其内部各组成要素及外部利益相关者会不断发生变化，因此，建立有效的机制（适应性管理机制、协同管理机制、公众参与机制）使游憩管理系统实时更新和修正是国家公园游憩管理效率的重要保证。借助 3S 技术、大数据平台，该管理系统将更精准、更智慧地帮助管理者判断国家公园游憩利用的等级、功能及相关服务的优化，实现国家公园游憩利用的目标。

第八章

结论与讨论

国家公园作为重要的保护地类型，保持自然生态系统的完整性、原真性是其首要功能，同时，作为重要的户外游憩空间，为公众提供游憩、教育、科研等服务也是国家公园生态系统服务功能的重要体现。在户外游憩需求井喷式发展的社会背景下，国家公园必将成为公众游憩活动开展的重要场所。但是，户外游憩活动及其相关的设施与服务供给难免对生态环境带来负面影响，因此，如何维持国家公园可持续的生态系统，同时为公众提供优质、完善的户外游憩机会体系是国家公园管理机构面临的重要问题。从全球来看，经过 100 多年的发展，国家公园游憩管理理念随着时代的发展不断更新，积累了丰富的经验，诸多国家公园成了世界知名的旅游目的地，成为实现生态系统保护与平衡游憩需求的典范。我国自 2013 年开始提出建设国家公园体制，迄今为止在全国范围内遴选了首批国家公园体制试点，其任务是保护大面积自然生态系统，实现对自然资源的科学保护和合理利用，同时兼具游憩、科研、教育等综合功能。钱江源国家公园作为试点区之一，位于东部沿海人口稠密、经济发达且生态脆弱区，如何解决生态系统的敏感性与公众的游憩需求的矛盾是钱江源国家公园规划与管理中面临的现实问题，对这一问题的探索性研究对未来我国国家公园管理体系的建设具有探索意义。

本书的出发点是在国家公园现有功能分区框架下，如何确定国家公园游憩利用的适宜区域层次，使之既能兼顾现有生态环境的特征，同时最大限度满足公众

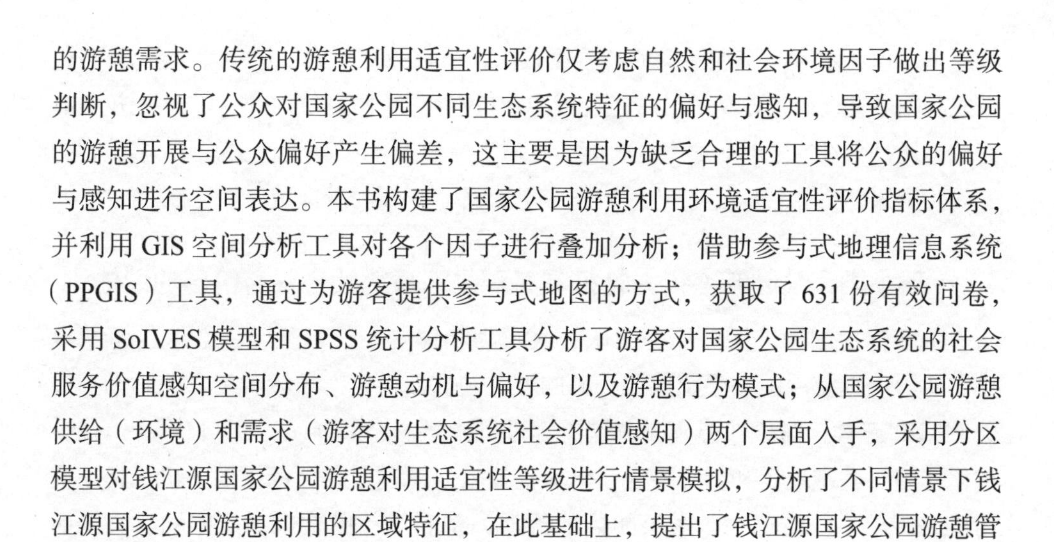

的游憩需求。传统的游憩利用适宜性评价仅考虑自然和社会环境因子做出等级判断，忽视了公众对国家公园不同生态系统特征的偏好与感知，导致国家公园的游憩开展与公众偏好产生偏差，这主要是因为缺乏合理的工具将公众的偏好与感知进行空间表达。本书构建了国家公园游憩利用环境适宜性评价指标体系，并利用 GIS 空间分析工具对各个因子进行叠加分析；借助参与式地理信息系统（PPGIS）工具，通过为游客提供参与式地图的方式，获取了 631 份有效问卷，采用 SoIVES 模型和 SPSS 统计分析工具分析了游客对国家公园生态系统的社会服务价值感知空间分布、游憩动机与偏好，以及游憩行为模式；从国家公园游憩供给（环境）和需求（游客对生态系统社会价值感知）两个层面入手，采用分区模型对钱江源国家公园游憩利用适宜性等级进行情景模拟，分析了不同情景下钱江源国家公园游憩利用的区域特征，在此基础上，提出了钱江源国家公园游憩管理系统。

一、研究结论

（一）构建钱江源国家公园游憩利用环境适宜性评价指标体系

国家公园游憩利用环境适宜性评价的对象是游憩活动开展的物质空间环境，包括自然、社会和管理环境。本书基于国家公园游憩利用的特征及其关键影响因素，确定了自然游憩资源、人文游憩资源、景观美景度、游憩利用能力、环境承载力、社会条件 6 个准则层因子及 16 个指标因子层；采用德尔菲法和层次法确定了各指标因子的权重。

（二）钱江源国家公园游憩利用环境适宜性评价

根据上述评价指标，采用 GIS 空间分析技术，对钱江源国家公园游憩利用的各类因子适宜性进行了评估，对数据进行标准化，分为四个适宜等级，结果如下：从自然资源利用角度来看，水体资源和森林资源是游憩利用适宜性较高的资源类型；从人文游憩资源角度来看，游憩利用适宜性较高的区域主要集中于传统农业生产文化较为丰富的长虹乡和何田乡；从景观美景度的角度来看，钱江源国家公园适宜游憩利用的区域主要集中在古村落区域、亲水区域以及野生动植物栖息地，这些区域对景观美景度的贡献很大；从游憩利用能力来看，长虹乡和齐溪镇的有林地、灌木

林地、水田和水库与游憩活动的相容度较高，适宜游憩利用；从环境承载力来看，游憩利用适宜性等级较高的区域主要集中在长虹乡和何田乡的农业生产面积较大的区域；从社会条件来看，适宜性较高的区域主要集中在基础设施较完善、游憩利用发展较早的唐头村、高田坑、台回山、齐溪水库、左溪村等区域。

（三）国家公园游客行为特征及其对生态系统社会服务价值的评估

游客作为国家公园的服务对象，其行为和偏好不仅影响个人获取的游憩效益，还影响其使用国家公园游憩资源的方式，从而对生态环境产生影响。本书借助 PPGIS 工具，对钱江源国家公园游客进行调研。结果显示，回归与学习自然、文化体验、逃避现实和特殊兴趣是游客前往钱江源国家公园的主要动机，在这些动机的指引下，游客在国家公园内的活动类型和活动模式也有所差别。总体而言，游客参与观景、品尝美食、摄影 / 写生和古村落体验活动的游客占大多数，游客根据活动需求和对环境的认知对国家公园的空间使用程度也不一样，根据游客活动轨迹的统计，将游客在国家公园内的活动模式划分为途经模式、“几”形绕钱江源头模式、古村落环线模式、单线折返模式、“S”形穿行模式、环核心保护区绕行模式六种活动模式。

游客对生态系统服务价值的感知很大程度影响其游憩的空间活动模式和行为决策。了解公众对国家公园生态系统服务价值的感知及其空间分布，有利于管理者识别国家公园生态系统服务价值的空间价值，为国家公园空间管理提供参考。采用生态系统服务社会价值评估工具（SoIVES）对钱江源国家公园 5 类主要社会价值的空间研究发现，游客对审美价值和游憩价值的感知集聚程度较高。游客对国家公园社会价值的感知与海拔、坡度等有不同程度的关系，从而影响游客对这些社会价值的空间感知。

（四）基于环境—社会价值的钱江源国家公园游憩利用机会等级确定及功能分区

钱江源国家公园游憩利用综合适宜性等级确定统筹考虑环境适宜性和游客对国家公园生态系统社会服务价值的空间偏好。本书利用分区模型对两类因子进行模拟叠加，提取游憩机会值在大于 0.7 的区域进行游憩机会等级确定。根据国家公园游憩机会等级确定过程中可能出现的各种情况，本书的研究考虑了三种情

景，即环境适宜性情景、生态系统社会价值情景、环境适宜—生态系统社会价值情景。

实现环境可持续发展和社会价值最大化是国家公园的游憩利用的双重目标，因此，本书建立了环境—社会价值矩阵对情景模拟结果中的环境适宜性因子与生态系统社会价值因子进行对比分析，划分为高—高、高—低、低—高、低—低，四种结果体现的是国家公园环境条件和生态系统社会价值对其游憩利用的支持程度，据此确定最终游憩机会等级。处于高—高的区域是实现游憩利用效益最大化的区域，主要集中于长虹乡中部的农业生产生活区、苏庄镇国家公园核心区南侧小范围区域、齐溪镇片区内国家公园核心区西侧的黑熊以及珍稀鸟类活动范围区以及齐溪水库，这些区域是国家公园游憩利用适宜等级最高的区域；处于高—低、低—高的区域则为游憩利用中等适宜的区域，通过改善其中某类因子能有效提高游憩效益，这些区域主要包括古田村、大横村、田畈村、碧家河水库等。环境—社会价值因子对比体现了钱江源国家公园自身环境对游憩利用的支持程度与公众对国家公园生态系统社会价值需求之间的匹配度，匹配度的差异决定了区域主导功能的差异，促使国家公园游憩利用根据环境的适宜性采取从严格到一般的空间利用强度，维持自然生态原生性，同时满足不同类型公众的游憩需求。据此，将钱江源国家公园游憩利用分为六大利用功能区：亲水溯源体验区、野生动物观赏区、特色农业生产体验区、古村落文化体验区、大峡谷探险体验区、亚热带森林观光区。

（五）基于环境—社会价值的钱江源国家公园游憩管理系统构建

根据钱江源国家公园游憩利用综合适宜性评价结果，建立基于环境—社会价值的游憩管理系统。该系统的管理对象和基础是游憩活动开展所依托的环境与生态系统服务功能，以及其产生的游憩产品和服务，其目标是通过优化游憩输入（环境和生态系统的可持续）实现高质量的游憩输出。该系统分为游憩前线管理系统和游憩支持管理系统。前线管理系统主要根据国家公园游憩质量的环境要素的特征、功能、生态敏感性采取“刚性措施”保证其可持续发展，这些措施包括功能分区、设施优化、场地管理、景观管理、生态监测等，为游客提供一个“理想的游憩环境”。支持管理系统则解决游客“怎么玩”，即从采用“柔性措施”（信息引导、环境教育、规章制度等）对游客行为进行引导和规制，使游客学习如何使用国家公园游憩资源，达到游憩效益的最大化。国家公园游憩管理是一个复杂、开放的系统，其面临着不断变化的外部环境和众多利益相关者，因此建立适应性管理、协同管理和公众参与机制是提升国家公园游憩管理效率的保障。

二、研究展望

本书基于我国国家公园体制建设的大背景下，选取钱江源国家公园作为案例，研究了在国家公园建设目标约束下游憩利用的适宜性评价及管理，以期为实现国家公园设置的目标提供理论支持。受资料获取工具的限制，本书仅采用了辅助地图的方式对国家公园游客的行为和社会价值感知进行调研，限制了调研样本的扩大和数据的代表性。此外，钱江源国家公园的生态系统以森林为主，本书的研究也对这类国家公园的游憩管理具有借鉴意义。而随着国家公园体制建设的深入，未来国家公园的生态系统必然多样化，相应的游憩管理方法和模式也具有特殊性。因此，未来的相关研究还需在如下几个方面完善。

（1）多案例比较研究。国家公园游憩活动具有开放性和复杂性的特征，不同类型国家公园游憩适宜性的评价指标具有差异性，生态系统类型的差异导致其服务功能也不同，游客的社会服务感知和行为特征具有差异性。不同类型案例地的比较研究能为国家公园游憩相关理论提供更多有价值的研究结论，因此，未来有关国家公园应从不同类型、不同尺度角度出发完善国家公园游憩管理研究。

（2）基于国家公园环境与游客行为的平台建设与模拟研究。3S 技术和大数据平台建设的逐渐完善，将大大推动公众对国家公园游憩管理的参与度，使游客使用数据获取更便利和精确，对国家公园游憩管理带来重大变化。目前，基于智慧技术的游客行为及其与国家公园环境互动的模拟研究发展尚不成熟。未来应加强智能模拟平台在国家公园环境模拟、游客行为数据获取等方面的研究。

（3）国家公园游憩管理的多模式研究。本书提出的游憩管理系统主要基于游客与国家公园环境间的关系，但实际上，国家公园游憩管理涉及的利益相关者众多，除了游客外，企业、社区和政府也是影响国家公园游憩利用模式和效率的重要力量。因此，未来有关国家公园游憩管理的研究中可关注更多利益相关者的互动模式。

参考文献

[1] 沃里克·佛洛斯特，迈克尔·霍尔．旅游与国家公园——发展、历史与演进的国际视野 [M]. 王连勇，等，译．北京：商务印书馆，2014.
[2] 埃里克·诺伊迈耶．强与弱：两种对立的可持续性范式 [M]. 王寅通，译．上海：上海世纪出版集团，2006.
[3] David N Cole，赵抱力．游憩生态学：现状和地理学家应有的贡献 [J]. 地理科学进展，1990，9（2）：18-21.
[4] Green P，夏光．新西兰国家公园管理 [J]. 产业与环境，1993（3）：16-20.
[5] Western D，李越．东非公园的游客容量与生态环境 [J]. 环境科学研究，1987（5）：15.
[6] 庇古．福利经济学 [M]. 金镝译．北京：华夏出版社，2000.
[7] 曹霞，吴承照．国外旅游目的地游客管理研究进展 [J]. 人文地理，2006，21（2）：17-23.
[8] 查爱苹，邱洁威．基于旅行费用的杭州西湖风景名胜区游憩价值评估研究 [J]. 旅游科学，2015，29（5）：39-50.
[9] 陈国阶．论地理学面临的挑战与发展 [J]. 地理科学，2003，23（2）：129-135.
[10] 陈能汪，李焕承，王莉红．生态系统服务内涵、价值评估与 GIS 表达 [J]. 生态环境学报，2009，18（5）：1987-1994.
[11] 陈银娥．西方福利经济理论的发展演变 [J]. 华中师范大学学报（人文社会科学版），2000，39（4）：89-95.
[12] 陈英瑾．英国国家公园与法国区域公园的保护与管理 [J]. 中国园林，2011，27（6）：61-65.
[13] 陈瑛．人生幸福论 [M]. 北京：中国青年出版社，1996.
[14] 陈勇，孙冰，廖绍波，等．深圳市城市森林林内景观的美景度评价 [J]. 林业科学，2014，50（8）：39-44.
[15] 程绍文，徐菲菲，张捷．中英文风景名胜区 / 国家公园自然旅游规划管治模式

比较——以中国九寨沟国家级风景名胜区和英国 New Forest（NF）国家公园为例 [J]. 中国园林，2009，25（7）：43–48.
[16] 崔峰，丁风芹，何杨，等 . 城市公园游憩资源非使用价值评估——以南京市玄武湖公园为例 [J]. 资源科学，2012，34（10）：1988–1996.
[17] 董二为，冯革群，叶丹 . 城市休闲制约与健康研究 [J]. 浙江大学学报（人文社会科学版），2012，42（1）：44–67.
[18] 董红梅，王喜莲 . 加强生态旅游区游客管理的对策研究 [J]. 生态经济（中文版），2006（1）：91–93.
[19] 董建文，翟明普，章志都，等 . 福建省山地坡面风景游憩林单因素美景度评价研究 [J]. 北京林业大学学报，2009，31（6）：154–158.
[20] 董雪旺，张捷，蔡永寿，等 . 基于旅行费用法的九寨沟旅游资源游憩价值评估 [J]. 地域研究与开发，2012，31（5）：78–84.
[21] 杜国如 . 江西城镇居民运动休闲偏好与健康引导研究 [J]. 华东交通大学学报，2011，28（5）：114–120.
[22] 段诗乐，李倞 . 美国城市近郊森林公园游憩活动类型研究 [C]// 中国风景园林学会 2015 年会论文集，2015.
[23] 方瑜，欧阳志云，肖燚，等 . 海河流域草地生态系统服务功能及其价值评估 [J]. 自然资源学报，2011（10）：1694–1706.
[24] 房城，王成，郭二果，等 . 城郊森林公园游憩与人生理健康关系——以北京百望山森林公园为例 [J]. 东北林业大学学报，2010，38（3）：87–88.
[25] 风笑天 . 生活质量研究：近三十年回顾及相关问题探讨 [J]. 社会科学研究，2007（6）：1–8.
[26] 冯刚，任佩瑜，戈鹏，等 . 基于管理熵与 RFID 的九寨沟游客高峰期“时空分流”导航管理模式研究 [J]. 旅游科学，2010，24（2）：7–17.
[27] 冯伟林，李树茁，李聪 . 生态系统服务与人类福祉——文献综述与分析框架 [J]. 资源科学，2013，35（7）：1482–1489.
[28] 符全胜，李煜 . 保护区游客管理模式的演进 [J]. 林业经济，2005（18）：39–42.
[29] 付健，张玉钧，陈峻崎，等 . 游憩承载力在游憩区管理中的应用 [J]. 世界林业研究，2010，23（2）：44–48.

[30] 符霞，乌恩．游憩机会谱（ROS）理论的产生及其应用 [J]. 桂林旅游高等专科学校学报，2006，17（6）：691–694.

[31] 葛全胜，吴绍洪，朱立平，等．21 世纪中国地理学发展的若干思考 [J]. 地理研究，2003，22（4）：406–415.

[32] 辜寄蓉，范晓．九寨沟旅游景观资源保护和规划中 GIS 的应用 [J]. 地球信息科学学报，2002，4（2）：100–103.

[33] 谷晓萍，李岩泉，牛丽君，等．本溪关门山国家森林公园游客行为特征 [J]. 生态学报，2015，35（1）：204–211.

[34] 何东进，洪伟，胡海清，等．武夷山风景名胜区景观生态评价 [J]. 应用与环境生物学报，2004，10（6）：729–734.

[35] 胡粉宁．太白山自然保护区生态旅游适宜度评价研究 [D]. 长安大学，2006.

[36] 胡宏友．台湾地区的国家公园景观区划与管理 [J]. 云南地理环境研究，2001，13（1）：53–59.

[37] 黄秋莲．台湾休闲农业政策之健康冲击评估指标建构 [J]. 中国农学通报，2007，10：371–379.

[38] 黄瑞华，李书剑．旅游景区容量管理新举措——以九寨沟景区为例 [J]. 太原大学学报，2007，8（1）：114–116.

[39] 黄炜，孟霏，徐月明．游客环境态度对其环境行为影响的实证研究——以世界自然遗产地张家界武陵源风景区为例 [J]. 吉首大学学报（社会科学版），2016，37（5）：101–108.

[40] 黄向，保继刚，沃尔·杰弗里．中国生态旅游机会图谱（CECOS）的构建 [J]. 地理科学，2006，26（5）：629–634.

[41] 贾铁飞，张振国．生态敏感区旅游资源开发的生态与环境适宜度研究——以内蒙古鄂尔多斯市东胜区为例 [J]. 资源科学，2006，28（5）：134–139.

[42] 杰佛瑞·戈比．你生命中的休闲 [M]. 康筝，等，译．昆明：云南人民出版社，2000.

[43] 金祖达．古田山自然保护区生物多样性及其保护对策研究 [J]. 华东森林经理，2004，18（2）：23–26.

[44] 李琛，成升魁，陈远生．25 年来中国旅游容量研究的回顾与反思 [J]. 地理研究，2009，28（1）：235–245.

[45] 李春明，王亚军，刘尹，等 . 基于地理参考照片的景区游客时空行为研究 [J]. 旅游学刊，2013，28（10）：30–36.

[46] 李欢欢 . 人居环境视野下的户外游憩供需研究 [D]. 辽宁师范大学，2013.

[47] 李加林，王亚欣，邓俊国，等 . 旅游资源开发灰色模式识别及适宜性分析——以涞源风景区为例 [J]. 世界地理研究，2004，13（2）：90–95.

[48] 李俊英，胡远满，闫红伟，等 . 基于景观视觉敏感度的棋盘山生态旅游适宜性评价 [J]. 西北林学院学报，2010，25（5）：194–198.

[49] 李庆龙 . 生态旅游承载力问题的探讨 [J]. 林业经济问题，2004，24（3）：170–172.

[50] 李小建 . 经济地理学 [M]. 北京：高等教育出版社，1999.

[51] 李琰，李双成，高阳，等 . 连接多层次人类福祉的生态系统服务分类框架 [J]. 地理学报，2013，68（8）：1038–1047.

[52] 李益敏，刘素红，李小文 . 基于 GIS 的怒江峡谷人居环境容量评价——以泸水县为例 [J]. 地理科学进展，2010，29（5）：572–578.

[53] 连玉明 . 中国城市生活质量报告 [M]. 北京：中国时代经济出版社，2006.

[54] 林明水，谢红彬 . VERP 对我国风景名胜区旅游环境容量研究的启示 [J]. 人文地理，2007，22（4）：64–67.

[55] 刘鸿雁 . 加拿大国家公园的建设与管理及其对中国的启示 [J]. 生态学杂志，2001，20（6）：50–55.

[56] 刘力 . 旅游目的形象感知与游客旅游意向——基于影视旅游视角的综合研究 [J]. 旅游学刊，2013，28（9）：61–72.

[57] 刘敏，陈田，刘爱利 . 旅游地游憩价值评估研究进展 [J]. 人文地理，2008，23（1）：13–19.

[58] 刘明丽，张玉钧 . 游憩机会谱（ROS）在游憩资源管理中的应用 [J]. 世界林业研究，2008，21（3）：28–33.

[59] 刘儒渊，曾家琳 . 登山步道游憩冲击之长期监测——以玉山国家公园塔塔加步道为例 [J]. 资源科学，2006，28（3）：120–127.

[60] 刘少湃，吴国清 . 旅游环境容量的动态分析——生命周期理论与木桶原理的应用 [J]. 社会科学家，2004（2）：102–104.

[61] 刘蔚峰，尹忆发，肖柏松 . 神农谷国家森林公园游客环境态度与行为调查 [J].

中南林业科技大学学报（社会科学版），2011，5（5）：144–146.

[62] 刘亚峰，焦黎．旅游景区游客管理探讨 [J]. 新疆师范大学学报（自然科学版），2006，25（3）：259–262.

[63] 刘忠伟，王仰麟，陈忠晓．景观生态学与生态旅游规划管理 [J]. 地理研究，2001，20（2）：206–212.

[64] 卢松，陆林，徐茗．旅游环境容量研究进展 [J]. 地域研究与开发，2005，24（6）：76–81.

[65] 罗芬，钟永德．武陵源世界自然遗产地生态旅游者细分研究——基于环境态度与环境行为视角 [J]. 经济地理，2011，31（2）：333–338.

[66] 罗红光．"家庭福利" 文化与中国福利制度建设 [J]. 社会学研究，2013（3）：145–161.

[67] 罗艳菊，黄宇，毕华，等．游憩冲击对游憩体验的影响——以三亚景区为例 [J]. 海南师范大学学报（自然科学版），2010，23（2）：204–208.

[68] 罗艳菊，吴楚材，邓金阳，等．基于环境态度的游客游憩冲击感知差异分析 [J]. 旅游学刊，2009，24（10）：45–51.

[69] 罗勇兵，王连勇．国外国家公园建设与管理对中国国家公园的启示——以新西兰亚伯塔斯曼国家公园为例 [J]. 管理观察，2009，6：36–37.

[70] 骆培聪．武夷山国家风景名胜区旅游环境容量探讨 [J]. 福建师范大学学报（自然科学版），1997，13（1）：94–99.

[71] 孟宪民．美国国家公园体系的管理经验——兼谈对中国风景名胜区的启示 [J]. 世界林业研究，2007，20（1）：75–79.

[72] 明庆忠，李宏．试论旅游环境容量的新概念体系 [J]. 云南师范大学学报（自然科学版），1999，19（5）：52–57.

[73] 穆少杰，李建龙，陈奕兆，等．2001—2010 年内蒙古植被覆盖度时空变化特征 [J]. 地理学报，2012，67（9）：1255–1268.

[74] 牛亚菲．可持续旅游、生态旅游及实施方案 [J]. 地理研究，1999，18（2）：179–184.

[75] 欧圣荣，等．景观美质评估方法与笔记判断法之比较研究 [J]. 中国园艺，1992，1：37–45.

[76] 潘海颖．生态学视角的游客行为管理研究 [J]. 经济论坛，2007（24）：72–75.

[77] 彭维纳 . LAC 理论在普达措国家公园游客管理中的运用 [J]. 现代经济信息，2015(4Z): 89–91.

[78] 彭文静，姚顺波，冯颖 . 基于 TCIA 与 CVM 的游憩资源价值评估——以太白山国家森林公园为例 [J]. 经济地理，2014，34（9）：186–192.

[79] 祁秋寅，张捷，杨旸，等 . 自然遗产地游客环境态度与环境行为倾向研究——以九寨沟为例 [J]. 旅游学刊，2009，24（11）：41–46.

[80] 权佳，欧阳志云，徐卫，苗鸿 . 中国自然保护区管理有效性的现状评价与对策 [J]. 应用生态学报，2009，20(7)：1739–1746.

[81] 任希 . 旅游资源游憩价值评估研究综述 [J]. 中南林业科技大学学报（社会科学版），2014，8（1）：39–43.

[82] 申世广，姚亦锋 . 探析加拿大国家公园确认与管理政策 [J]. 中国园林，2001，17（4）: 91–93.

[83] 沈海琴 . 美国国家公园游客体验指标评述：以 ROS，LAC，VERP 为例 [J]. 风景园林，2013(5): 86–91.

[84] 施德群，张玉钧 . 旅行费用法在游憩价值评估中的应用 [J]. 北京林业大学学报（社会科学版），2010，9（3）：69–74.

[85] 石垚，张微，任景明，等 . 生态敏感区旅游开发适宜性评价及生态制图方法 [J]. 生态学报，2015，35（23）：7887–7898.

[86] 宋瑞 . 国家公园治理体系建设的国际实践与中国探索 [N]. 中国旅游报，2015-01-26（4934）.

[87] 宋瑞 . 英国休闲发展的公共管理及其启示 [J]. 杭州师范大学学报（社会科学版），2006，28（5）：46–51.

[88] 孙孝宏 . 基于旅游体验的旅游景区游客管理研究 [D]. 西北师范大学，2008.

[89] 谭家伦，汤幸芬，宋金平 . 乡村旅游游客生活压力知觉、休闲调适策略与健康之关系 [J]. 旅游学刊，2010，25（2）：66–71.

[90] 谭琼，涂慧萍 . 游客旅游体验影响因素分析及其在森林公园旅游开发管理中的应用 [J]. 中南林业调查规划，2008，27（1）: 24–27.

[91] 唐承丽，贺艳华，周国华，等 . 基于生活质量导向的乡村聚落空间优化研究 [J]. 地理学报，2014，69（10）：1459–1472.

[92] 唐川 . 台湾地区国家公园建设与发展 [J]. 云南地理环境研究，1999，11（2）:

16–23.

[93] 田永霞，刘晓娜，李红，等 . 基于主客观生活质量评价的农村发展差异分析——以北京山区经济薄弱村为例 [J]. 地理科学进展，2015，34（2）：185–196.

[94] 万金保，朱邦辉 . 庐山风景名胜区旅游环境容量分析 [J]. 城市环境与城市生态，2009（4）：16–20.

[95] 汪宇明，张海霞，刘通 . 自然遗产地旅游发展的国家公园模式及其启示 [J]. 旅游研究，2010，2（1）：1–6.

[96] 王兵，鲁绍伟，尤文忠，等 . 辽宁省森林生态系统服务价值评估 [J]. 应用生态学报，2010，21（7）：1792–1798.

[97] 王恩涌，赵荣，张小林 . 人文地理学 [M]. 北京：高等教育出版社，2000.

[98] 王辉，刘小宇，王亮，等 . 荒野思想与美国国家公园的荒野管理——以约瑟米蒂荒野为例 [J]. 资源科学，2016，38（11）：2192–2200.

[99] 王辉，张佳琛，刘小宇，等 . 美国国家公园的解说与教育服务研究——以西奥多 · 罗斯福国家公园为例 [J]. 旅游学刊，2016，31（5）：119–126.

[100] 王珏 . 人居环境视野中的游憩理论与发展战略研究 [M]. 北京：中国建筑工业出版社，2009.

[101] 王莉，张宏梅，陆林，等 . 湿地公园游客感知价值研究——以西溪 / 溱湖为例 [J]. 旅游学刊，2014，29（6）：87–96.

[102] 王梦君，唐芳林，孙鸿雁，等 . 国家公园的设置条件研究 [J]. 林业建设，2014（2）：1–6.

[103] 王圣云 . 多维转向与福祉地理学研究框架重构 [J]. 地理科学进展，2011，30（6）：739–745.

[104] 王圣云 . 区域发展不平衡的福祉空间地理学透视 [D]. 华东师范大学，2009.

[105] 王维正，胡春姿，刘俊昌 . 国家公园 [M]. 北京：中国林业出版社，2000.

[106] 王应临，杨锐，埃卡特 · 兰格 . 英国国家公园管理体系评述 [J]. 中国园林，2013（9）：11–19.

[107] 王云才 . 巩乃斯河流域游憩景观生态评价及持续利用 [J]. 地理学报，2005，60（4）：645–655.

[108] 王忠君 . 基于园林生态效益的圆明园公园游憩机会谱构建研究 [D]. 北京林

业大学, 2013.
[109] 王资荣, 郝小波 . 张家界国家森林公园环境质量变化及对策研究 [J]. 中国环境科学, 1998, 8（4）: 23–30.
[110] 魏遐, 潘益听 . 湿地公园游客体验价值量表的开发方法——以杭州西溪湿地公园为例 [J]. 地理研究, 2012, 31（6）: 1121–1131.
[111] 温静 . 北京森林游憩区对游憩者身心健康影响研究 [D]. 北京林业大学, 2012.
[112] 邬彬 . 基于 GIS 的旅游地生态敏感性与生态适宜性评价研究 [D]. 西南大学, 2009.
[113] 吴保光 . 美国国家公园体系的起源及其形成 [D]. 厦门大学, 2009.
[114] 吴承照, 方家, 陶聪 . 城市公园游憩机会谱（ROS）与可持续性研究——以上海松鹤公园为例 [C]. 中国风景园林学会 2011 年会, 2011.
[115] 吴承照 . 现代城市游憩规划设计理论与方法 [M]. 北京: 中国建筑工业出版社, 1998.
[116] 吴承照 . 游憩活动地域组合研究 [J]. 中国园林, 1999（5）: 74–76.
[117] 伍磊, 董朝阳, 马仁锋, 等 . 景区游憩价值评估的 ZTCIA 模型及其普陀山实证研究 [J]. 宁波大学学报（理工版）, 2016, 29（3）: 107–111.
[118] 奚恺元, 王佳艺, 陈景秋 . 撬动幸福: 一本系统介绍幸福学的书 [M]. 北京: 中信出版社, 2008.
[119] 奚恺元, 张国华, 张岩 . 从经济学到幸福学 [J]. 上海管理科学, 2003（3）: 4–5.
[120] 肖练练, 钟林生, 周睿, 等 . 近 30 年来国外国家公园研究进展与启示 [J]. 地理科学进展, 2017, 36（2）: 244–255.
[121] 谢凝高 . 国家重点风景名胜区规划与旅游规划的关系 [J]. 规划师, 2005, 21（5）: 5–7.
[122] 谢贤政, 马中 . 应用旅行费用法评估环境资源价值的研究进展 [J]. 合肥工业大学学报（自然科学版）, 2005, 28（7）: 730–737.
[123] 谢彦君 . 基础旅游学 [M]. 北京: 中国旅游出版社, 1999.
[124] 徐谷丹, 许大为, 王竞红, 等 . 以 SBE 法为基础确定森林景观最佳观赏点及游览路线 [J]. 林业科学研究, 2008, 21（3）: 397–402.

[125] 徐晓音 . 风景名胜区旅游环境容量测算方法探讨 [J]. 华中师范大学学报（自然科学版），1999，33（3）：455–459.

[126] 徐亚丹，张玉钧 . 英国苏格兰国家公园管理模式研究 [J]. 建筑与文化，2016（8）：178–181.

[127] 许学工 . 加拿大自然保护区规划的启迪 [J]. 生物多样性，2001，9（3）：306–309.

[128] 薛兴华 . 七曲山国家森林公园游憩适宜性的综合评价 [J]. 长江大学学报（自然科学版），2011，8（11）：229–233.

[129] 杨翠霞，曹福存，林林 . 大连滨海路海岸带美景度评价研究 [J]. 中国园林，2017，33（8）：59–62.

[130] 杨开忠，许峰，权晓红 . 生态旅游概念内涵、原则与演进 [J]. 人文地理，2001，16（4）：6–10.

[131] 杨莉，甄霖，李芬，等 . 黄土高原生态系统服务变化对人类福祉的影响初探 [J]. 资源科学，2010，32（5）：849–855.

[132] 杨锐 . 从游客环境容量到 LAC 理论——环境容量概念的新发展 [J]. 旅游学刊，2003，18（5）：62–65.

[133] 杨锐 . LAC 理论：解决风景区资源保护与旅游利用矛盾的新思路 [J]. 中国园林，2003，19（3）：19–21.

[134] 杨文娟，李经龙，陈欢，等 . 基于游客感知视角的国家公园旅游吸引力实证研究——以汤旺河国家公园为例 [J]. 广州大学学报（社会科学版），2013，12（6）：45–49.

[135] 姚莉 . LAC 理论指导下的浙江天目山国家级自然保护区生态旅游心理承载力研究 [D]. 北京林业大学，2011.

[136] 余建辉，张健华 . 自然旅游景区游客旅游体验管理初探 [J]. 桂林旅游高等专科学校学报，2005，16（1）：59–63.

[137] 虞晓芬，傅玳 . 多指标综合评价方法综述 [J]. 统计与决策，2004（11）：119–121.

[138] 袁久和，祁春节 . 基于熵值法的湖南省农业可持续发展能力动态评价 [J]. 长江流域资源与环境，2013，22（2）：152–157.

[139] 袁南果，杨锐 . 国家公园现行游客管理模式的比较研究 [J]. 中国园林，2005，

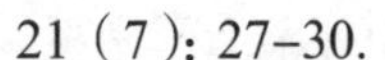

21（7）: 27-30.

[140] 张彪，谢高地，肖玉，等 . 基于人类需求的生态系统服务分类 [J]. 中国人口 · 资源与环境，2010，20（6）: 64-67.

[141] 张澈 . 基于 GIS 技术的森林游憩资源评价 [D]. 同济大学，2008.

[142] 张海霞，周玲强 . 城市居民公园游憩幸福感的因素构成与差异分析——以杭州市为例 [J]. 地理科学，2013，33（9）: 1074-1081.

[143] 张海霞 . 国家公园旅游规制研究 [D]. 华东师范大学，2010.

[144] 张宏群，安裕伦，谷花云，等 . 遥感技术支持下的黄果树风景名胜区自然旅游环境状况 [J]. 贵州师范大学学报（自然科学版），2003，21（4）: 98-102.

[145] 张华 . 居民对城市绿色空间的游憩需求与健康效益感知研究——以杭州城市公园为例 [J]. 北京林业大学学报（社会科学版），2014，13（2）: 87-92.

[146] 张健华，余建辉 . 森林公园环境保护与游客体验管理的协调机制研究 [J]. 福建农林大学学报（哲学社会科学版），2007，10（6）: 38-42.

[147] 张岚岚 . 白领阶层户外游憩行为及空间选择研究——以上海徐家汇为例 [D]. 同济大学，2006.

[148] 张立华，杜宏巍，刘雪芹 . 因子分析在城镇居民生活质量评估中的应用 [J]. 河北理工大学学报（社会科学版），2008（1）: 28-32.

[149] 张仁军，杨远芬 . 景区生态容量微观仿真分析方法实证研究 [J]. 北京林业大学学报，2007，29（3）: 81-86.

[150] 张文娟 . 基于 ROS 的森林公园游客体验研究 [D]. 中南林业科技大学，2015.

[151] 张骁鸣 . 旅游环境容量研究：从理论框架到管理工具 [J]. 资源科学，2004，26（4）: 78-88.

[152] 章小平，朱忠福 . 九寨沟景区旅游环境容量研究 [J]. 旅游学刊，2007，22（9）: 50-57.

[153] 章志都，徐程扬，龚岚，等 . 基于 SBE 法的北京市郊野公园绿地结构质量评价技术 [J]. 林业科学，2011，47（8）: 53-60.

[154] 赵红红 . 苏州旅游环境容量问题初探 [J]. 城市规划，1983（3）: 46-53.

[155] 赵文清，贾慧敏，钱周信 . 多因子分层模糊评价法的算法设计探讨——模糊综合评价方法在旅游资源评价中的应用 [J]. 数学的实践与认识，2008，38（7）: 8-14.

[156] 钟林生 . 生态旅游区规划与管理的景观生态学途径 [D]. 中国科学院沈阳应用生态研究所，2000.

[157] 钟林生，宋增文 . 游客生态旅游认知及其对环境管理措施的态度——以井冈山风景区为例 [J]. 地理研究，2010，29（10）：1814–1821.

[158] 钟林生，唐承财，郭华 . 基于生态敏感性分析的金银滩草原景区旅游功能区划 [J]. 应用生态学报，2010，21（7）：1813–1819.

[159] 钟林生，王婧 . 我国保护地生态旅游发展现状调查分析 [J]. 生态学报，2011，31（24）：7450–7457.

[160] 钟林生，肖笃宁，赵士洞 . 乌苏里江国家森林公园生态旅游适宜度评价 [J]. 自然资源学报，2002，17（1）：71–77.

[161] 钟林生，肖练练 . 中国国家公园体制试点建设路径选择与研究议题 [J]. 资源科学，2017，39（1）：1–10.

[162] 周春玲，张启翔，孙迎坤 . 居住区绿地的美景度评价 [J]. 中国园林，2006，22（4）：62–67.

[163] 周玲强，李罕梁 . 游客动机与旅游目的地发展：旅行生涯模式（TCP）理论的拓展和应用 [J]. 浙江大学学报（人文社会科学版），2015，45（1）：131–144.

[164] 周沛 . 社会福利体系研究 [M]. 北京：社会科学文献出版社，2008.

[165] 周玮，黄震方，殷红卫，等 . 城市公园免费开放对游客感知价值维度的影响及效应分析——以南京中山陵为例 [J]. 地理研究，2012，31（5）：873–884.

[166] 周永广，张金金，周婷婷 . 符号学视角下的旅游体验研究——西溪湿地的个案分析 [J]. 人文地理，2011，26（4）：115–120.

[167] 周长城 . 中国生活质量：现状与评价 [M]. 北京：社会科学文献出版社，2003.

[168] 朱春全 . 建立国家公园体制的思考（上）[N]. 中国建设报，2015–5–15，008.

[169] 邹开敏 . 滨海游憩机会谱的构建和解析 [J]. 广东社会科学，2014（4）：47–51.

[170] 左冰 . 土地利用变化的旅游驱动力研究 [J]. 云南财经大学学报，2005，21（5）：106–110.

[171] Agriculture Organization of the United Nations. Soil resources, conservation service: A framework for land evaluation [M]. International Institute for Land Reclamation and Improvement, 1977.

[172] Akama J S, Kieti D M. Measuring tourist satisfaction with Kenya's wildlife safari: A case study of Tsavo West National Park [J]. Tourism Management, 2003, 24 (1): 73–81.

[173] Alessa L, Kliskey A, Brown G. Social–ecological hotspots mapping: A spatial approach for identifying coupled social–ecological space[J]. Landscape & Urban Planning, 2008, 85 (1): 27–39.

[174] Anielski M, Wilson S. Counting Canada's Natural Capital: Assessing the real value of Canada's boreal ecosystems: 2009 Update [EB/OL]. https://www.cbd.int/financial/values/canada–countcapital.pdf.

[175] Arabatzis G, Grigoroudis E. Visitors'satisfaction, perceptions and gap analysis: The case of Dadia–Lefkimi–Souflion National Park [J]. Forest Policy and Economics, 2010, 12 (3): 163–172.

[176] Asafuadjaye J, Tapsuwan S. A contingent valuation study of scuba diving benefits: case study in Mu Ko Similan Marine National Park, Thailand [J]. Tourism Management, 2008, 29 (6): 1122–1130.

[177] Balmford A, Bond W. Trends in the state of nature and their implications for human well - being [J]. Ecology Letters, 2005, 8 (11): 1218–1234.

[178] Balmford A, Green J M H, Anderson M, et al. Walk on the wild side: estimating the global magnitude of visits to protected areas [J]. Plos Biology, 2015, 13 (2): 1–6.

[179] Beh A, Bruyere B L. Segmentation by visitor motivation in three Kenyan national reserves [J]. Tourism Management, 2007, 28 (6): 1464–1471.

[180] Bernard F, Groot R S D, Campos J J. Valuation of tropical forest services and mechanisms to finance their conservation and sustainable use: A case study of Tapantí National Park, Costa Rica [J]. Forest Policy & Economics, 2009, 11 (3): 174–183.

[181] Beunen R, Jaarsma C F, Regnerus H D. Evaluating the effects of parking policy

measures in nature areas [J]. Journal of Transport Geography, 2006, 14 (5): 376–383.

[182] Beunen R, Regnerus H D, Jaarsma C F. Gateways as a means of visitor management in national parks and protected areas [J]. Tourism Management, 2008, 29 (1): 138–145.

[183] Boyd J, Banzhaf S. What are ecosystem services? The need for standardized environmental accounting units [J]. Ecological Economics, 2007, 63 (2–3): 616–626.

[184] Boyd S W, Butler R. Managing ecotourism: an opportunity spectrum approach [J]. Tourism Management, 1996, 17 (17): 557–566.

[185] Brown G, Alessa L. A GIS–based inductive study of wilderness values [J]. International Journal of Wilderness, 2005, 11 (1): 14–18.

[186] Brown G, Reed P. Validation of a forest values typology for use in national forest planning [J]. Forest Science, 2000, 46 (46): 240–247.

[187] Bryan B A, King D. Comparing spatially explicit ecological and social values for natural areas to identify effective conservation strategies [J]. Conservation Biology the Journal of the Society for Conservation Biology, 2011, 25 (1): 172.

[188] Budruk M, Phillips R. Quality–of–life community indicators for parks, recreation and tourism management [M]. Springer Netherlands, 2011.

[189] Buijs A E. Lay people's images of nature: Comprehensive frameworks of values, beliefs, and value orientations [J]. Society and Natural Resources, 2009, 22 (5): 417–432.

[190] Bumyong A, Bongkoo L, Shafer C S. Operationalizing sustainability in regional tourism planning: an application of the limits of acceptable change framework [J]. Tourism Management, 2002, 23 (1): 1–15.

[191] Burkhard B, Kroll F, Nedkov S, et al. Mapping ecosystem service supply, demand and budgets[J]. Ecological Indicators, 2012, 21 (3): 17–29.

[192] Burton T. A day in the country: A survey of leisure activity at Box Hill in Surrey [J]. Journal of the Royal Institute of Chartered Surveyors, 1966 (98): 378–380.

[193] Cameron T A. Combining contingent valuation and travel cost data for the

valuation of non-market goods [J]. Land Economics, 1992, 68（3）: 302–317.

[194] Canadian Parks and Recreation Association（CPRA）. The Benefits Catalogue [EB/OL]. https: //www.cpra.ca/, 2000.

[195] Carruthers C, Hood C D. Building a life of meaning through therapeutic recreation: The leisure and well–being model, part I [J]. Therapeutic Recreation Journal, 2007, 41（4）: 276.

[196] Ceballos–Lascurain H. Tourism ecotourism and protected areas: The state of Nature–based Tourism around the World and Guidelines for its Development [M]. IUCN, Gland and Cambridge England, 1996.

[197] Cessford G, Muhar A. Monitoring options for visitor numbers in national parks and natural areas [J]. Journal for Nature Conservation, 2003, 11（4）: 240–250.

[198] Chan K M A, Satterfield T, Goldstein J. Rethinking ecosystem services to better address and navigate cultural values[J]. Ecological Economics, 2012, 74（1）: 8–18.

[199] Cherem G J, Driver B L. Visitor employed photography: A technique to measure common perceptions of natural environments [J]. Journal of Leisure Research, 1983, 15（1）: 65.

[200] Chin C L M, Moore S A, Wallington T J, et al. Ecotourism in Bako National Park, Borneo: visitors'perspectives on environmental impacts and their management [J]. Journal of Sustainable Tourism, 2000, 8（1）: 20–35.

[201] Choi H S C, Sirakaya E. Sustainability indicators for managing community tourism[J]. Tourism Management, 2006, 27（6）: 1274–1289.

[202] Christensen N L, Bartuska A M, Brown J H, et al. The report of the Ecological Society of America committee on the scientific basis for ecosystem management [J]. Ecological Applications, 1996, 6（3）: 665–691.

[203] Clark R N, Stankey G H. The recreation opportunity spectrum: a framework for planning, management, and research [R]. US Department of Agriculture, Forest Service, Pacific Northwest Research Station, 1979.

[204] Clement J M, Cheng A S. Using analyses of public value orientations, attitudes and preferences to inform national forest planning in Colorado and Wyoming[J].

Applied Geography, 2011, 31（2）: 393–400.

[205] Coates R, et al. Geography and inequality [M]. London: Oxford University Press, 1977.

[206] Cole D N, Petersen M, Lucas R C. Managing wilderness recreation use: Common problems and potential solutions [R]. US Department of Agriculture, Forest Service, Intermountain Research Station, 1987.

[207] Cole D N. Impacts of hiking and camping on soils and vegetation: a review [J]. Environmental Impacts of Ecotourism, 2004（41）: 60.

[208] Cole D N. The wilderness threats matrix: A framework for assessing impacts [R]. US Department of Agriculture, Forest Service, Intermountain Research Station, 1994.

[209] Connell J, Page S J. Exploring the spatial patterns of car–based tourist travel in Loch Lomond and Trossachs National Park, Scotland [J]. Tourism Management, 2008, 29（3）: 561–580.

[210] Costanza R, d'Arge R, De Groot R, et al. The value of the world's ecosystem services and natural capital[J]. Nature, 1997, 387（6630）: 253–260.

[211] Cottrell SP, Cottrell R L. What's gone amoke in outdoor recreation? [J]. Parks and Recreation, 1998, 33（8）: 65–69.

[212] Crandall R. Motivations for lcisure [J]. Journal of Leisure Research, 1980, 12（1）: 45–54.

[213] Cullinane S. Traffic management in Britain's national parks [J]. Transport Reviews, 1997, 17（3）: 267–279.

[214] Curry–Lindahl K. The global role of national parks for the world of tomorrow [EB/OL]. https: //nature.berkeley.edu/albright/1974.

[215] Daily G C, Polasky S, Goldstein J, et al. Ecosystem services in decision making: time to deliver[J]. Frontiers in Ecology & the Environment, 2009, 7（1）: 21–28.

[216] Daily G C, Polasky S, Goldstein J, et al. Ecosystem services in decision making: time to deliver [J]. Frontiers in Ecology and the Environment, 2009, 7（1）: 21–28.

[217] Daniel T C, Meitner M M. Representational validity of landscape visualizations: the effects of graphical realism on perceived scenic beauty of forest vistas [J]. Journal of Environmental Psychology, 2001, 21 (1): 61–72.

[218] Antonio A, Monz C, Newman P, et al. Enhancing the utility of visitor impact assessment in parks and protected areas: A combined social–ecological approach [J]. Journal of Environmental Management, 2013 (124): 72–81.

[219] De Groot R S, Wilson M A, Boumans R M J. A typology for the classification, description and valuation of ecosystem functions, goods and services [J]. Ecological Economics, 2002, 41 (3): 393–408.

[220] de Kort Y A W, Meijnders A L, Sponselee A A G, et al. What's wrong with virtual trees? Restoring from stress in a mediated environment [J]. Journal of Environmental Psychology, 2006, 26 (4): 309–320.

[221] Dhami I, Deng J Y, Burns R C, et al. Identifying and mapping forest–based ecotourism areas in West Virginia – incorporating visitors' preferences [J]. Tourism Management, 2014, 42: 165–176.

[222] Dhami I, Deng J, Burns R C, et al. Identifying and mapping forest–based ecotourism areas in West Virginia–Incorporating visitors' preferences [J]. Tourism Management, 2014 (42): 165–176.

[223] Doherty P J, Guo Q, Doke J, et al. An analysis of probability of area techniques for missing persons in Yosemite National Park [J]. Applied Geography, 2014 (47): 99–110.

[224] Driver B L, Brown P J, Stankey G H, et al. The ROS planning system: Evolution, basic concepts, and research needed [J]. Leisure Sciences, 1987, 9 (3): 201–212.

[225] Driver B L, Brown P J. Social psychological definition of recreation demand, with implications for recreation resource planning [M] // Committee on Assessment of Demand for Outdoor Recreation Resources. Assessing demand for outdoor recreation. Washington, D C: National Academies Press, 1975.

[226] Drost A. Developing sustainable tourism for world heritage sites [J]. Annals of Tourism Research, 1996, 23 (2): 479–484.

[227] Dudley N.Guidelines for applying protected area management categories[J]. Management Categories International Union for Conservation of Nature & Natural Resources, 2008.

[228] Dudley N, Higgins-Zogib L, Hockings M, et al. National parks with benefits: How protecting the planet's biodiversity also provides ecosystem services [J]. Solutions for a Sustainable and Desirable Future, 2011, 2 (6): 87-95.

[229] Dukbyeong P, Yooshik Y. Segmentation by motivation in rural tourism: A Korean case study [J]. Tourism Management, 2009, 30 (1): 99-108.

[230] Dye A S, Shaw S L. A GIS-based spatial decision support system for tourists of Great Smoky Mountains National Park [J]. Journal of Retailing and Consumer Services, 2007, 14 (4): 269-278.

[231] Eagles P F J, Bowman M E, Tao T C H. Guidelines for tourism in parks and protected areas of East Asia [EB/OL]. https: //iucn.org/resources/publication/guidelines-tourism-parks-and-protected-areas-east-asia.

[232] FAO. Gender and forestry [EB/OL]. http: //www. fao. org/gender/ en/fore-e. htm.

[233] Farrell T, Hall T E, White D D. Wilderness campers'perception and evaluation of campsite impacts [J]. Journal of Leisure Research, 2001, 33 (3): 229.

[234] Faulkner B, Tideswell C. A framework for monitoring community impacts of tourism [J]. Journal of Sustainable Tourism, 1997, 5 (1): 3-28.

[235] Fennell D A. What's in a name? Conceptualizing natural resource-based tourism [J]. Tourism Recreation Research, 2000, 25 (1): 97-100.

[236] Fisher B, Turner R K. Ecosystem services: Classification for valuation [J]. Biological Conservation, 2008, 141 (5): 1167-1169.

[237] Fletcher I, Potter III, Manning R E. Application of the wilderness travel simulation model to the Appalachian Trail in Vermont[J]. Environmental Management, 1984, 8 (6): 543-550.

[238] Fredman P, Wall-Reinius S, Grundén A. The nature of nature in nature-based tourism [J]. Scandinavian Journal of Hospitality & Tourism, 2012, 12 (4): 289-309.

[239] Frost W Hall，C.M. Tourism and national park：International perspectives on development，histories and change [M]. Routledge，2009.

[240] Galbraith J K. The affluent society[M]. Houghton Mifflin，1976.

[241] Galloway G. Psychographic segmentation of park visitor markets：Evidence for the utility of sensation seeking [J]. Tourism Management，2002，23（6）：581-596.

[242] Gasper D. Human well-being：Concepts and conceptualizations [M]//Human Well-Being. Palgrave Macmillan UK，2007.

[243] George R. Visitor perceptions of crime-safety and attitudes towards risk：The case of Table Mountain National Park，Cape Town [J]. Tourism Management，2010，31（6）：806-815.

[244] Getzner M，Švajda J. Preferences of tourists with regard to changes of the landscape of the Tatra National Park in Slovakia [J]. Land Use Policy，2015（48）：107-119.

[245] Goossen M，Langers F. Assessing quality of rural areas in the Netherlands：Finding the most important indicators for recreation [J]. Landscape and Urban Planning，2000，46（4）：241-251.

[246] Gordon A，Simondson D，White M，et al. Integrating conservation planning and landuse planning in urban landscapes [J]. Landscape & Urban Planning，2009，91（4）：183-194.

[247] Gül A，Örücü M K，Karaca Ö. An approach for recreation suitability analysis to recreation planning in Gölcük Nature Park[J]. Environmental management，2006，37（5）：606-625.

[248] Hall C M，Page S J. The geography of tourism and recreation：Environment，place and space [M]. Routledge，2014.

[249] Hammitt W E，Cole D N，Monz C A. Wildland recreation：Ecology and management [M]. John Wiley & Sons，2015.

[250] Han K T. A reliable and valid self-rating measure of the restorative quality of natural environments [J]. Landscape and Urban Planning，2003，64（4）：209-232.

[251] Hansen A S. Testing visitor produced pictures as a management strategy to study visitor experience qualities–A Swedish marine case study [J]. Journal of Outdoor Recreation and Tourism, 2016 (14): 52–64.

[252] Hardy A. An investigation into the key factors necessary for the development of iconic touring routes [J]. Journal of Vacation Marketing, 2003, 9 (4): 314–330.

[253] Haukeland J V, Veisten K, Grue B, et al. Visitors' acceptance of negative ecological impacts in national parks: comparing the explanatory power of psychographic scales in a Norwegian mountain setting [J]. Journal of Sustainable Tourism, 2013, 21 (2): 291–313.

[254] Health Council of the Netherlands and Dutch Advisory Council. Nature and Health [EB/OL]. https: //www.gezondheidsraad.nl/sites/default/files/Nature_and_health.pdf.

[255] Heintzman P, Mannell R C. Spiritual functions of leisure and spiritual well-being: Coping with time pressure[J]. Leisure Sciences, 2003, 25 (2–3): 207–230.

[256] Hornback K E, Eagles P F J. Guidelines for public use measurement and reporting at parks and protected areas [M]. IUCN, 1999.

[257] Iso–Ahola S E. The social psychology of leisure and recreation[M]. Dubuque, William C Brown Company, 1980.

[258] Itami R, Raulings R, Maclaren G, et al. RBSim 2: Simulating the complex interactions between human movement and the outdoor recreation environment [J]. Journal for Nature Conservation, 2003, 11 (4): 278–286.

[259] IUCN. 1975 United Nations List of National Parks and Equivalent Reserves [M]. IUCN Publications New Series, 1975.

[260] IUCN. 2014 United Nations List of Protected Areas [EB/OL]. https: //wdpa.s3.amazonaws.com/WPC2014/2014_UN_LIST_REPORT_EN.pdf.

[261] Jenkins J, Pigram J. Outdoor recreation[M]//Encyclopedia of leisure and outdoor recreation. Abingdon, UK: Routledge, 2004.

[262] Joyce K, Sutton S. A method for automatic generation of the Recreation Opportunity Spectrum in New Zealand[J]. Applied Geography, 2009, 29 (3):

409–418.

[263] Kaiser F G, Wölfing S, Fuhrer U. Environmental attitude and ecological behaviour [J]. Journal of Environmental Psychology, 1999, 19（1）: 1–19.

[264] Kelly J R. Social benefits of outdoor recreation [M]. United States Department of Agriculture, 1981.

[265] Kidd A M, Monz C, D'Antonio A, et al. The effect of minimum impact education on visitor spatial behavior in parks and protected areas: An experimental investigation using GPS–based tracking [J]. Journal of Environmental Management, 2015（162）: 53–62.

[266] Kienast F, Degenhardt B, Weilenmann B, et al. GIS–assisted mapping of landscape suitability for nearby recreation [J]. Landscape & Urban Planning, 2012, 105（4）: 385–399.

[267] Kliskey A D. Recreation terrain suitability mapping: A spatially explicit methodology for determining recreation potential for resource use assessment[J]. Landscape and Urban Planning, 2000, 52（1）: 33–43.

[268] Korpela K, Borodulin K, Neuvonen M, et al. Analyzing the mediators between nature–based outdoor recreation and emotional well–being [J]. Journal of Environmental Psychology, 2014（37）: 1–7.

[269] Lachapelle P R. Sanitation in wilderness: Balancing minimum tool policies and wilderness values [C]//Wilderness ecosystems, threats and management, Proceedings of the Wilderness Science in a Time of Change Conference, 2000.

[270] Lai P C, Li C L, Chan K W, et al. An assessment of GPS and GIS in recreational tracking [J]. Journal of Park & Recreation Administration, 2007, 25（1）: 128–139.

[271] Lawson S R, Manning R E, Valliere W A, et al. Proactive monitoring and adaptive management of social carrying capacity in Arches National Park: An application of computer simulation modeling [J]. Journal of Environmental Management, 2003, 68（3）: 305–313.

[272] Lead C, de Groot R, Fisher B, et al. Integrating the ecological and economic dimensions in biodiversity and ecosystem service valuation [R]. The Economics

of Ecosystems and Biodiversity (TEEB): Ecological and Economic Foundations, 2010.

[273] Lee D N, Snepenger D J. An Ecotourism assessment of tortuero [J]. Costa Rica, 1992, 19 (2): 367–370.

[274] Lee J, Lee D. Nature experience, recreation activity and health benefits of visitors in mountain and urban forests in Vienna, Zurich and Freiburg [J]. Journal of Mountain Science, 2015, 12 (6): 1551–1561.

[275] Lee M E, Driver B L. Benefits–based management: A new paradigm for managing amenity resources [C]//Second Canada/US Workshop on Visitor Management in Parks, Forests and Protected Areas, 1992.

[276] Lemberg D. Environmental perception [M]//Encyclopedia of Geography. Sage, Thousand Oaks, 2010.

[277] Leung Y F, Marion J L. Spatial strategies for managing visitor impacts in [J]. Journal of Park and Recreation Administration, 1999, 17 (4): 20–38.

[278] Levinsohn A, Langford G, Rayner M, et al. A micro–computer based GIS for assessing recreation suitability[C]//GIS'87–San Francisco'Into the hands of the decision maker'. Second Annual International Conference and Workshops on Geographic Information Systems, Hotel Nikko, San Francisco, California, October 26–30, 1987. American Society for Photogrammetry and Remote Sensing, 1987: 739–747.

[279] Lin Y P, Lin W C, Li H Y, et al. Integrating social values and ecosystem services in systematic conservation planning: A case study in Datuan Watershed[J]. Sustainability, 2017, 9 (5): 718.

[280] Lindberg K, McCool S, Stankey G. Rethinking carrying capacity [J]. Annals of Tourism Research, 1997, 24 (2): 461–465.

[281] Lucas N. Ecosystems and human well–being: A framework for assessment [J]. CBD Technical Series, 2003 (9): 25.

[282] Machairas I, Hovardas T. Determining visitors' dispositions toward the designation of a Greek national park [J]. Environmental Management, 2005, 36 (1): 73–88.

[283] Manning R E. Studies in outdoor recreation [M]. Oregon State University Press, 2010.

[284] Manning R. Programs that work. Visitor experience and resource protection: A framework for managing the carrying capacity of National Parks [J]. Journal of Park and Recreation Administration, 2001, 19 (1): 93–108.

[285] Margaryan L, Fredman P. Bridging outdoor recreation and nature-based tourism in a commercial context: Insights from the Swedish service providers [J]. Journal of Outdoor Recreation & Tourism, 2017 (17): 84–92.

[286] Marion J L, Farrell T A. Management practices that concentrate visitor activities: Camping impact management at Isle Royale National Park, USA [J]. Journal of Environmental Management, 2002, 66 (2): 201–212.

[287] Martin S R, McCool S F, Lucas R C. Wilderness campsite impacts: Do managers and visitors see them the same? [J]. Environmental Management, 1989, 13 (5): 623–629.

[288] Mayer M. Can nature-based tourism benefits compensate for the costs of national parks? A study of the Bavarian Forest National Park, Germany [J]. Journal of Sustainable Tourism, 2014, 22 (4): 561–583.

[289] McIntyre N. Towards best practice in visitor use monitoring processes: A case study of Australian protected areas [J]. Australian Parks and Leisure, 1999, 2 (1): 24–29.

[290] McMahan K K. Studies in outdoor recreation: Search and research for satisfaction [J]. Journal of Leisure Research, 2011, 43 (4): 589–592.

[291] Mcphearson T, Kremer P, Hamstead Z A. Mapping ecosystem services in New York City: Applying a social–ecological approach in urban vacant land[J]. Ecosystem Services, 2013 (5): 11–26.

[292] Millennium Ecosystem Assessment. Ecosystems and human wellbeing: Synthesis [EB/OL]. https: //www.millenniumassessment.org/documents/document.356.aspx.pdf.

[293] Mitchell R, Popham F. Effect of exposure to natural environment on health inequalities: An observational population study[J]. The Lancet, 2008, 372

（9650）：1655–1660.

[294] Moilanen A，Franco A M A，Early R I，et al. Prioritizing multiple-use landscapes for conservation：Methods for large multi-species planning problems[J]. Proceedings Biological Sciences，2005，272（1575）：1885–1891.

[295] Moilanen A. Landscape Zonation，benefit functions and target-based planning：Unifying reserve selection strategies[J]. Biological Conservation，2007，134（4）：571–579.

[296] Monz C A，Cole D N，Leung Y F，et al. Sustaining visitor use in protected areas：Future opportunities in recreation ecology research based on the USA experience [J]. Environmental Management，2010，45（3）：551–562.

[297] Moore R L，Driver B L. Introduction to outdoor recreation：Providing and managing natural resource-based opportunities [M]. State College，PA：Venture Publishing，2005.

[298] Moore S A，Polley A. Defining indicators and standards for tourism impacts in protected areas：Cape Range National Park，Australia [J]. Environmental Management，2007，39（3）：291–300.

[299] Müller M，Job H. Managing natural disturbance in protected areas：tourists' attitude towards the bark beetle in a German national park [J]. Biological Conservation，2009，142（2）：375–383.

[300] Nahuelhual L，Vergara X，Kusch A，et al. Mapping ecosystem services for marine spatial planning：Recreation opportunities in Sub-Antarctic Chile[J]. Marine Policy，2017（81）：211–218.

[301] Nash R. Wilderness and the American mind [M]. Yale University Press，2014.

[302] National Institute for Health and Clinical Excellence. Promoting and creating built or natural environments that encourage and support physical activity（NICE public health guidance 8）[EB/OL]. https：//www.portsmouth.gov.uk/wp-content/uploads/2020/05/development-and-planning-promoting-and-creating-built-or-natural-environments-that-encourage-and-support-physical-activity.pdf.

[303] National Park Service. 2016 national park visitor spending effects：Economic contributions to local communities，states，and the nation [EB/OL]. https：//

www.nps.gov/dena/getinvolved/upload/Denali-Commercial-Services-Strategy.pdf.

[304] OECD. Society at a Glance 2009：OECD Social Indicators. Organization for Economic Cooperation and Development [EB/OL]. https：//www.oecd-ilibrary.org/social-issues-migration-health/society-at-a-glance-2009_soc_glance-2008-en.

[305] Orellana D，Bregt A K，Ligtenberg A，et al. Exploring visitor movement patterns in natural recreational areas [J]. Tourism Management，2012，33（3）：672-682.

[306] Osberg L，Sharpe A. An index of economic well-being for selected OECD countries [J]. Review of Income and Wealth，2002，48（3）：291-316.

[307] Ostermann F O. Digital representation of park use and visual analysis of visitor activities [J]. Computers，Environment and Urban Systems，2010，34（6）：452-464.

[308] Outdoor Industry Association. The outdoor recreation economy [EB/OL]. https：//www. asla.org/uploadedFiles/CMS/Government_Affairs/Federal_Government_Affairs/OIA_OutdoorRecEconomyReport2012.Pdf.

[309] Park L O，Manning R E，Marion J L，et al. Managing visitor impacts in parks：A multi-method study of the effectiveness of alternative management practices [J]. Journal of Park and Recreation Administration，2008，26（1）：97-121.

[310] Petrick J F. Development of a multi-dimensional scale for measuring the perceived value of a service [J]. Journal of Leisure Research，2002，34（2）：119-134.

[311] Pettebone D，Newman P，Lawson S R. Estimating visitor use at attraction sites and trailheads in Yosemite National Park using automated visitor counters [J]. Landscape and Urban Planning，2010，97（4）：229-238.

[312] Petter M，Mooney S，Maynard S，et al. A methodology to map ecosystem functions to support ecosystem services assessments [J]. Ecology and Society，2013，18（1）：31.

[313] Pickering C M，Rossi S. Mountain biking in peri-urban parks：Social factors

influencing perceptions of conflicts in three popular National Parks in Australia [J]. Journal of Outdoor Recreation and Tourism, 2016（15）: 71–81.

[314] Plieninger T, Dijks S, Oteros–Rozas E, et al. Assessing, mapping, and quantifying cultural ecosystem services at community level[J]. Land Use Policy, 2013, 33（14）: 118–129.

[315] Prato T. Modeling carrying capacity for national parks [J]. Ecological Economics, 2001, 39（3）: 321–331.

[316] Ralf B. A Framework for Ecotourism[J]. Annals of Tourism Research, 1994, 21（3）: 661–664.

[317] Repka P, Švecová M. Environmental education in conditions of National Parks of Slovak Republic [J]. Procedia–Social and Behavioral Sciences, 2012（55）: 628–634.

[318] Richardson E A, Mitchell R. Gender differences in relationships between urban green space and health in the United Kingdom[J]. Social Science & Medicine, 2010, 71（3）: 568–575.

[319] Richins H. Environmental, cultural, economic and socio–community sustainability: A framework for sustainable tourism in resort destinations [J]. Environment Development & Sustainability, 2009, 11（4）: 785–800.

[320] Riper C J V, Kyle G T, Sutton S G, et al. Mapping outdoor recreationists'perceived social values for ecosystem services at Hinchinbrook Island National Park, Australia [J]. Applied Geography, 2012, 35（1–2）: 164–173.

[321] Rodger K, Taplin R H, Moore S A. Using a randomised experiment to test the causal effect of service quality on visitor satisfaction and loyalty in a remote national park [J]. Tourism Management, 2015（50）: 172–183.

[322] Roggenbuck J W, Williams D R, Watson A E. Defining acceptable conditions in wilderness [J]. Environmental Management, 1993, 17（2）: 187–197.

[323] Rolston H, Coufal J. A forest ethic and multivalue forest management [J]. Journal of Forestry, 1991（89）: 35–40.

[324] Romagosa F, Eagles P F J, Lemieux C J. From the inside out to the outside in: Exploring the role of parks and protected areas as providers of human health and

well-being [J]. Journal of Outdoor Recreation and Tourism, 2015 (10): 70–77.

[325] Rossi S D, Byrne J A, Pickering C M, et al. "Seeing red" in national parks: How visitors' values affect perceptions and park experiences [J]. Geoforum, 2015 (66): 41–52.

[326] Rossi S D, Byrne J A, Pickering C M. The role of distance in peri–urban national park use: Who visits them and how far do they travel? [J]. Applied Geography, 2015 (63): 77–88.

[327] Ryan R M, Deci E L. On happiness and human potentials: A review of research on hedonic and eudaimonic well–being [J]. Annual Review of Psychology, 2001, 52 (1): 141–166.

[328] Saarinen J. Nordic Perspectives on Tourism and Climate Change Issues [J]. Scandinavian Journal of Hospitality & Tourism, 2014, 14 (1): 1–5.

[329] Sánchez J, Callarisa L, Rodríguez R M, et al. Perceived value of the purchase of a tourism product [J]. Tourism Management, 2006, 27 (3): 394–409.

[330] Sandifer P A, Sutton–Grier A E, Ward B P. Exploring connections among nature, biodiversity, ecosystem services, and human health and well–being: Opportunities to enhance health and biodiversity conservation[J]. Ecosystem Services, 2015 (12): 1–15.

[331] Schwartz Z, Lin L C. The impact of fees on visitation of national parks [J]. Tourism Management, 2006, 27 (6): 1386–1396.

[332] Service USDO. VERP the Visitor Experience and Resource Protection (VERP) framework: A handbook for planners and managers [EB/OL]. https://npshistory.com/publications/social–science/verp–handbook.pdf.

[333] Sessions C, Wood S A, Rabotyagov S, et al. Measuring recreational visitation at US National Parks with crowd–sourced photographs [J]. Journal of Environmental Management, 2016 (183): 703–711.

[334] Shechter M, Lucas R C. Simulation of recreational use for park and wilderness management [M]. Baltimore, Maryland: The Johns Hopkins University Press, 1979.

[335] Shelby B, Heberlein T A. Carrying capacity in recreation settings [M]. Oregon

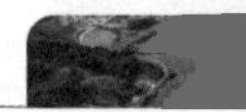

State University Press, 1986.

[336] Shelby B, Shindler B. Interest group standards for ecological impacts at wilderness campsites [J]. Leisure Sciences, 1992, 14 (1): 17-27.

[337] Shelby B, Vaske J J, Harris R. User standards for ecological impacts at wilderness campsites [J]. Journal of Leisure Research, 1988, 20 (3): 245.

[338] Sherrouse B C, Clement J M, Semmens D J. A GIS application for assessing, mapping, and quantifying the social values of ecosystem services[J]. Applied Geography, 2011, 31 (2): 748-760.

[339] Sherrouse B C, Semmens D J. Validating a method for transferring social values of ecosystem services between public lands in the Rocky Mountain region[J]. Ecosystem Services, 2014 (8): 166-177.

[340] Singh R K, Murty H R, Gupta S K, et al. An overview of sustainability assessment methodologies[J]. Ecological Indicators, 2009, 9 (2): 189-212.

[341] Smith D M. Human geography: A welfare approach [J]. British Dental Journal, 1977, 3 (8): 2308.

[342] Smith D M. The geography of social well-being in the United States: An introduction to territorial social indicators [M]. McGraw-Hill Book Company, 1975.

[343] Smith S L J. Tourism analysis: A handbook (2nd Edition) [M]. Longman, 1995.

[344] Spangenberg J H, Görg C, Truong D T, et al. Provision of ecosystem services is determined by human agency, not ecosystem functions. Four case studies [J]. International Journal of Biodiversity Science, Ecosystem Services & Management, 2014, 10 (1): 40-53.

[345] Stankey G H, Cole D N, Lucas R C, et al. The limits of acceptable change (LAC) system for wilderness planning [J]. General Technical Report INT (USA), 1985.

[346] Steckenreuter A, Wolf I D. How to use persuasive communication to encourage visitors to pay park user fees [J]. Tourism Management, 2013 (37): 58-70.

[347] Steiner F, Mcsherry L, Cohen J. Land suitability analysis for the upper Gila River watershed [J]. Landscape & Urban Planning, 2000, 50 (4): 199-214.

[348] Stoll-Kleemann S. Barriers to nature conservation in Germany：A model explaining opposition to protected areas [J]. Journal of Environmental Psychology, 2001, 21（4）: 369-385.

[349] Suckall N, Fraser E D G, Cooper T, et al. Visitor perceptions of rural landscapes：A case study in the Peak District National Park, England [J]. Journal of Environmental Management, 2009, 90（2）: 1195-1203.

[350] Sugimoto K. Analysis of scenic perception and its spatial tendency：Using digital cameras, GPS loggers, and GIS [J]. Procedia-Social and Behavioral Sciences, 2011（21）: 43-52.

[351] Szücs L, Anders U, Bürger-Arndt R. Assessment and illustration of cultural ecosystem services at the local scale – A retrospective trend analysis[J]. Ecological Indicators, 2015（50）: 120-134.

[352] Taplin J H E, Qiu M. Car trip attraction and route choice in Australia [J]. Annals of Tourism Research, 1997, 24（3）: 624-637.

[353] Taylor J G, Czarnowski K J, Sexton N R, et al. The importance of water to Rocky Mountain National Park visitors：an adaptation of visitor-employed photography to natural resources management [J]. Journal of Applied Recreation Research, 1995, 20（1）: 61-85.

[354] Tomczyk A M. A GIS assessment and modelling of environmental sensitivity of recreational trails：The case of Gorce National Park, Poland [J]. Applied Geography, 2011, 31（1）: 339-351.

[355] U. S. Forest Service. Identification of Lands Suitable for Recreation Use – Southwestern Region（R3）Plan Revisions [EB/OL]. https：//www. fs. usda. gov/Internet/FSE_DOCUMENTS/stelprdb5181265. pdf.

[356] UNEP-WCPA. Protected Planet Report 2014 [EB/OL]. https：//livereport.protectedplanet.net/pdf/Protected_Planet_Report_2014.pdf.

[357] UNWTO. Tourism highlights – 2005 edition, summary information brochure [EB/OL]. https：//www.e-unwto.org/doi/book/10.18111/9789284411900.

[358] USDA Forest Service. ROS users guide [M]. Washington D. C., 1982.

[359] USDA Forest Service, The University of Tennessee, Knoxville, Tennessee [R].

1999—2000 National Survey on Recreation and the Environment，2000.
[360] Vaske J J，Donnelly M P，Shelby B. Establishing management standards：Selected examples of the normative approach [J]. Environmental Management，1993，17（5）：629–643.
[361] Vassiliadis C A，Priporas C V，Andronikidis A. An analysis of visitor behaviour using time blocks：A study of ski destinations in Greece [J]. Tourism Management，2013（34）：61–70.
[362] Vincent V C，Thompson W. Assessing community support and sustainability for ecotourism development [J]. Journal of Travel Research，2002，41（2）：153–160.
[363] Wade D J，Eagles P F J. The use of importance–performance analysis and market segmentation for tourism management in parks and protected areas：An application to Tanzania's national parks [J]. Journal of Ecotourism，2003，2（3）：196–212.
[364] Wagar J A. The carrying capacity of wild lands for recreation[J]. Forest Science，1964，10（2）：1–24.
[365] Wang X，Zhang J，Gu C，et al. Examining antecedents and consequences of tourist satisfaction：A structural modeling approach [J]. Tsinghua Science & Technology，2009，14（3）：397–406.
[366] Whitehead A L，Kujala H，Ives C D，et al. Integrating biological and social values when prioritizing places for biodiversity conservation[J]. Conservation Biology，2014，28（4）：992–1003.
[367] Williams D R，Stewart S I. Sense of place：An elusive concept that is finding a home in ecosystem management [J]. Journal of Forestry，1998，96（5）：18–23.
[368] Wimpey J，Marion J L. A spatial exploration of informal trail networks within Great Falls Park，VA [J]. Journal of Environmental Management，2011，92（3）：1012–1022.
[369] Winter C. The intrinsic，instrumental and spiritual values of natural area visitors and the general public：A comparative study [J]. Journal of Sustainable Tourism，2007，15（6）：599 614.

[370] Wolch J R, Byrne J, Newell J P. Urban green space, public health, and environmental justice: The challenge of making cities "just green enough" [J]. Landscape and Urban Planning, 2014 (125): 234–244.

[371] Wolch J, Zhang J. Beach recreation, cultural diversity and attitudes toward nature [J]. Journal of Leisure Research, 2004, 36 (3): 414.

[372] Wolf I D, Wohlfart T, Brown G, et al. The use of public participation GIS (PPGIS) for park visitor management: A case study of mountain biking [J]. Tourism Management, 2015 (51): 112–130.

[373] World Bank. World Development Report: Attacking Poverty [R]. Washington D. C.: World Bank, 2013.

[374] World Health Organization. WHOQOL Measuring Quality of Life [EB/OL]. http: //www. who. int/mental_health/media/68. pdf.

[375] Xu F, Fox D. Modelling attitudes to nature, tourism and sustainable development in national parks: A survey of visitors in China and the UK [J]. Tourism Management, 2014 (45): 142–158.

[376] Yapp G A, Barrow G C. Zonation and carrying capacity estimates in Canadian park planning [J]. Biological Conservation, 1979, 15 (3): 191–206.

[377] Young K R. National park protection in relation to the ecological zonation of a neighboring human community: An example from northern Peru [J]. Mountain Research and Development, 1993: 267–280.

[378] Žabkar V, Brenčič M M, Dmitrović T. Modelling perceived quality, visitor satisfaction and behavioural intentions at the destination level [J]. Tourism Management, 2010, 31 (4): 537–546.

[379] Zhou L, Cheng X, Zhou T. A research on the willingness to pay for certificated ecotourism product–the empirical analysis based on the tourists of Zhejiang's four scenic spots [J]. Economic Geography, 2006, 26 (1): 140–144.

附　录

附录 1：景观美景度测定问卷调查表

职业：__________ 专业：_________ 填表日期：_________

尊敬的朋友：

您好！为更好地了解公众对钱江源国家公园景观的审美价值的态度和偏好，我们邀请您为以下 35 张图片根据其美景度依次打分，您的打分结果我们将保密，并仅用于科学研究，非常感谢！

1. 您的性别是 _______

□男　　□女

2. 您的年龄 ______

□ 18 岁及以下 □ 19~25 岁 □ 26~35 岁 □ 36~50 岁 □ 51~65 岁

□ 65 岁以上

3. 请您对以下图片根据其审美价值进行打分（1~5 分），每张照片的停留时间为 5~8 秒。

5 分（很高） 4 分（高） 3 分（一般） 2 分（低） 1 分（很低）

22　23　24　25

26　27　28

29　30　31　32

33　34　35

问卷到此结束，再次感谢您的配合！

附录 2：钱江源国家公园游客问卷

尊敬的游客朋友：

您好！非常感谢您能抽出宝贵的时间参与我们的调查。我们正在针对钱江源国家公园游客出游行为进行调查，恳请得到您的配合和支持，并请您如实填写，您提供的资料仅用于研究。我们承诺绝不泄露任何个人隐私，非常感谢！

1. 个人信息（请在备选答案后面打“√”）

性别：男☐　女☐			
年龄	学历	职业	月收入
18 岁及以下 ☐ 19~25 岁 ☐ 26~35 岁 ☐ 36~50 岁 ☐ 51~65 岁 ☐ 66 岁及以上 ☐	初中及以下 ☐ 高中 / 中专 ☐ 专科 / 本科 ☐ 硕士及以上 ☐	学生 ☐ 军人 ☐ 公司职员 ☐ 教师 / 研究人员 ☐ 自由职业者 ☐ 无工作（如家庭主妇、离退休等） ☐ 机关事业单位人员 ☐ 其他：________	1000 元及以下 ☐ 1001~3000 元 ☐ 3001~5000 元 ☐ 5001~7000 元 ☐ 7001~9000 元 ☐ 9001 元及以上 ☐

2. 您跟谁一起来的钱江源国家公园

☐家人　☐朋友　☐同学　☐同事　☐单独　☐旅游团　☐情侣

3. 您来自哪里

☐周边村镇　☐开化县城　☐衢州市　☐浙江省其他市　☐周边省 / 市　☐其他省份

4. 您来钱江源国家公园的交通工具是什么

☐公共交通　☐出租车　☐自驾车　☐旅游大巴　☐步行 / 骑行

5. 您一般在钱江源国家公园内逗留多长时间

□少于 3 个小时 □ 3~5 个小时 □半天 □ 1 天 □ 1 天以上

6. 您来钱江源国家公园，对下列哪些指标项目最关注（可多选）

□空气质量 □环境卫生 □安全可达性 □门票费用 □游客数量
□讲解服务 □卫生设施 □自然景观 □人文景观 □游憩活动丰富度
□服务态度 □安静程度

7. 您前往钱江源国家公园的原因是（可多选）

□	1 锻炼身体	□	9 享受独处
□	2 与家人相处	□	10 学习自然 / 调研
□	3 自然欣赏	□	11 健康 / 医疗
□	4 放松 / 缓解压力	□	12 参与文化 / 社会节事（艺术、农业采摘、美食活动等）
□	5 社交 / 建立关系	□	13 体育运动
□	6 探险	□	14 赏花
□	7 古村落体验	□	15 特殊兴趣（摄影、写生等）
□	8 避暑	□	16 其他

8. 游憩行为信息调查

请您根据提示地图（见后页），填写下表，若您到访过下表中所列景点，请填写到访顺序以及参与的活动，若未到访，则不填。

到过就打“√” 没到过就打“×”	活动选项（多选）：A. 学习调研 B. 赏花 C. 品尝美食 D. 摄影 / 写生 E. 户外运动 F. 观景 G. 文化遗址游览 H. 古村落体验 I. 垂钓 J. 农事体验 K. 其他 ________				
景点名称	到访顺序	主要活动	景点名称	到访顺序	主要活动
[1] 钱江源大峡谷			[17] 大横村		
[2] 钱江源头碑			[18] 西坑古村		

续表

到过就打“√” 没到过就打“×”	活动选项（多选）：A. 学习调研 B. 赏花 C. 品尝美食 D. 摄影 / 写生 E. 户外运动 F. 观景 G. 文化遗址游览 H. 古村落体验 I. 垂钓 J. 农事体验 K. 其他 ________				
景点名称	到访顺序	主要活动	景点名称	到访顺序	主要活动
[3] 三省界碑			[19] 左溪村		
[4] 枫楼坑			[20] 仁宗坑		
[5] 库坑革命遗址			[21] 霞川古村落		
[6] 齐溪水库			[22] 白颈长尾雉观鸟区 2		
[7] 西山古村落			[23] 白颈长尾雉观鸟区 3		
[8] 唐头			[24] 国家重点保护植物分布点 2		
[9] 钱江源头第一村（里秧田）			[25] 国家重点保护植物分布点 3		
[10] 古田山庄			[26] 国家重点保护植物分布点 4		
[11] 高田坑古村落			[27] 黑熊活动区 1		
[12] 古田山			[28] 黑熊活动区 2		
[13] 中山堂茶园			[29] 云豹活动区 1		
[14] 台回山梯田			[30] 云豹活动区 2		
[15] 田畈绿色生态村			[31] 其他 _______		
[16] 陆联					

9. 钱江源国家公园生态系统社会价值信息

（1）为了进一步了解钱江源国家公园的社会价值，假设其社会价值总分为100分，请您根据各类社会价值的重要程度分别赋值（注：各类价值总得分不能超过100分，例如，若您赋予审美价值50分，则另外50分赋予其他社会价值）。

社会价值类型	赋值	社会价值类型	赋值
1. 审美价值		2. 生物多样性价值	
3. 文化价值		4. 历史价值	
5. 学习价值		6. 游憩价值	
7. 精神价值		8. 健康价值	

（2）当您对题目（1）的价值类型赋值后，请根据提示地图点出您认为这些社会价值类型的分布点［例如，在题目（1）中您将100分全部赋给审美价值，则在提示图纸右侧表格中，标出您认为审美价值最高的一个或多个区域］。

10. 您对钱江源国家公园下列各项的满意程度如何

	非常满意	满意	一般满意	不满意	非常不满意
空气质量	□	□	□	□	□
解说系统布局	□	□	□	□	□
环境安静程度	□	□	□	□	□
游览设施	□	□	□	□	□
线路设计的合理性	□	□	□	□	□
游憩活动丰富程度	□	□	□	□	□
休息设施数量和位置	□	□	□	□	□
风景与植被状况	□	□	□	□	□
工作人员服务态度	□	□	□	□	□
总体印象	□	□	□	□	□

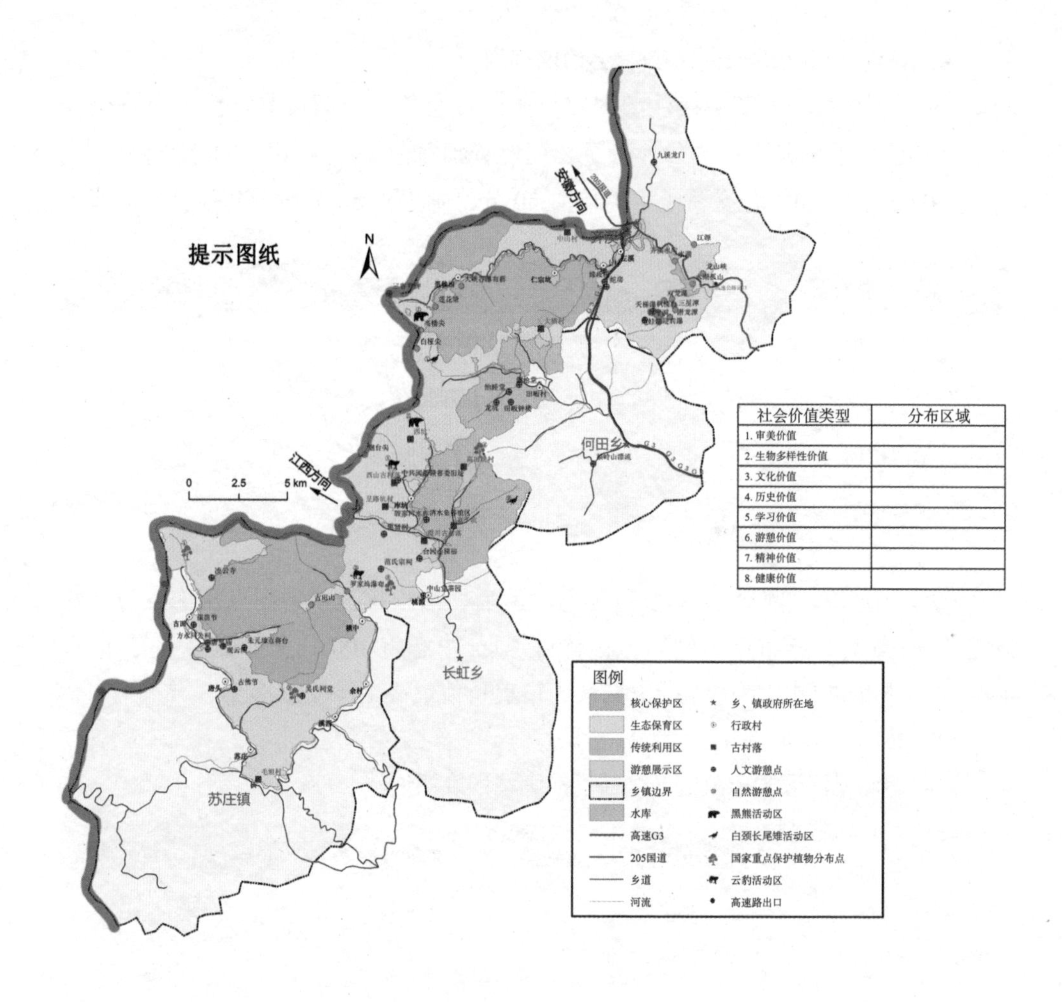

社会价值类型	分布区域
1. 审美价值	
2. 生物多样性价值	
3. 文化价值	
4. 历史价值	
5. 学习价值	
6. 游憩价值	
7. 精神价值	
8. 健康价值	

11. 您是否得到了您期望的游憩体验

□ 是，正是我所期望的

□ 是，大部分是我所期望的

□ 还行，但我希望有些方面能够更好一些

□ 不，只有很少的地方符合我的需要

□ 不，这里没有我需要的

问卷到此结束，再次感谢您的配合！